Discrete
Mathe
matics

ENV 이산수학

황석근 / 이재돈 / 김익표

성안당 .com

이 책으로 공부하는 이에게

이산수학은 이산적인 대상, 이산적인 방법을 근간으로 하는 수학이다. 이산수학은 컴퓨터 과학, 통계학, 대수학, 사회과학 등과의 밀접한 연관관계로 인하여 그 중요성이 날로 더해가는 수학이다.

이산수학은 어떤 방법론보다 수학적 센스를 요구하고 길러 주는 주제이므로 다양한 상황의 문제해결이 요구되는 오늘날 다른 어떤 주제보다 실용적이며 수학적 힘을 길러주는 도구로서 인식된다.

따라서 실용성 이외에도 이산수학이 가지는 수학교육적 가치는 눈부시다.

그리하여 NCTM에서는 80년대 말 이미 '90년대는 이산수학의 시대'로 선언하고, 고교 교육과정에 이산수학을 도입하기에 이른다.

이 책은 지난 수년간 경북대학교 사범대학 수학교육과에서 개설된 이산수학 강의 노트를 토대로 엮어졌다. 한정된 지면 속에서 수용할 수 있는 최선의 에센스만을 선정 수록하였으며, 다양한 이산적 구조와 알고리즘을 취급하여, 수학을 전공하는 학생뿐만 아니라, 컴퓨터과학, 전자공학, 사회과학도 등에게 폭넓게 읽힐 수 있게 엮었다.

더욱이 이 책은 아이디어와 문제해결에 관한 통찰력 신장에 중점을 두고 서술한 바 이공계 대학생은 물론 중등학교 수학교사와 나아가 보다 높은 단계의 수학적 센스를 기르고자 하는 중고교 학생들도 읽을 수 있도록 쉽게 엮었다.

이 책은 어느 책에서도 발견할 수 없는 쉽고 고유한 새로운 설명 방식을 많이 도입하고, 가급적 간결하고 직관적으로 이해할 수 있는 방법을 동원하여 엮었다.

이 책으로 공부하는 이들에게 많은 결실이 있기를 바라며 아울러 출판을 담당해 준 성안당과 담당자 여러분께 감사의 뜻을 전한다.

2006년 8월 16일 복현골에서

황 석 근

차 례   C o n t e n t s

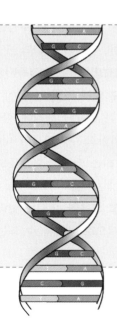

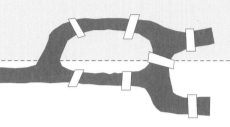

1. 발상의 전환과 문제 해결

1-1 문제 해결과 이산수학

1-2 문제 해결의 실제

어떤 모임에서 한 경제학자가 수학자에게 물었다.
"당신은 왜 수학을 가르칩니까?"
수학자가 대답하였다.
"문제 해결을 위해서이지요. 그런데 경제학은 왜 가르치지요?"
경제학자도
"역시 문제 해결이지요"
라고 대답했다.

문제 해결은 삶의 여러 장면에서 만나는 여러 가지
문제를 합리적으로 사고하여 이치에 맞는 최선의
결론을 도출한다는 뜻이다.

이산수학은 수학의 분야 중에서 문제해결력을 신장
하기 위한 가장 좋은 분야이다.

문제 해결과 이산수학

오른쪽 그림과 같이 삼각형 꼴로 배열된 9개의 원에 1부터 9까지의 수를 써 넣어 삼각형의 각 변에 놓인 4개의 수의 합이 17이 되도록 하려고 한다. 어떻게 써 넣으면 좋을까?

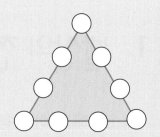

이산수학이란?

이산(離散 discrete)
연속(連續 continuous)
조합론(組合論 combinatorics)

「이산」이란 「연속」에 대칭되는 말로서 낱낱의 개체가 떨어져 있다는 뜻이다. 이산수학은 이산적인 대상과 이산적인 방법을 사용하는 수학을 말하며 조합론이 대종을 이루고 있다.

이산수학은 옛날에는 수학적 게임 등에 숨어있는 수학으로서 흥미 추구 내지는 오락 정도에 그쳤지만, 20세기 후반 이후로 순수 및 응용수학에서 대단히 중요한 위치를 점하고 있는 바, 근년에 이산수학이 그토록 각광을 받게 된데는 다음과 같은 중요한 두 가지의 이유가 있다.

전 시대에는 자연현상을 연속적인 모델로 보았지만 컴퓨터의 지배를 받고 있는 오늘날에는 오히려 연속적인 현상마저도 이산적 모델로 분석한다. 지난 반세기 동안 컴퓨터가 대형 문제를 많이 해결했지만, 컴퓨터는 프로그램에 의하여 움직이고 프로그램은 이산적 알고리즘에 의하여 작성된다는 것이 그 첫째 이유이다.

옛날에 무심코 간과했던 교육적 측면이 이산수학 속에 들어 있다는 것이 두 번째 이유이다. 이산수학은 정해진 틀을 따르기보다는 수학적 센스를 요구하는 경우가 많고, 보통의 수학문제도 이산적인 아이디어를 사용하면 쉽고 멋지게 풀리는 경우가 많다. 그러므로 수학 올림피아드 또는 경시대회 문제는 거의 전부가 이산수학 또는 이산적 아이디어를 요하는 문제들로 구성된다.

이산적 아이디어와 테크닉은 전통적 수학의 분야뿐만 아니라 사회과학, 생물학, 정보이론 등에 광범위하게 사용되며 날이 갈수록 더욱 그 효용성이 두드러질 것이다.

이산수학의 가장 중요한 부분은 앞서 말했듯이 조합론이며, 조합론의 주된 관심사는

  1. 특정한 패턴의 배열이 존재하겠는가? (배열의 존재성)
  2. 존재한다면 몇 개나 존재하겠는가? (배열의 개수)
  3. 어떤 배열이 최적의 배열이겠는가? (최적 배열 찾기)
  4. 배열의 구조는 어떠한가? (배열의 구조 분석)

의 네 가지이다. 이러한 이유에서 조합론이란 이산적 구조에 대한 존재성, 계수(enumeration), 분석, 최적화 문제를 다루는 수학의 한 분야라고 할 수 있다.

문제 해결의 뜻

문제 해결은 어떤 주어진 연습문제를 푼다는 것과는 다른 말이다. 연습문제의 답을 얻기 위하여 우리는 일상적인 과정을 쓰는 경우가 많다. 그러나 문제 해결을 위해서는 그 문제에 합당한 수학적 문제를 제기하고, 재점검하고, 새로운 아이디어를 생각해 내어야 한다. 이 아이디어는 때로 종전에 어디에도 나타나지 않은 전혀 새로운 것이기도 하다. 연습문제의 풀이로써 배울 수 있는 것은 개념, 성질, 과정 등이며, 이것은 나중에 실제 문제해결력의 바탕이 된다.

어떤 문제가 문제 해결이냐 연습문제 풀이이냐 하는 것은 문제를 푸는 사람에 따라 달라진다. 이를테면 3 + 2는 얼마냐 하는 문제는 유치원생에게는 문제 해결일 수 있지만 초등학생에게는 5라는 단순한 사실에 불과한 것이다.

문제 해결의 전략으로 다음과 같은 폴리아의 단계별 방법을 소개한다.

폴리아의 4 단계

제 1 단계 : 문제의 이해

- 문제의 말을 모두 이해했는가?
- 문제를 당신 자신의 말로 다시 서술할 수 있는가?
- 주어진 조건이 무엇인지 아는가?
- 도달해야 할 목표가 무엇인지 아는가?
- 정보는 충분한가?
- 불필요한 정보는 없는가?
- 비슷한 문제를 본적은 없는가?

제 2 단계 : 계획

- 다음 중 어느 것을 전략으로 할 수 있는가?

1. 추측하고 점검하기	2. 변수 사용하기
3. 패턴 찾기	4. 리스트 만들기
5. 유사 문제 풀기	6. 그림 이용
7. 도표 이용	8. 직접 추론
9. 간접 추론	10. 수의 성질 이용하기
11. 동치인 문제 풀기	12. 거꾸로 풀기
13. 경우로 나누어 풀기	14. 방정식으로 풀기
15. 공식 찾기	16. 시뮬레이션 해보기
17. 모델 사용하기	18. 차원분석 이용하기
19. 부분 목표 찾기	20. 좌표의 이용
21. 대칭성의 이용	

제 3 단계 : *계획의 실행*

- 문제를 풀 때까지 또는 다른 방도가 생길 때까지 선택한 전략을 수행한다.
- 충분한 시간을 투자한다. 그래도 잘 되지 않을 때에는 다른 힌트를 찾거나 문제를 잠시 덮어 둔다.
- 새로 시작하는 것을 두려워 마라. 새로운 전략으로 새로 시작하는 것이 통하는 수가 많다.

제 4 단계 : *반성*

- 구한 답은 맞는가? 구한 답이 문제의 조건을 만족하는가?
- 보다 쉬운 답은 없는가?
- 구한 답을 보다 일반적인 경우로 확장할 수 있는가?

보통 해결해야 할 문제는 말로써 서술된다. 이 문제를 해결하기 위해서는 우선 주어진 문제를 수학 기호와 수학적 언어를 사용한 수학 문제로 바꾸어 풀고, 다시 그 답을 원래의 취지에 맞도록 해석한다.

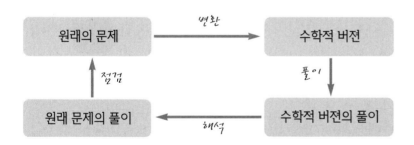

위에서 설명한 폴리아의 4단계는 문제를 성공적으로 해결하기 위한 기본이 될 것이다.

때때로 이산수학의 문제를 풀 때는 기존의 어떤 방법도 통하지 않는 기발한 "발상의 전환"이 필요한 경우가 많다. 이러한 종합적인 수학적 힘도 연습에 의하여 축적된다.

1. 눈금이 없는 직각삼각자와 연필만 가지고 주어진 원의 중심을 찾을 수 있겠는가?

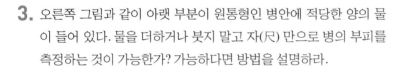

2. 어떤 빌딩의 1층에서 세 사람이 엘리 베이터를 타고 제일 꼭대기 층까지 가기 위해 기다리고 있다. 그런데 이 엘리베이 터가 운반할 수 있는 최대 중량은 300kg이고 엘리베이터를 작동하기 위하여 세 명 중 한 명은 반드시 엘리베이터를 타고 있어야 한다. 이 들 세 명의 몸무게가 각각 130kg, 160kg, 210kg일 때, 그들이 꼭대기 층까지 엘리베이터를 타고 갈 수 있을까? 갈 수 있다면 방법을 말하라.

3. 오른쪽 그림과 같이 아랫 부분이 원통형인 병안에 적당한 양의 물이 들어 있다. 물을 더하거나 붓지 말고 자(尺) 만으로 병의 부피를 측정하는 것이 가능한가? 가능하다면 방법을 설명하라.

4. 오른쪽 그림의 시계의 앞면을 두 직선으로 나눌 때, 각 영역에 있는 숫자들의 합이 같도록 나눌 수 있겠는가? 또, 각 영역이 두 수를 포함하고 이 두 수의 합이 같도록 6개의 영역으로 나눌 수 있겠는가?

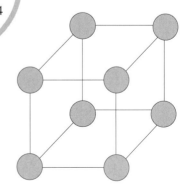

5. 오른쪽 그림과 같이 정육면체의 각 꼭지점에 원이 그려져 있다. 원 안에 1부터 8까지의 수를 적되, 이 정육면체의 모서리에 의해 연결된 두 원 안에 있는 숫자들의 차가 항상 1보다 크도록 적어 넣는 것이 가능하겠는가?

6. 흰 바둑돌 3개, 검은 바둑돌 3개가 그림과 같이 칸 안에 놓여 있다. 바둑 돌을 바로 옆에 있는 빈 칸이나 바로 옆에 있는 바둑돌을 뛰어 넘어 빈 칸으로 옮기는 시행을 여러 번 반복하여, 흰 바둑돌을 오른 쪽으로, 검은 바둑돌을 왼쪽으로 모을 수 있겠는가?

7. 병과 컵의 무게의 합이 주전자 무게와 같고, 컵과 접시의 무게의 합이 병의 무게와 같고, 두 개의 주전자의 무게가 세 개의 접시의 무게와 같을 때, 병 한 개의 무게는 컵 몇 개의 무게와 같은가?

8. 어린이 놀이 기구를 만드는 사람이 나무로 만든 정육면체 모양의 도형을 갖고 있었다. 그런데 그가 원하는 글자와 그림을 그려 넣기 위해 현재 갖고 있는 정육면체 표면적의 두 배가 되는 도형이 필요 하게 되었다. 다른 정육면체를 붙이지 않고 그가 원하는 것을 얻을 수 있을까? 있다면 방법을 설명하라.

9. 오른쪽 그림과 같이 길이가 같은 세 개의 성냥개비로 하나의 정삼 각형을 만들 수 있다. 9개의 성냥으로 이와 같은 정삼각형 7개를 만들 수 있겠는가?

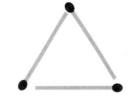

10. 어떤 회의가 오후 6시에서 7시 사이에 시작해서 오후 9시에서 10시 사이에 끝났다. 회의 시작 시각의 시침과 분침의 위치가 바뀐 시각에 회의가 끝났다고 할 때, 시작 시각과 종료 시각을 각각 구 하라.

11. 한 원의 내부를 6개의 직선으로 분할할 수 있는 영역의 최대개 수를 구하고, n개의 직선으로 한 원의 내부를 분할할 수 있는 영역 의 최대개수를 n에 관한 식으로 나타내어라.

12. 2단 책꽂이에 그림과 같이 1에서 9까지 적혀있는 책이 놓여 있다. 아래쪽 책의 번호를 분모로, 위쪽 책의 번호를 분자로 두면 6729/13458=1/2이 된다. 9권의 책들을 적당히 재배열함으로써 이와 같은 방법에 의하여 1/3, 1/4, 1/5, 1/6, 1/7, 1/8, 1/9을 모두 만들 수 있겠는가?

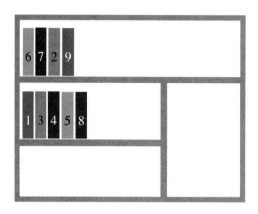

13. 길이와 두께가 다른 두 개의 양초가 있다. 짧은 양초는 11시간, 긴 양초는 7시간 동안 탈 수 있다. 동시에 불을 붙이고 3시간 후에 두 양초의 길이가 같아졌다고 할 때, 두 양초의 원래의 길이 비를 구하라.

14. 반지름이 1인 구에 내접하는 정육면체의 표면적을 구하라.

1.2 문제 해결의 실제

4×4체스판은 8개의 도미노로써 아래 그림과 같이 덮을 수 있다.
이제 4×4체스판에서 한 대각선의 끝에 물린 두 개의 정사각형을 없애고
남은 14개의 정사각형을 7개의 도미노로써 덮을 수 있겠는가?

도미노

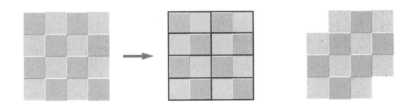

앞서 살펴보았듯이 문제를 해결하는 방법은 다양하다.
여기서는 폴리아의 문제해결 4단계를 기본으로, 발상의 전환, 연
역법, 귀납법을 바탕으로 하는 몇 가지의 이산수학 문제를 소개하
고 풀어 본다.

발상의 전환

이산수학 문제를 풀기 위한 여러 가지 방법이 있지만 여타의 수학
문제와는 달리 이산수학, 특히 조합론 문제의 풀이에는 기존의 생
각의 틀을 깨는 이른 바 「발상의 전환」을 요하는 경우가 대단히
많다. 이러한 발상을 전환할 수 있는 힘도 많은 문제를 다루어 보
고 훈련하는 가운데 습득된다.

예제 **1.2.1.** 루빅 큐브와 같은 $3 \times 3 \times 3$ 입체를 가로, 세로, 높이를 따라 각각 3등분씩 하면 27개의 작은 정육면체로 나눌 수 있다. 여기에 필요한 칼질의 회수는 6이다. 이제 한 번씩 자른 후 다음 칼질을 하기 전에 입체의 재배열을 허용한다고 하면, 6회 미만의 칼질로 이 입체를 27개의 조각으로 가를 수 있겠는가?

  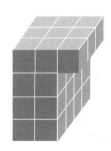

칼질은 가로, 세로, 높이를 따라 각각 2회씩

풀이 27개의 각각의 조각을 관찰해 보자. 각 조각을 보면, 한 번의 칼질에 의하여 하나 이하의 면이 생겼음을 알 수 있다. 그런데 한가운데 있는 조각의 6개의 면은 모두 서로 다른 6회의 칼질에 의하여 생긴 것이다. 따라서 칼질은 최소한 6회가 필요하다. ∎

예제 **1.2.2.** 오른쪽 그림과 같이 반지름이 1이고 높이가 3인 원기둥의 윗면, 밑면의 원주 상의 점 A, B를 잇는 선분이 밑면과 수직이라고 하자. 실로써 이 원기둥을 한 바퀴 감아 점 A, B를 잇는데 필요한 실의 최소 길이를 구하라.

풀이 이 원기둥을 펴서 생각한다.

실이 붙은 채로 원기둥의 옆면을 펼치면 아래 그림과 같다. 이 전개도에서 직선 AB의 길이가 필요한 실의 최소 길이이므로 구하는 값은 $\sqrt{4\pi^2 + 9}$ 이다. ∎

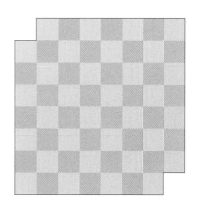

예제 **1.2.3.** 왼쪽 그림과 같은 8×8 체스판의 한 대각선 끝에 물린 두 개의 정사각형을 잘라낸 판을 32개의 도미노로써 덮을 수 있겠는가?

풀이 원래의 8×8 체스판의 왼쪽 윗 코너의 정사각형에 적색을 칠하고 한 칸씩 건너가면서 검은색, 적색을 교차하여 칠한 다음, 왼쪽 윗 코너와 오른쪽 아래 코너의 정사각형을 잘라내고 남은 판에는 적색 정사각형이 30개, 검은색 정사각형이 32개이다.

32개의 도미노로써 판을 덮었다고 할 때, 그 중 임의의 한 개의 도미노는 적색과 검은색 정사각형을 각각 1개씩 덮게 된다. 따라서 32개의 도미노에 의하여 덮이는 정사각형은 적색, 검은 색 각각 31개씩이 되어야 한다.

그러므로 32개의 도미노로써 이 판을 덮는 것은 불가능하다. ▌

연역적 풀이

연역적 풀이란 주어진 가정을 가지고, 직접적으로 연결된 일련의 계산 과정이나 논리적 연역에 의하여 결론을 도출하는 방법이다.
이에 관한 몇 가지 문제를 다루어 보자.

예제 **1.2.4.** $1 + 2 + \cdots + 100$ 을 계산하라.

풀이 이 문제의 답은 초항이 1이고 공차가 1인 등차수열의 합으로 구할 수 있으나 여기서는 가우스가 초등학교 때 푼 방법을 소개한다.
가우스는 이 문제를 보자 마자 몇 초 이내에 바로 다음과 같은 지름길로 들어갔다고 한다.

$$1 + \quad 2 + \quad 3 + \cdots + \quad 99 + 100$$
$$100 + 99 + 98 + \cdots + \quad 2 + \quad 1$$
$$\overline{101 + 101 + 101 + \cdots + 101 + 101} = 100 \times 101 = 10100$$

구하는 합의 2배가 10100이므로 구하는 합은

$$\frac{10100}{2} = 5050$$

이다. ∎

예제 1.2.5. (NIM 게임) 16개의 동전이 탁자 위에 놓여있고 갑과 을이 게임을 하는데, 갑부터 시작해서 차례로 한 번에 4개 이하의 동전을 가지고 갈 수 있다. 맨 마지막 동전을 갖고 가는 사람이 이긴다고 했을 때 갑이 이기기 위한 전략이 있는가?

풀이 거꾸로 풀기
이 게임을 시작부터 분석하기는 어려우므로 게임 끝이 어떻게 될까를 관찰하여보자.

남은 동전	가져간 동전	
	을	갑
16		1
15	4	1
10	2	3
5	1	4
0		승

갑이 이기기 위해서는 마지막 직전 을의 차례에 5개의 동전이 남아있다면 을이 1, 2, 3, 4개 중 어느 수 만큼의 동전을 가져가더라도 갑은 그 남는 수 만큼의 동전을 가져옴으로써 이길 수 있다.
그 앞 단계의 을의 차례에 10개가 남았다면 을이 1, 2, 3, 4개 중 어느 수 만큼의 동전을 가져가더라도 갑은 「5 − (그 수)」만큼의 동전을 가져옴으로써 5개의 동전을 남길 수 있다.

이와 같이 생각하면 갑은 각 단계에 5의 배수만큼의 동전을 을에게 남겨주면 이길 수 있다. 따라서 갑이 먼저 1개를 가져오고 그 다음부터는

5 − (을이 가져간 동전의 개수)

만큼의 동전을 가져오면 이긴다. ∎

이와 같은 **NIM** 게임은 여러 가지가 있다. 이제 이러한 게임 몇 가지를 알아보자.

예제 1.2.6. 각 더미에 n_1, n_2, $\cdots$, n_k 개의 동전이 있는 k개 동전 더미를 가지고 갑과 을이 게임을 한다. 갑부터 시작해서 한 더미에서 한 개 이상의 동전을 가지고 갈 수 있으며, 맨 마지막 동전을 갖고 가는 사람이 승리한다고 할 때, 갑 또는 을이 반드시 이기는 전략이 있겠는가? 단, $k \geq 2$이다.

풀이 (1) $k = 2$일 경우 :

● $n_1 \neq n_2$이면, 갑이 이기는 전략이 있다.

일반성을 잃지 않고 $n_1 > n_2$라고 가정할 수 있다. 이 때, 갑은 다음과 같이 하면 이긴다.

    1. 한 더미에서 $n_1 - n_2$개를 먼저 가져간다.

    2. 그 다음부터는 을이 가져가는 만큼 다른 더미에서 동전을 가져가면 갑이 승리한다.

● $n_1 = n_2$이면, 을이 이기는 전략이 있다.

을은 갑이 가져가는 만큼 다른 더미에서 동전을 가져가면 이긴다.

(2) $k > 2$일 경우 :

$k = 3$이고, $n_1 = 9$, $n_2 = 13$, $n_3 = 15$ 인 경우를 예로하여 일반적인 경우를 설명하기로 한다. 9, 13, 15를 이진법으로 전개하면

$$9 = 8 + 0 + 0 + 1$$
$$13 = 8 + 4 + 0 + 1$$
$$15 = 8 + 4 + 2 + 1$$

이다. 이를 다음과 같이 행렬 꼴의 표로 나타내어 보자.

9	→	8	0	0	1
13	→	8	4	0	1
15	→	8	4	2	1

이 행렬에서 0이 아닌 수가 짝수 개인 열을 평형인 열이라 하고,
홀수 개인 열을 비평형인 열이라고 하자.

행렬의 열 이름을 「1-열」, 「2-열」, 「4-열」, 「8-열」, … 이라고 할
때, 위의 행렬에서 8-열, 2-열, 1-열은 비평형인 열이고, 4-열은
평형인 열이다.

이제 모든 열이 평형일 때 그 게임은 평형인 게임이라 하고, 그렇지
않을 때 비평형인 게임이라고 하자. 이를테면 위의 게임은 비평형
인 게임이고, 게임

3	→	0	0	2	1
13	→	8	4	0	1
14	→	8	4	2	0

는 평형인 게임이다.

이 게임의 한 더미, 이를테면 셋째 더미 14개 중에서 몇 개의 동전
이라도 치우면 그 행의 1, 2, 4, … 중 하나 이상이 빠지게 되어 비
평형인 게임이 된다. 이와 같이 일반적으로 평형인 게임의 어느 한
더미에서 몇 개를 치우면 반드시 비평형인 게임이 된다.

한편, 비평형인 게임은 한 더미에서 몇 개를 치움으로써 항상 평형
인 게임으로 만들 수 있다. 이를테면 비평형인 게임

0	32	16	0	0	2	1
64	0	16	8	0	0	0
64	32	16	8	4	0	1

↑   ↑   ↑
비평형   비평형   비평형

에 대해서는 마지막 행에

0	0	-16	0	-4	2	0

를 더함으로써 평형인 게임

0	32	16	0	0	2	1
64	0	16	8	0	0	0
64	32	0	8	0	2	1

으로 바꿀 수 있다.

● 비평형인 게임으로 시작하면, 갑이 이기는 전략이 있다.

갑은 한 더미에서 적당한 개수의 동전을 치워 평행인 게임으로 만들어 을에게 준다. 을은 몇 개를 치우더라도 항상 비평행 게임을 만들어 갑에게 주게 되므로 이 과정을 반복하면 갑이 이긴다.

● 평형인 게임으로 시작하면, 을이 이기는 전략이 있다.

평행인 게임으로 시작하여 갑이 먼저하면 그 결과는 비평행인 게임으로 을이 시작하는 것과 같다. 따라서 을이 이기는 전략이 있다. ▮

예제 1.2.7. 양의 정수 m, n에 대하여 $m \times n$ 체스판을 도미노로써 덮을 수 있는 것은 어떤 경우인가?

풀이 도미노로써 $m \times n$ 체스판이 완벽하게 덮혔다면 체스판 안에 있는 정사각형의 개수 mn은 짝수이므로, m, n 중 하나는 짝수이다.

한편 m, n 중 하나가 짝수이면 $m \times n$ 체스판은 $(mn)/2$개의 도미노로써 덮을 수 있다.

먼저 m이 짝수라면, 체스판은 각 열을 $m/2$개의 도미노로써 완벽하게 덮을 수 있으므로 전체판은 $(mn)/2$개의 도미노로써 덮을 수 있다.

n이 짝수인 경우도 같은 방식으로 덮을 수 있다. ▮

예제 1.2.8. 4×4 체스판을 아래 그림과 같이 8개의 도미노로써 덮었다고 하면 직선 ℓ은 8개의 도미노 중 어느 것과도 만나지 않는다. 이와 같은 직선을 절단직선이라고 하자. 8개의 도미노로써 4×4체스판을 어떠한 방법으로 덮더라도 반드시 절단직선이 존재함을 설명하라.

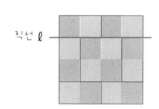

직선 ℓ

풀이 절단직선이 존재하지 않는다고 가정하자.

다음 그림과 같이 체스판의 각각의 가로선을 ℓ_1, ℓ_2, ℓ_3이라 하고, 세로선을 m_1, m_2, m_3이라 하자.

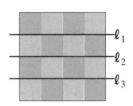 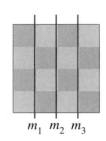

가로도미노　세로도미노

여기에서 1×2, 2×1 도미노를 각각 가로 도미노, 세로 도미노라고 부르기로 한다.

각 $i = 1, 2, 3$에 대하여 ℓ_i는 절단선이 아니므로, ℓ_i에 걸쳐있는 세로 도미노는 2개 이상이다. 그러므로 세로 도미노의 개수는 6개 이상이다.

같은 방법으로 가로 도미노의 개수도 6개 이상이다. 따라서 도미노의 개수는 12개 이상이 있게 된다.

이는 4×4체스판은 8개의 도미노로써 덮혀져 있다는 사실에 모순이다. 그러므로 절단직선이 반드시 존재한다. ∎

피보나치수열	
f_0	1
f_1	1
f_2	2
f_3	3
f_4	5
f_5	8
f_6	13
f_7	21
f_8	34
f_9	55
f_{10}	89
⋮	⋮

귀납적 풀이

귀납적 풀이란 문제의 대상의 개수가 작은 경우에 성립하는 사실을 바탕으로 일반적인 경우의 결론을 도출하는 방법으로 중요한 문제 해결 전략의 하나이다.

$$f_0 = f_1 = 1, \ f_n = f_{n-1} + f_{n-2}$$

로 정의되는 수열 $f_0, f_1, f_2, \cdots$ 을 피보나치(Fibonacci)수열이라고 한다.

예제 **1.2.9.** $2 \times n$ 체스판을 n개의 도미노로써 덮을 수 있는 방법 수는 어떤 수일까?

풀이 구하는 방법 수를 a_n이라고 두면 $a_1 = 1$이다.
2×2 체스판을 덮는 방법은 오른쪽 그림과 같이 2가지이므로 $a_2 = 2$이다.
$n \geq 3$일 때, 덮는 방법은 다음 두 가지 경우로 나뉜다.

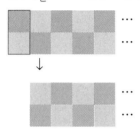

경우 1
왼쪽 끝을 1개의 세로도미노로 덮는다.

↓

$2 \times (n-1)$ 판이 남는다.

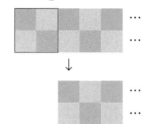

경우 2
왼쪽 끝을 2개의 가로도미노로 덮는다.

↓

$2 \times (n-2)$ 판이 남는다.

전체 판을 덮는 방법 수는 경우 1의 남은 $2 \times (n - 1)$ 판을 덮는 방법 수와 경우 2의 남은 $2 \times (n - 2)$ 판을 덮는 방법 수의 합과 같으므로

$$a_n = a_{n-1} + a_{n-2}$$

이다. 그러므로 $a_1, a_2, a_3, \cdots$ 은 첫항을 제외한 피보나치 수열, 즉

$$1, 1, 2, 3, 5, 8, 13, 21, 34, \cdots$$

이다. ∎

예제 **1.2.10.** 평면에 n개의 원이 그려져 있다. 이 중 어느 두 개도 서로 다른 두 점에서 만난다고 할 때, 이들 원에 의하여 평면은 몇 개의 영역으로 나누어지는가?

풀이 구하는 답을 $r(n)$이라고 하자.
명백히 $r(0) = 1, \; r(1) = 2, \; r(2) = 4$ 이고 그림에서 $r(3) = 8$임을 알 수 있다.

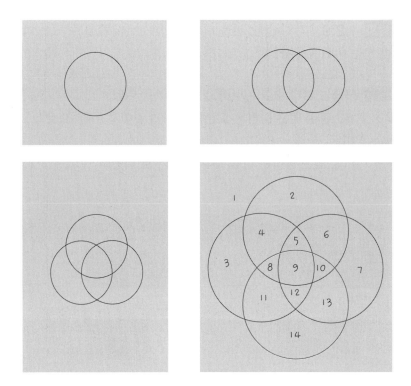

3개의 원을 그린 다음 네 번째 원을 그려보면, 이 네 번째 원은 나머지 3개의 원과 꼭 두 번씩 만나며, 한 번씩 만날 때마다 하나의 새로운 영역을 만들고 있음을 알 수 있다. 그러므로 네 번째 원을 그림으로써 추가되는 영역의 수는 $2 \times 3 = 6$이고, 따라서

$$r(4) = 8 + 6 = 14$$

이다. 같은 식으로 생각하면 n번째 원을 그릴 때, 추가되는 영역의 수는 $2(n - 1)$임을 알 수 있다. 그러므로 $n \geq 1$일 때,

$$r(n) = 2 + 2 + 4 + 6 + \cdots + 2(n - 1)$$
$$= 2 + 2\{1 + 2 + 3 + \cdots + (n - 1)\}$$
$$= 2 + 2\,\frac{n(n - 1)}{2} = n^2 - n + 2. \ \blacksquare$$

연습문제

1. 40명의 학생을 왼쪽 그림과 같이 한 열에 8명씩 5개 열로 세웠다. 각 열에서 제일 작은 사람 한 사람씩 뽑아낸 5명 중 제일 큰 사람을 A라 하고, 각 행에서 제일 큰 사람 한 사람씩 뽑아낸 8명 중 제일 작은 사람을 B라 할 때, A, B 중 누가 더 크겠는가를 말하고, 이유를 설명하라.

2. 주어진 정사각형을 2개, 3개, 5개의 정사각형으로 가르는 것은 불가능하다. 2, 3, 5 이외의 임의의 자연수 n에 대하여 주어진 정사각형을 n개의 정사각형으로 가르는 것이 가능함을 보여라.

3. $4 \times 4 \times 4$ 정육면체를 잘라서 각 모서리의 길이가 1인 64개의 작은 정육면체를 만들 때, 자르는 횟수의 최소값을 구하라. (단, 여기에서 자르는 중간에 잘려진 조각들을 적당하게 재배열하는 것을 허용한다.)

4. $n \times n$ 체스판의 네 곳의 코너를 잘라낸 판을 왼쪽 그림과 같이 4개의 1×1판으로 만들어진 L자 모양의 테트로미노들로써 완벽하게 덮을 수 있는 n의 값을 구하라.

5. 모든 성분이 1 또는 -1인 25×25 행렬의 제 i행의 모든 성분의 곱을 a_i, 제 j열의 모든 성분의 곱을 b_j라 할 때,
$$a_1 + b_1 + \cdots + a_{25} + b_{25} \neq 0$$
임을 증명하라.

6. 자연수 전체의 집합을 정의역으로 하는 함수 f가 $f(1)=1996$이고 모든 $n > 1$에 대하여 $f(1) + f(2) + \cdots + f(n) = n^2 f(n)$을 만족할 때, $f(1996)$의 값을 구하라. (제 32회 영국수학올림피아드, 1996)

7. 원 위에 2001개의 점이 있는데 각 점을 두 부분으로 나누어 각 점에 붉은 색 또는 푸른 색을 칠하였다. 칠한 결과 붉은 색을 칠한 부분이 2001개, 푸른 색을 칠한 부분이 2001개였다면 제 1부분과 제 2부분에 칠한 색깔이 다른 점이 적어도 1개 있음을 증명하라.

8. 어떤 학급의 49명 학생이 7행 7열로 앉아 있다. 각 좌석의 전, 후, 좌우의 좌석을 그 좌석의 인근 좌석이라 할 때, 49명 학생이 모두 제자리를 떠나서 인근 좌석에 가서 앉을 수 있는지를 말하고, 그 이유를 설명하라.

9. 입구가 아래로 향한 컵이 홀수 개 있다. 몇 번 짝수 개 컵을 입구가 위로 향하게 뒤집어 놓는다면 모든 컵의 입구가 위로 향하게 할 수 있는지를 말하고, 그 이유를 설명하라.

10. 수 $1, 1, 2, 2, 3, 3, \cdots, 2002, 2002$를 한 줄로 배열하되 두 개의 1 사이에 한 수가 끼이고 두 개의 2 사이에 두 수가 끼이고, $\cdots$, 두 개의 2002 사이에 2002개의 수가 끼이게 할 수 있겠는가?

11. 18개의 도미노로써 6×6체스판을 어떠한 방법으로 덮더라도 반드시 절단선이 있음을 설명하라.

12. 한 모서리의 길이가 1인 정육면체를 단위 정육면체라고 한다. 자연수 l, m, n에 대하여 lmn개의 단위 정육면체를 쌓아서 세 모서리의 길이가 각각 l, m, n인 직육면체를 만들었다고 할 때, 이 직육면체의 한 대각선이 내부를 통과하는 단위 정육면체의 개수를 구하라. (제 13회 한국수학올림피아드 고등부, 1999)

13. 2000개의 동전이 있는데 그 중 2개가 위조 동전이다. 1개는 진짜 동전보다 가볍고 또 1개는 진짜 동전보다 무겁다. 양팔저울만으로 4회까지 잴 수 있을 때, 어떻게 재면 다음을 알 수 있겠는가? 위조 동전 2개와 진짜 동전 2개 중 어느 쪽이 더 무거운지, 더 가벼운지 또는 같은지 결정하라. (제23회 소련 수학올림피아드, 1989)

14. 2002 × 2002의 체스판의 각 네모 칸을 검은색과 흰색 두 가지로 다음과 같이 칠할 수 있을까? 체스판의 중심에 관해서 대칭인 칸은 다른 색으로 칠하고 체스판의 어느 행 어느 열에나 검은 색과 흰색의 칸 수가 같아지도록 칠한다.(제24회 소련 수학올림피아드, 1990)

15. 9명의 수학자가 어느 국제회의에서 만나, 그 중 어떤 3명을 택해도 적어도 2명은 같은 언어로 말한다는 것을 알았다. 또 어느 수학자도 많아야 3가지 언어 밖에 말할 수 없다고 한다. 같은 언어로 말하는 수학자가 적어도 3명이 있음을 보여라.

(제7회 미국 수학올림피아드, 1978)

16. 행렬

$$\begin{bmatrix} 1 & 2 & 3 & \cdots & 10 \\ 11 & 12 & 13 & \cdots & 20 \\ 21 & 22 & 23 & \cdots & 30 \\ \vdots & \vdots & \vdots & \ddots & \vdots \\ 91 & 92 & 93 & \cdots & 100 \end{bmatrix}$$

의 각 행, 각 열이 꼭 5개씩의 음수를 포함하도록 50개의 성분의 부호를 바꾸어서 생기는 행렬의 모든 성분의 합은 0이 됨을 증명하라.

17. A, B, C 세 학교에 각각 n명의 학생이 있다. 한 학교의 임의의 학생은 다른 두 학교에 다니는 $n+1$명의 학생과 서로 안다고 할 때, 서로서로 아는 세 명이 존재하도록 각 학교에서 한 명씩 선택할 수 있음을 증명하라.

18. 어떤 그룹의 사람들 중 친구의 수가 같은 어떤 두 사람도 공통의 친구를 갖지 않는다고 한다. 이 때, 그 그룹의 사람들 중 정확하게 한 명의 친구만 갖는 사람이 존재함을 증명하라.

19. 실수를 성분으로 가지는 $m \times n$행렬의 각 행, 각 열에 크기 순으로 적어도 p, q개의 성분 위에 점을 찍는다고 했을 때, 두 개의 점이 찍힌 성분이 적어도 pq개가 됨을 증명하라.

20. 반지름의 길이가 1인 원의 내부에 8개의 점이 놓여 있다. 이 때, 거리가 1보다 작은 두 점이 존재함을 증명하라.

21. 넓이가 각각 74에이커, 116에이커, 370에이커인 세 개의 정사 각형이 그림과 같이 붙어 있다. 이 세 정사각형으로 둘러싸인 삼 각형의 넓이는 얼마인가?

2. 순열과 조합

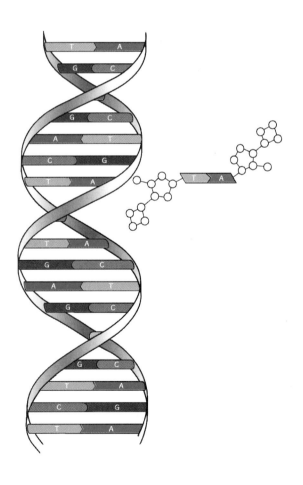

유한 개의 대상의 배열과 구조문제를 연구함에 있어서 발생하는 가장 기본적인 문제가 헤아리기, 존재성 및 최적화 문제이다.

헤아리기 문제는
"어떤 특정한 종류의 배열의 개수는 몇 개인가?"
라는 것이며, 그러한 개수를 헤아리기 쉽지 않을 때는
"그러한 배열이 최소한 하나라도 있겠는가?"
라는 존재성의 문제가 된다.
실제로 많은 응용문제에 있어서는
"그러한 배열 중 어떤 것이 가장 효율적인 것인가?"
라는 최적화문제가 주된 관심사가 된다.
이런 문제에 관련된 가장 중요한 도구가 바로 순열, 조합의 개념이다.

2.1 순열

5권의 책을 책꽂이에 꽂는 방법은 몇 가지일까?
5권의 책 중 3권을 뽑아 책꽂이에 꽂는 방법은 몇 가지일까?

순열의 뜻

순열(順列)이란 말은 순서를 생각한 열이란 뜻이다.
Permutation은 위치를 바꾼다는 뜻, 즉 치환(置換)이라는 뜻이다. 그러므로 순열을 치환이라고도 한다.

집합 X의 모든 원소를 일렬로 배열한 것을 X의 순열(permutation)이라고 한다. 이를테면 $\{a, b, c\}$의 순열은

$$abc, acb, bac, bca, cab, cba$$

이다.

n개의 원소로 이루어진 집합을 n-집합이라고 한다. n-집합 X에서 k개의 서로 다른 원소를 뽑아 일렬로 배열한 것을 X의 k-순열이라 하고, n-집합의 k-순열의 수를

$$_nP_k$$

와 같이 나타낸다. 이를테면 3-집합 $\{a, b, c\}$의 2-순열은

$$ab, ac, ba, bc, ca, cb$$

의 6개가 있다. 그러므로 $_3P_2 = 6$이다.

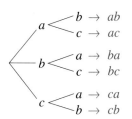

정리 2.1.1 k-순열의 수

$1 \leq k \leq n$인 정수 n, k에 대하여, n-집합의 k-순열의 수는
$$_nP_k = n(n-1)(n-2) \cdots (n-k+1).$$

증명 n-집합의 k-순열의 수 $_nP_k$는 그림과 같이 일렬로 배열된 k개의 빈 박스에 n-집합의 k개의 서로 다른 원소를 넣는 방법 수와 같다.

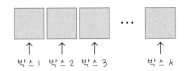

k에 관한 귀납법으로 정리를 증명한다.

$k = 1$일 때는 명백히 정리가 성립한다.

$k - 1$에 대하여 정리가 성립한다고 가정하면

$$_nP_{k-1} = n(n-1)(n-2) \cdots (n-k+2)$$

즉, 박스 $k - 1$까지 채울 수 있는 방법 수는

$$n(n-1)(n-2) \cdots (n-k+2)$$

이다.

이제 박스 $k - 1$까지 채운 각각의 배열에 대하여, 박스 k에 넣을 수 있는 원소는 남은 원소의 개수

$$n - (k-1) = n - k + 1$$

과 같으므로 박스 k까지 채울 수 있는 방법 수는

$$n(n-1)(n-2) \cdots (n-k+2)(n-k+1)$$

이다. ■

따름정리 n-집합의 순열의 수는 $n!$

n개의 물건을 일렬로 배열하는 방법 수는 $n!$이다.

예제 **2.1.1.**   1에서 6까지의 자연수를 사용하여 다음과 같은 세 자리 정수를 만들 수 있는 방법 수를 구하라.

(1) 자리의 숫자가 모두 다르다.

(2) 자리의 숫자가 모두 다르고 5가 반드시 들어 있다.

풀이 (1) 6개의 원소 중 3개를 뽑아 일렬로 나열하는 방법 수와 같으므로 $_6P_3 = 6 \times 5 \times 4 = 120$.

(2) 5가 올 수 있는 자리는 일, 십, 백의 자리 중 어느 하나이므로 생각하는 수의 모양은 다음 중 하나이다.

$$\blacksquare\blacksquare\boxed{5}\qquad\blacksquare\boxed{5}\blacksquare\qquad\boxed{5}\blacksquare\blacksquare$$

각각의 경우 2개의 빈 박스를 채울 수 있는 방법이 1, 2, 3, 4, 6 중 2개를 택하여 나열하는 방법 수

$$_5P_2 = 5 \times 4 = 20$$

과 같으므로 구하는 수는

$$20 + 20 + 20 = 60$$

이다. ▌

$n!$의 크기

$n!$은 표현은 간단하지만 n에 비하여 엄청나게 큰 수이다. 이를테면 15!만 하더라도 10^{12}보다 크다. $n!$의 크기에 관한 다음 정리가 있다.

> **정리 2.1.2** $n!$의 크기
>
> $$e\left(\frac{n}{e}\right)^n < n! < \frac{n+1}{4}\, e^2\left(\frac{n}{e}\right)^n.$$

증명▪▪ 함수 $y = \log x$ 의 그래프를 관찰하면 다음이 성립함을 알 수 있다.

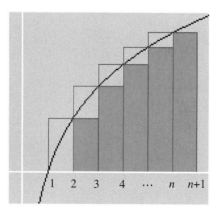

$$\int_1^n \log x \, dx \le \sum_{i=2}^n \log i \le \int_2^{n+1} \log x \, dx.$$

이 부등식에서 가운데 식은 $\log n!$과 같으므로

$$n \log n - n + 1 \le \log n! \le (n+1) \log (n+1) - (n+1) - 2 \log 2 + 2.$$

한편

$$\log (n+1) - \log n = \int_n^{n+1} \frac{dx}{x} < \frac{1}{n}$$

이므로

$$n \log (n+1) < n \log n + 1$$

이다. 그러므로

$$n \log n - n + 1 \le \log n! \le \log (n+1) + n \log n - n - 2 \log 2 + 2$$

이고, 따라서 정리의 부등식이 성립한다. ■

$n!$의 값을 보다 정확하게 추정하는 다음 공식이 있다.

> **스털링(Stirling)의 공식**
>
> $$n! = \sqrt{2\pi n} \left(\frac{n}{e} \right)^n \left(1 + O\left(\frac{1}{n}\right)\right).$$

스털링의 공식의 증명은 다음 책을 참조
Alan, Slomson,
Introduction to Combinatorics (1991)

순열의 생성

n이 작은 값이 아닐 때는 $n!$이 대단히 큰 수이므로, n-집합의 모든 순열을 일일이 나열하는 것은 쉬운 일이 아니다.
그렇지만 모든 순열을 나열하는 것은 컴퓨터공학에서 입력된 자료를 분류하는 데 필요한 작업이다.

다음에는 주어진 집합의 모든 순열을 빠짐없이 나열할 수 있는 쉽고 효과적인 알고리즘에 대하여 소개한다.

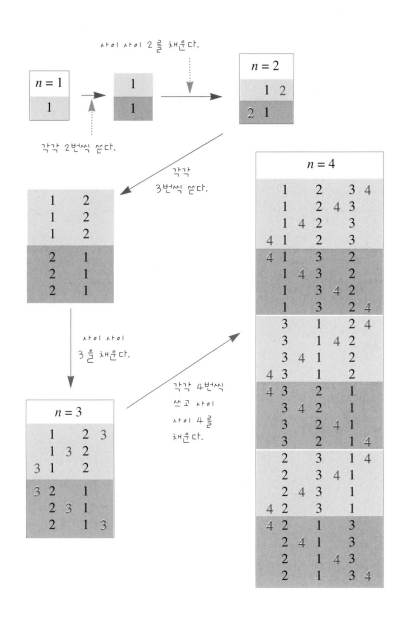

순열생성법 1

집합 $\{1, 2, \cdots, n\}$의 순열에서 n을 빼면 $\{1, 2, \cdots, n-1\}$의 순열이 되고 $\{1, 2, \cdots, n-1\}$의 순열의 어느 위치에 n을 넣더라도 $\{1, 2, \cdots, n\}$의 순열이 된다는 사실을 바탕으로 귀납적 방법에 의하여 $\{1, 2, \cdots, n\}$의 모든 순열을 다음과 같이 구한다.

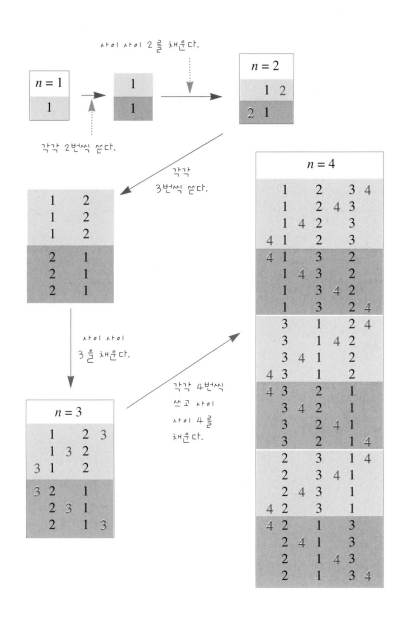

순열생성법 2

$\{1, 2, \cdots, n\}$의 순열의 각 수 위에 화살표가 붙은 것을 생각하자.
이 때, 자신보다 작은 인접한 수를 향하는 수를 모빌이라 하자.
이를테면 화살표가 붙은 순열

$$\overrightarrow{2}\ \overleftarrow{6}\ \overleftarrow{3}\ \overrightarrow{1}\ \overrightarrow{5}\ \overleftarrow{4}$$

에서 5와 6은 모빌이다. 다음에 모빌을 이용한 순열 생성 알고리
즘을 소개한다.

모빌을 이용한 순열 생성알고리즘

먼저, 순열
$$\overleftarrow{1}\ \overleftarrow{2}\ \overleftarrow{3}\ \cdots\ \overleftarrow{n}$$
으로 시작하여 다음 과정을 수행한다.

*과정*❶ : 가장 큰 모빌 k를 찾는다.
*과정*❷ : k와 k의 화살표가 향한 인접한 수와 위치를 바꾼다.
*과정*❸ : k보다 큰 모든 수의 화살표의 위치를 바꾼다.
*과정*❹ : 과정 ❶, ❷, ❸을 모빌이 없을 때까지 반복한다.

이를테면 $n = 4$인 경우에,
$$\overleftarrow{1}\ \overleftarrow{2}\ \overleftarrow{3}\ \overleftarrow{4}$$
로써 시작하여 위의 알고리즘을 수행하면
$$\overleftarrow{2}\ \overleftarrow{1}\ \overrightarrow{3}\ \overrightarrow{4}$$
에 이르게 된다. 여기에는 모빌이 하나도 없으므로 그치게 되는데,
여기까지 오면 오른쪽 표와 같이 $\{1, 2, 3, 4\}$의 모든 순열이 나열
된다.

$\overleftarrow{1}$	$\overleftarrow{2}$	$\overleftarrow{3}$	$\overleftarrow{4}$
$\overleftarrow{1}$	$\overleftarrow{2}$	$\overleftarrow{4}$	$\overleftarrow{3}$
$\overleftarrow{1}$	$\overleftarrow{4}$	$\overleftarrow{2}$	$\overleftarrow{3}$
$\overleftarrow{4}$	$\overleftarrow{1}$	$\overleftarrow{2}$	$\overleftarrow{3}$
$\overrightarrow{4}$	$\overleftarrow{1}$	$\overleftarrow{3}$	$\overleftarrow{2}$
$\overleftarrow{1}$	$\overrightarrow{4}$	$\overleftarrow{3}$	$\overleftarrow{2}$
$\overleftarrow{1}$	$\overleftarrow{3}$	$\overrightarrow{4}$	$\overleftarrow{2}$
$\overleftarrow{1}$	$\overleftarrow{3}$	$\overleftarrow{2}$	$\overrightarrow{4}$
$\overleftarrow{3}$	$\overleftarrow{1}$	$\overleftarrow{2}$	$\overrightarrow{4}$
$\overleftarrow{3}$	$\overleftarrow{1}$	$\overrightarrow{4}$	$\overleftarrow{2}$
$\overleftarrow{3}$	$\overrightarrow{4}$	$\overleftarrow{1}$	$\overleftarrow{2}$
$\overrightarrow{4}$	$\overleftarrow{3}$	$\overleftarrow{1}$	$\overleftarrow{2}$
$\overrightarrow{4}$	$\overleftarrow{3}$	$\overleftarrow{2}$	$\overleftarrow{1}$
$\overleftarrow{3}$	$\overrightarrow{4}$	$\overleftarrow{2}$	$\overleftarrow{1}$
$\overleftarrow{3}$	$\overleftarrow{2}$	$\overrightarrow{4}$	$\overleftarrow{1}$
$\overleftarrow{3}$	$\overleftarrow{2}$	$\overleftarrow{1}$	$\overrightarrow{4}$
$\overleftarrow{2}$	$\overleftarrow{3}$	$\overleftarrow{1}$	$\overrightarrow{4}$
$\overleftarrow{2}$	$\overleftarrow{3}$	$\overrightarrow{4}$	$\overleftarrow{1}$
$\overleftarrow{2}$	$\overrightarrow{4}$	$\overleftarrow{3}$	$\overleftarrow{1}$
$\overrightarrow{4}$	$\overleftarrow{2}$	$\overleftarrow{3}$	$\overleftarrow{1}$
$\overrightarrow{4}$	$\overleftarrow{2}$	$\overleftarrow{1}$	$\overrightarrow{3}$
$\overleftarrow{2}$	$\overrightarrow{4}$	$\overleftarrow{1}$	$\overrightarrow{3}$
$\overleftarrow{2}$	$\overleftarrow{1}$	$\overrightarrow{4}$	$\overrightarrow{3}$
$\overleftarrow{2}$	$\overleftarrow{1}$	$\overrightarrow{3}$	$\overrightarrow{4}$

순열의 표현

● 함수 표현

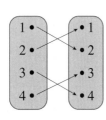

1, 2, 3, 4의 순열 2143은 왼쪽 그림과 같이 하나의 전단사 함수

$$\sigma : \{1, 2, 3, 4\} \to \{1, 2, 3, 4\}$$

로 볼 수 있으며, 이는

$$\sigma(1) = 2, \ \sigma(2) = 1, \ \sigma(3) = 4, \ \sigma(4) = 3$$

으로 정의된 함수이다. 이 함수는 1과 2, 3과 4를 각각 서로 바꾸어 놓는다. 이런 뜻에서 집합 $\{1, 2, \cdots, n\}$에서 자신으로 가는 전단사 함수를 $\{1, 2, \cdots, n\}$의 치환이라고 하며, 1, 2, $\cdots$, n 각 수의 아래에 $\sigma(1)$, $\sigma(2)$, $\cdots$, $\sigma(n)$를 달아서

$$\begin{pmatrix} 1 & 2 & \cdots & n \\ \sigma(1) & \sigma(2) & \cdots & \sigma(n) \end{pmatrix}$$

과 같이 나타내기도 한다.

이를테면, 순열 2143을 나타내는 치환은

$$\begin{pmatrix} 1 & 2 & 3 & 4 \\ 2 & 1 & 4 & 3 \end{pmatrix}$$

과 같이 나타낸다.

● 행렬 표현

1, 2, $\cdots$, n의 치환 σ대하여,

$$(1, \sigma(1))\text{-성분}, (2, \sigma(2))\text{-성분}, \cdots, (n, \sigma(n))\text{-성분}$$

은 1, 나머지 성분은 0인 $n \times n$행렬을 σ에 대응하는 치환행렬이라고 한다. 이를테면 1234의 순열 2143을 나타내는 치환 σ에 대응하는 치환행렬은

$$\begin{bmatrix} 0 & 1 & 0 & 0 \\ 1 & 0 & 0 & 0 \\ 0 & 0 & 0 & 1 \\ 0 & 0 & 1 & 0 \end{bmatrix}$$

이다. 이 행렬이 먼저 주어졌을 때는 각 행 1, 2, 3, 4에 1이 있는 열 번호를 차례대로 읽으면 원래의 순열 2143을 얻을 수 있다.

같은 이유로, 각 행, 각 열에 1이 꼭 하나씩 있는 정사각행렬은 모두 어떤 치환에 대응하는 치환행렬이다.

이와 같이 생각하면 $1, 2, \cdots, n$의 순열 전체의 집합과 n차 치환행렬 전체의 집합은 일대일 대응관계가 있음을 알 수 있고, 따라서 n차 치환행렬의 개수는 $n!$임을 알 수 있다.

● 사이클 표현

$1, 2, 3, 4, 5, 6$의 치환

$$\sigma = \begin{pmatrix} 1 & 2 & 3 & 4 & 5 & 6 \\ 2 & 5 & 3 & 6 & 1 & 4 \end{pmatrix}$$

는 대응 「$1 \to 2,\ 2 \to 5,\ 3 \to 3,\ 4 \to 6,\ 5 \to 1,\ 6 \to 4$」를 나타내는 함수이다.

이를 다음 그림과 같이 나타낼 수 있다.

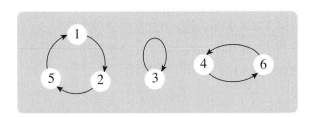

이 그림은 3개의 부분으로 이루어져 있는데, 이들을 사이클이라 하고, 각각 $(1\ \ 2\ \ 5), (3), (4\ \ 6)$으로 나타낸다.

이 때, σ는 간단히

$$\sigma = (1\ \ 2\ \ 5)(3)(4\ \ 6)$$

으로 나타낸다.

사이클 안에 들어 있는 수의 개수를 그 사이클의 길이라고 한다.
이를테면 사이클 $(1\ \ 2\ \ 5), (3), (4\ \ 6)$의 길이는 각각 $3, 1, 2$이다.

중복순열

집합을 나타낼 때에는 같은 원소를 중복해서 쓰지는 않는다. 그러나 통 속에 흰 바둑 돌 3개, 검은 바둑 돌 4개가 들어 있는 경우 등을 나타내기 위하여 같은 원소를 반복하여 쓰는 집합을 생각하고 이를 다중집합이라고 한다.

이를테면 2개의 a와 3개의 b로 이루어진 집합을

$$\{a, a, b, b, b\}$$

또는

$$\{2 \times a, 3 \times b\}$$

와 같이 나타내기로 하고, ∞개의 a와, 4개의 b로 이루어진 집합은

$$\{\infty \times a, 4 \times b\}$$

와 같이 나타내기로 한다.

n-집합

$$X = \{a_1, a_2, \cdots, a_n\}$$

에 대하여, 다중집합

$$Y = \{\infty \times a_1, \infty \times a_2, \cdots, \infty \times a_n\}$$

의 k-순열을 X의 k-중복순열이라고 한다. 이를테면

$$aaa, aab, aba, baa, bba, bab, abb, bbb$$

는 모두 집합 $\{a, b\}$의 3-중복순열이다.

집합 X의 k-중복순열은 X에서 k개의 원소를 중복을 허락해서 선택한 후 그것들을 일렬로 배열한 것과 같다. 이 때, 중복 선택 횟수에 대한 제한은 없다.

n-집합의 k-중복순열의 수는 기호로

$$_n\Pi_k$$

와 같이 나타낸다.

정리 2.1.3   중복순열의 수

n-집합의 k-중복순열의 수는

$$_n\Pi_k = n^k.$$

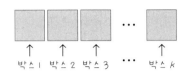

증명 :: n-집합의 k-중복순열의 수 $_n\Pi_k$는 그림과 같이 일렬로 배열된 k개의 빈 박스에 n-집합의 원소를 넣는 방법 수와 같다.

이 박스에는 같은 원소가 들어가도 좋다.

k에 관한 귀납법으로 정리를 증명한다.

$k = 1$일 때는 명백히 정리가 성립한다.

$k - 1$에 대하여 정리가 성립한다고 가정하면

$$_n\Pi_{k-1} = n^{k-1}$$

즉, 박스 $k - 1$까지 채울 수 있는 방법 수는 n^{k-1}이다. 이제 박스 $k - 1$까지 채운 각각의 배열에 대하여, 박스 k에 넣을 수 있는 원소는 남은 원소의 개수는 n이므로, 박스 k까지 채울 수 있는 방법 수는

$$n^{k-1} \times n = n^k$$

이다. ■

예제 2.1.2. 7통의 편지를 3개의 우체통에 넣는 방법의 수를 구하라.

풀이 각각의 편지를 넣기 위하여 우체통을 한 번씩 선택해야 하며, 같은 우체통을 여러 번 선택해도 되므로 구하는 수는 3개 중 중복을 허락해서 7개 뽑아 나열하는 방법 수

$$_3\Pi_7 = 3^7$$

이다. ■

예제 2.1.3. DNA(deoxyribonucleic acid)는 생물체의 유전자의 기본 구성 요소로서 염기로 이루어진 사슬인데, 여기서 사용된 염기는 다음 4개의 화학물질 중 하나이다.

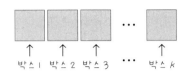

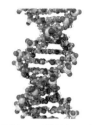

생명공학에서 말하는 게놈프로젝트의 게놈(genome)은 유전자(gene)와 염색체(chromosome)를 합성해 만든 말로서, 생물체에 담긴 유전자 정보 전체를 의미한다.
게놈프로젝트는 약 10만 개로 추정되는 인간의 유전자 하나하나를 구성하는 4개 염기들의 정확한 연결식, 그리고 23쌍의 염색체 상에서 이들 유전자 각각의 정확한 위치를 밝혀내는 일이다.

티민(thymine, T),   시토신(cytosine, C)
아데닌(adenine, A), 구아닌(guanine, G)

이 염기들의 사슬이 특정한 유전정보를 코드화한다.
단백질이라고 알려진 이 DNA사슬은 "기본DNA열"이 여러 개 이어져서 만들어진다. 기본DNA열은 20 종의 아미노산 중 하나를 코드화하고 있다고 한다. 따라서 하나의 기본DNA열과 하나의 아미노산을 동일시해도 좋다.

● 기본DNA열 : 염기 (T, C, A G)의 열
    TTCGA ← 하나의 아미노산을 코드화

● DNA 사슬 : 단백질
    AGCAA CTAGA TTCGA TCCGC ATCGC TACAA …

20종의 서로 다른 아미노산을 코드화하기 위해 기본 DNA열은 최소한 몇 개의 염기들로 이루어져야 하겠는가?

풀이 배열된 염기의 개수가 k인 기본DNA열을 「k-기본DNA열」이라고 하자. 구하는 답은 k-기본DNA열의 개수가 20 이상이 되는 최소의 k값이다.
k-기본DNA열의 개수는 4-집합
$$\{T, C, A, G\}$$
의 k-중복순열의 수 4^k과 같다.
문제의 조건에서 부등식
$$4^k \geq 20$$
을 얻고, 이 부등식을 만족하는 최소의 자연수 k는 3이다. 따라서 기본 DNA열은 최소한 3개의 염기들로 이루어져야 한다. ■

실제로 3-기본DNA열들이 20개의 서로 다른 아미노산을 코드화한다.

기본DNA열의 염기의 수
사람 : 2.1×10^{10}
닭 : 5×10^9
돼지 : 1.7×10^{10}

예제 2.1.4. 사람의 기본DNA열은 2.1×10^{10}개의 염기로 이루어져 있다고 한다. 사람의 기본DNA열의 개수는 몇 개 이하일까?

풀이 $k = 2.1 \times 10^{10}$이므로 $4^k = 4^{2.1 \times 10^{10}}$. ■

다음에 유한 다중집합의 모든 원소를 일렬로 배열하는 순열의 수에 대하여 알아보자.

예를 들어, 다중집합
$$X = \{a, a, b, b, b\}$$
의 순열의 수를 알아보기 위하여 우선 2개의 a와 3개의 b를 각각 서로 다른 것으로 본 집합
$$Y = \{a_1, a_2, b_1, b_2, b_3\}$$
을 생각한다. Y의 순열은 $5! = 120$개이고, 그 중 $2! \times 3!$개의 순열

$$
\begin{array}{ll}
a_1a_2b_1b_2b_3, & a_2a_1b_1b_2b_3, \\
a_1a_2b_1b_3b_2, & a_2a_1b_1b_3b_2, \\
a_1a_2b_2b_1b_3, & a_2a_1b_2b_1b_3, \\
a_1a_2b_2b_3b_1, & a_2a_1b_2b_3b_1, \\
a_1a_2b_3b_1b_2, & a_2a_1b_3b_1b_2, \\
a_1a_2b_3b_2b_1, & a_2a_1b_3b_2b_1
\end{array}
$$

은 첨자를 떼면 모두 X의 순열 $aabbb$가 된다.
한편 X의 순열 $aabbb$에 가능한 모든 첨자를 붙이면 위와 같이 $2! \times 3!$개의 Y의 순열을 얻는다. 따라서 X의 순열의 개수는

$$\frac{5!}{2!\,3!}$$

과 같다.

이와 같이 생각하면 다음 정리가 성립함을 알 수 있다.

정리 2.1.4　다중집합의 순열의 수

다중집합 $\{n_1 \times a_1, n_2 \times a_2, \cdots, n_r \times a_r\}$의 순열의 수는
$$\frac{(n_1 + n_2 + \cdots + n_r)!}{n_1!\,n_2! \cdots n_r!}$$
이다.

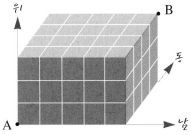

위

동

남

A

B

예제 **2.1.5.** $5 \times 4 \times 3$개의 단위 정육면체를 붙여 왼쪽 그림과 같이 직육면체를 만들었다. 이 직육면체의 꼭지점 A에서 B까지 가는데, 남쪽, 동쪽 또는 위로 한 칸씩 갈 수 있다고 할 때, 최단 경로의 개수를 구하라.

풀이 남쪽, 동쪽, 위로 한 칸씩 가는 것을 각각 $a, b,$ c로 나타내면 A에서 B까지 가는 최단 경로의 집합은 다중집합
$$\{5 \times a, 4 \times b, 3 \times c\}$$
의 순열의 집합과 일대일 대응관계에 있다. 따라서 구하는 경로의 개수는

$$\frac{(5 + 4 + 3)!}{5! \, 4! \, 3!} = 27720$$

이다. ∎

사용하는 염기

DNA	RNA
T	U
C	C
A	A
G	G

예제 **2.1.6.** RNA는 DNA로부터 유전정보를 받아 단백질을 합성하는 역할을 한다. 「기본 RNA열」을 구성하는 염기들은 티민이 우라실(uracil, U)로 대체되는 것을 제외하고는 기본 DNA열을 구성하는 염기들과 같다. DNA와 마찬가지로 배열된 염기의 개수가 k인 기본 RNA열을 「k-기본RNA열」이라고 하자. 3개의 시토신(C)과 3개의 아데닌(A)으로 이루어지는 6-기본RNA열의 개수를 구하라.

풀이 3개의 C와 3개의 A로 이루어지는 6-기본RNA열의 개수는 다중집합 $\{C, C, C, A, A, A\}$의 중복순열의 수

$$\frac{6!}{3! \, 3!} = 20$$

과 같다. ∎

예제 **2.1.7.** 기본RNA열은 어떤 효소의 작용으로 인해 몇 개의 토막들로 나누어진다고 한다. 이를테면

$$UGACGAC \to UG, \ ACG, \ AC$$

와 같이, 어떤 효소작용은 기본RNA열을 매 G에서 나눈다. 이런 효소를 G-효소라고 하자. 같은 의미로 U-효소, C-효소도 있다.

어떤 12-기본RNA열이 U-효소, C-효소의 작용으로

$$C, \ C, \ GGU, \ C, \ C, \ GAAAG$$

로 나누어지고, G-효소의 작용으로

$$CCG, \ G, \ UCCG, \ AAAG$$

로 나누어진다고 할 때, 원래의 12-기본RNA열을 구하라.

풀이 원래의 12-기본RNA열에는

$$C, \ C, \ GGU, \ C, \ C, \ GAAAG$$

의 6개의 조각 각각이 그 배열대로 들어 있다. 따라서 가능한 원래의 12-기본RNA열로는

$$\frac{6!}{4! \times 1! \times 1!} = 30$$

가지가 있다. 특히, GAAAG 토막의 마지막 염기가 U나 C가 아니므로 원래의 RNA열은 GAAAG로 끝나야 한다. 따라서 가능한 12-기본 RNA열의 개수는

$$\frac{5!}{4! \times 1!} = 5$$

이고, 그러한 12-기본RNA열은 다음과 같다.

CCCCGGUGAAAG
CCCGGUCGAAAG
CCGGUCCGAAAG
CGGUCCCGAAAG
GGUCCCCGAAAG

여기서 G가 효소작용을 해서 나타나는 토막들을 살펴보면, 원래의 12-기본RNA열은 CCGGUCCGAAAG임을 알 수 있다. ∎

예제 **2.1.8.** (디오판투스 방정식과 중복순열) 일차방정식

$$x_1 + x_2 + x_3 = 5$$

의 음이 아닌 정수해의 개수를 구하라.

풀이 이 방정식의 음이 아닌 정수해, 이를테면, $(3, 1, 1)$에

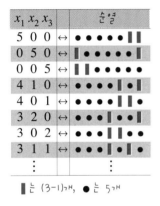

와 같이, 일렬로 배열된 3개의 빈 박스 안에 5개의 바둑돌을 넣은 것을 대응시킨다. 이것은 다중집합 $A = \{\, \bullet, \bullet, \bullet, \bullet, \bullet, \,|\,, \,|\, \}$의 순열

$$\bullet\;\bullet\;\bullet\;|\;\bullet\;|\;\bullet$$

로 볼 수 있다.

이 대응은 방정식의 음이 아닌 정수해의 집합에서 다중집합 A의 순열의 집합 사이의 일대일 대응이다. 따라서 방정식의 음이 아닌 정수해의 개수는 A의 순열의 수

$$\frac{7!}{5!\,2!}$$

이다. ▮

여기서 ▮는 인접한 상자의 경계로서 미지수의 개수보다 1 작다.

$x_1\ x_2\ x_3$	순열
5 0 0	$\leftrightarrow$ ● ● ● ● ● ▮ ▮
0 5 0	$\leftrightarrow$ ▮ ● ● ● ● ● ▮
0 0 5	$\leftrightarrow$ ▮ ▮ ● ● ● ● ●
4 1 0	$\leftrightarrow$ ● ● ● ● ▮ ● ▮
4 0 1	$\leftrightarrow$ ● ● ● ● ▮ ▮ ●
3 2 0	$\leftrightarrow$ ● ● ● ▮ ● ● ▮
3 0 2	$\leftrightarrow$ ● ● ● ▮ ▮ ● ●
3 1 1	$\leftrightarrow$ ● ● ● ▮ ● ▮ ●
⋮	⋮

▮는 (3–1)개, ● 는 5개

예제 2.1.8과 같이 생각하면 다음 정리가 성립함을 알 수 있다.

정리 2.1.5 일차방정식의 음이 아닌 정수해의 개수

일차방정식

$$x_1 + x_2 + \cdots + x_n = k$$

의 음이 아닌 정수해의 개수는

$$\frac{(n+k-1)!}{k!\,(n-1)!}$$

이다.

이 방정식의 음이 아닌 정수해의 개수는 다중집합 $\{k \times \bullet, (n-1) \times \,|\,\}$ 의 순열의 수와 같다.

연습문제

1. k가 17 이하의 자연수라고 하자. 20 이하의 자연수로 이루어진 집합의 4-부분집합 중 하나의 집합 A를 임의로 택할 때, 다음과 같을 확률을 구하라.

   (1) k가 A의 가장 작은 원소이다.

   (2) k가 A의 두 번째로 작은 원소이다.

2. 다음의 각 경우에 a, b, c, d, e 중 3개의 문자를 써서 만들 수 있는 단어의 개수를 구하라.

   (1) 각각의 문자를 중복해서 선택하는 것을 허용한다.

   (2) 서로 다른 문자를 선택하되 e를 반드시 포함시킨다.

   (3) 각각의 문자를 중복해서 선택하는 것을 허용하되 e를 반드시 포함시킨다.

3. $0, 1, 2$의 n-중복순열로서 적어도 한 수는 연속해서 2개 들어 있는 것의 개수를 구하라.

4. n 자리 정수로서 같은 수가 연속해서 나타나지 않는 것의 개수를 구하라.

5. 1에서 10000까지의 자연수 중 각 자리의 숫자로서 2와 8이 꼭 한 번씩만 나타나는 자연수의 개수를 구하라.

6. a, b, c를 각각 5개씩 사용하여 만든 단어 중 a와 a 사이에 b와 c가 각각 하나 이상씩 들어 있는 것의 개수를 구하라.

7. 한 개의 동전을 n번 던졌을 때, 다음 확률을 구하라.

   (1) 정확하게 뒷면이 m번 나온 후 처음으로 앞면이 나올 확률.

   (2) 정확하게 뒷면이 m번 나온 후 i번째로 앞면이 나올 확률.

8. 1, 2, 3, 4, 5, 6, 7, 8 중 5개를 써서 만들 수 있는 5자리의 정수를 작은 수부터 차례대로 쓸 때, 25431은 몇 번째 수인가?

9. a, b, c 세 문자만을 사용하여 단어를 만들려고 한다. 문자 a와 b는 같은 것끼리는 인접하여 배열할 수 없다고 할 때, 문자의 개수가 n인 모든 단어의 개수를 구하라. (제2회 한국 수학올림피아드, 1988)

10. 7명의 남자와 13명의 여자가 서로 손을 잡고 일렬로 서 있다. 남자와 여자가 손을 잡은 곳의 수를 S라고 하자. 이를테면

여남여남여여남여남여여남여남남여여여여여

와 같이 서 있는 경우 $S = 12$이다. 이러한 S값의 평균에 가장 가까운 정수를 구하라. (미국 고등학생연례시험, 1989)

11. 0 또는 1로 이루어진 길이 n인 수열에서 '01'이 꼭 m번 나타나는 것의 개수를 구하라. (제18회 영국수학올림피아드, 1982)

12. $1 \le k \le n$인 자연수 k에 대하여, 합이 n이 되는 모든 자연수들의 수열에서 k가 나타나는 횟수를 구하라.

13. n이 자연수일 때, 적어도 하나의 $i = 1, 2, \cdots, 2n - 1$에 대하여 $|x_i - x_{i+1}| = n$을 만족하는 $\{1, 2, \cdots, 2n\}$의 치환 $(x_1, \cdots, x_{2n})$의 개수는 $(2n)!/2$보다 큼을 증명하라. (제30회 국제수학올림피아드, 1989)

2.2 조합

- 1원, 10원, 100원짜리 동전이 각각 1개씩 있다. 이 중 2개를 택할 수 있는 방법은 몇 가지인가?

- 3-집합의 2-부분집합의 개수는 몇 개인가?

조합의 뜻

집합 X의 원소 중 일부 또는 전부를 뽑은 것을 X의 조합이라 하고, 특히 k개를 뽑은 것을 X의 k-조합이라고 한다.

조합 (combination)

이를테면 $\{a, b, c\}$의 조합은

$$\phi, \{a\}, \{b\}, \{c\}, \{a, b\}, \{b, c\}, \{a, c\}, \{a, b, c\}$$

이고, 2-조합은

$$\{a, b\}, \{b, c\}, \{a, c\}$$

이다.

X의 k개의 원소로 이루어진 부분집합을 X의 k-부분집합이라고 한다.

어떤 집합의 조합은 곧 그 집합의 부분집합이고, k-조합은 k-부분집합이다.

어떤 집합의 조합은 결국 그 집합의 부분집합이다.

$k \geq 0$, $n > 0$인 정수 k, n에 대하여, n-집합의 k-조합의 개수를

$$\binom{n}{k}$$

로 나타낸다.

정리 2.2.1 k-조합의 수

$0 \leq k \leq n,\ n > 0$ 인 정수 k, n 에 대하여

$$\binom{n}{k} = \frac{n!}{k!\,(n-k)!}.$$

증명:: n-집합의 k-순열의 수 $_nP_k$ 는 "n개의 원소 중 k개를 선택" 해서 "그 k개를 일렬로 나열"하는 방법의 수와 같으므로

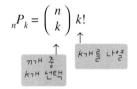

$$_nP_k = \binom{n}{k} k!.$$

한편

$$_nP_k = n(n-1)(n-2)\cdots(n-k+1)$$

이므로,

$$\binom{n}{k} = \frac{_nP_k}{k!} = \frac{n(n-1)(n-2)\cdots(n-k+1)}{k!}$$

$$= \frac{n!}{k!\,(n-k)!}. \quad\blacksquare$$

n-집합 X에 대하여, X의 0-부분집합은 공집합으로 하나뿐이므로

$$\binom{n}{0} = 1$$

이고, $k > n$일 때는 X의 k-부분집합은 존재하지 않으므로

$$\binom{n}{k} = 0$$

이다.

예제 **2.2.1.** 4명의 남자와 7명의 여자 중 다음과 같이 몇 명을 뽑는 방법 수를 구하라.

(1) 남자 2명, 여자 3명

(2) 남녀 동수

(3) 특정한 사람을 포함한 4명

(4) 적어도 2명의 여자를 포함한 4명

(5) 남녀 각각 2명씩 뽑되, 특정한 남자 1명과 특정한 여자 1명은 동시에 뽑힐 수 없다.

풀이 (1) $\dbinom{4}{2}\dbinom{7}{3} = 210.$

(2) 남녀 각각 k명을 뽑는 방법 수는 $\dbinom{4}{k}\dbinom{7}{k}$ 이고,

$1 \le k \le 4$이므로 구하는 수는

$$\sum_{k=1}^{4} \binom{4}{k}\binom{7}{k} = 7 \times 4 + 21 \times 6 + 35 \times 4 + 35 \times 1 = 329.$$

(3) 구하는 수는 특정한 한 사람을 제외한 나머지 10명 중 3명을 뽑는 방법 수와 같으므로

$$\binom{10}{3} = 120.$$

(4) 여자를 k명 뽑을 때, 남자는 $4-k$명 뽑아야 하며, $2 \le k \le 4$이다. 따라서 구하는 수는

$$\sum_{k=2}^{4} \binom{7}{k}\binom{4}{4-k}$$
$$= \binom{7}{2}\binom{4}{2} + \binom{7}{3}\binom{4}{1} + \binom{7}{4}\binom{4}{0} = 301.$$

(5) 남녀 각각 2명씩 뽑는 방법 수에서 특정한 남자, 여자가 뽑히는 경우의 수를 빼면 된다. 따라서 구하는 수는

$$\binom{4}{2}\binom{7}{2} - \binom{6}{1}\binom{3}{1} = 126 - 18 = 108. \ \blacksquare$$

조합의 생성

우리는 앞서 순열의 생성법에 관하여 알아보았다. 실제 생활 문제에서 주어진 집합의 모든 조합을 빠짐없이 나열하는 것도 순열의 생성 못지 않게 중요하고 어려운 일이다.

다음에는 주어진 집합의 모든 조합을 생성하는 방법에 대하여 알아본다.

조합생성법 1

주어진 n-집합

$$S = \{x_0, x_1, \cdots, x_{n-1}\}$$

의 모든 조합의 개수는 2^n이다.

2^n-집합

$$\{0, 1, 2, 3, 4, \cdots, 2^n - 1\}$$

의 원소 k의 이진법의 전개식이

$$k = \sum_{i=0}^{n-1} a_i 2^i$$

이라 할 때,

$$A_k = \{\, i \mid a_i = 1 \,\}$$

로 두면

$$X_k = \{\, x_i \mid i \in A_k \}, \ (k = 0, 1, 2, 3, 4, \cdots, 2^n - 1)$$

가 S의 모든 조합이다.

이를테면 집합 $S = \{x_0, x_1, x_2\}$의 모든 조합을 위의 알고리즘에 의하여 아래와 같이 빠짐없이 나열할 수 있다.

$$
\begin{array}{llll}
\phi, & \{x_0\}, & \{x_1\}, & \{x_0, x_1\}, \\
\{x_2\}, & \{x_0, x_2\}, & \{x_1, x_2\}, & \{x_0, x_1, x_2\}
\end{array}
$$

$5 = 1 \times 2^2 + 0 \times 2^1 + 1 \times 2^0$

이므로

$$A_5 = \{2, 0\}$$
$$X_5 = \{x_2, x_0\}$$

	2^2	2^1	2^0	
0	0	0	0	ϕ
1	0	0	1	$\{x_0\}$
2	0	1	0	$\{x_1\}$
3	0	1	1	$\{x_1, x_0\}$
4	1	0	0	$\{x_2\}$
5	1	0	1	$\{x_2, x_0\}$
6	1	1	0	$\{x_2, x_1\}$
7	1	1	1	$\{x_2, x_1, x_0\}$

조합생성법 2

조합의 생성은 결국 0, 1로 이루어진 모든 n-순열을 체계적으로 나열하는 것이다. 이를 바탕으로 한 다음과 같은 방법도 있다.

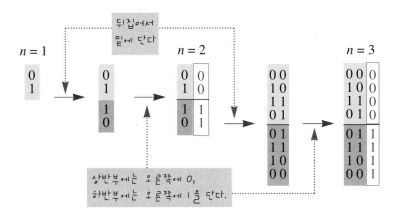

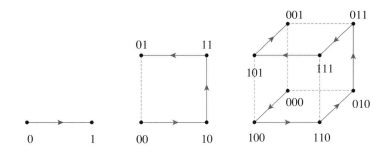

r-조합 생성법 1

집합 $S = \{x_0, x_1, \cdots, x_{n-1}\}$에 대하여, $\{0, 1, 2, 3, 4, \cdots, 2^n - 1\}$의 원소 중 이진법으로 나타낸 것에 1이 r개 있는 k를 모두 찾아서

$$X_k = \{ x_i \mid i \in A_k \}$$

로 두면, 이들 X_k가 S의 모든 r-조합이다.

이를테면 집합 $S = \{x_0, x_1, x_2\}$의 모든 2-조합은

$$\{x_0, x_1\}, \ \{x_0, x_2\}, \ \{x_1, x_2\}$$

의 3개이다.

	2^2	2^1	2^0	
0	0	0	0	ϕ
1	0	0	1	$\{x_0\}$
2	0	1	0	$\{x_1\}$
3	0	1	1	$\{x_1, x_0\}$
4	1	0	0	$\{x_2\}$
5	1	0	1	$\{x_2, x_0\}$
6	1	1	0	$\{x_2, x_1\}$
7	1	1	1	$\{x_2, x_1, x_0\}$

앞의 논의에서 어떤 집합의 r-조합을 모두 나열하는 것은 다중집합 $\{r \times 1, (n-r) \times 0\}$의 순열을 모두 나열하는 것과 같은 것임을 알 수 있다.

다음 알고리즘이 모든 r-조합을 생성함은 위의 사실에 기인한다.

이 알고리즘은 순열을 수로 보아 11…100…0에서 00…011…1까지의 순열, 즉 수를 크기 역순으로 배열하는 과정이다.

가동(可動)은 움직일 수 있다는 뜻

가동 1을 이용한 r-조합 생성알고리즘

연속된 r개의 1과 $n-r$개의 0으로 된 n-순열 11…1 00…0에서 출발해서 00…011…1에 이를 때까지 다음 과정을 반복한다.
(여기서 오른쪽에 0을 둔 1을 「가동 1」이라 한다.)

과정❶ : 가장 오른쪽 가동 1을 그 오른쪽에 위치한 0과 자리를 바꾼다.

과정❷ : 과정 ❶에서 위치를 바꾼 1의 오른쪽에 있는 모든 1을 위치 바꾼 1의 바로 오른쪽으로 당겨 모은다.

이를테면, $\{1, 1, 1, 0, 0\}$의 모든 순열은 위의 알고리즘에 의하여 다음과 같이 생성된다.

$$11100 \rightarrow 11010 \rightarrow 11001 \rightarrow 10110 \rightarrow 10101$$
$$\rightarrow 10011 \rightarrow 01110 \rightarrow 01101 \rightarrow 01011 \rightarrow 00111.$$

예제 2.2.2. 위의 알고리즘의 과정에서 0011001100은 몇 번째 순열인가?

풀이 구하는 수는 $\{1, 1, 1, 1, 0, 0, 0, 0, 0, 0\}$의 순열 중 수로 보았을 때 0011001100 이상인 것의 개수이다.
$\{1, 1, 1, 1, 0, 0, 0, 0, 0, 0\}$의 순열 중 0011001100보다 작은 것의 꼴과 개수는 다음과 같다.

000□□□□□□□	0010□□□□□□	0011000□□□	00110010□□
$\binom{7}{4}$	$\binom{6}{3}$	$\binom{3}{2}$	$\binom{2}{1}$

1이 4개, 0이 6개인 10-중복순열은 $\binom{10}{4}$ 개이고

$$\binom{10}{4} - \left(\binom{7}{4} + \binom{6}{3} + \binom{3}{2} + \binom{2}{1} \right) = 150$$

이므로, 0011001100은 150번째 순열이다. ▮

루크 다항식

체스의 말 중 하나인 루크는 마치 장기의 차(車)와 같이 자신이 놓인 행 또는 열에 있는 다른 어떤 말도 직선으로 가서 잡는다. 이를테면 3×4 체스판에 3개의 루크를 그림 1과 같이 놓으면 ❶ 또는 ❷는 상대를 잡을 수 있지만 그림 2와 같이 놓으면 아무 것도 다른 것을 잡을 수 없다.

루크(rook)

장기알은 선과 선이 만나는 곳에 놓지만, 체스알은 칸에 놓는다.

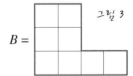

그림 3과 같이 3×4 체스판에서 오른쪽 위의 4개의 칸을 잘라 낸 판 B의 칸에 k개의 루크를 서로 잡을 수 없게 놓는 방법 수 $r_k(B)$를 구하여 보자.

• $k = 1$일 때 :

k개의 각 칸에 하나의 루크를 놓을 수 있으므로 $r_1(B) = 8$.

● $k = 2$일 때 :

1, 2행에 놓는 방법 2가지,

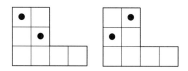

1, 3행에 놓는 경우 6가지,

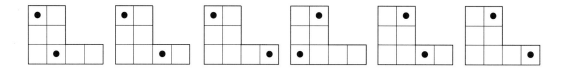

2, 3행에 놓는 방법 6가지 (1, 3행에 놓는 경우와 같음)이므로,
$r_2(B) = 14$.

● $k = 3$일 때 :

1, 2행에 2개를 놓는 2가지의 방법 각각에 대하여, 3행에 1개를
놓는 방법이 2가지이므로, $r_3(B) = 2 \times 2 = 4$.

● $k \geq 4$일 때 :

k개의 루크를 서로 잡을 수 없도록 놓는 방법이 없으므로,
$r_k(B) = 0$.

이로부터, $r_0(B) = 1$로 두면, 다음과 같은 벡터

$$(r_0(B), r_1(B), r_2(B), r_3(B), r_4(B), \cdots) = (1, 8, 14, 4, 0, 0, \cdots)$$

과, 이 벡터의 성분을 계수로 하는 x에 관한 다항식

$$r(B, x) = 1 + 8x + 14x^2 + 4x^3$$

을 얻는다.

어떤 체스판(일부 칸을 잘라내어도 좋다) B의 각 행, 각 열에서 하나씩 나오도록 k개의 칸을 택한 것을 B의 k-치환이라고 하자.

B의 k-치환의 개수는 B의 칸에 k개의 루크를 서로 잡을 수 없도록 놓는 방법 수와 같다. 그 수를 B의 k번째 루크 수라 하고, 기호

$$r_k(B)$$

로 나타낸다. B의 루크 수를 성분으로 하는 벡터

$$\mathbf{r}_B = (r_0(B), r_1(B), r_2(B), r_3(B), r_4(B), \cdots)$$

을 B의 루크 벡터라 하고, B의 루크 수를 계수로 하는 다항식

$$r(B, x) = r_0(B) + r_1(B)x + r_2(B)x^2 + \cdots$$

을 B의 루크 다항식이라고 한다.

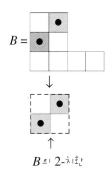

$B = $

↓

↑

B의 2-치환

예제 **2.2.3.** $m \times n$ 체스판 $B_{m \times n}$의 루크 다항식을 구하라.

풀이 $k > \min\{m, n\}$일 때는 루크의 개수가 체스판의 행 또는 열의 수를 초과하여 놓는 것이 불가능하므로 $r_k(B_{m \times n}) = 0$이다.

또 체스판의 모양이 $m \times n$인 경우와 $n \times m$인 경우의 r_k값은 서로 같으므로 $k \leq m \leq n$이라고 가정할 수 있다.

먼저, k개의 루크를 놓을 k개의 행과 k개의 열을 택해야 하는데, 이렇게 선택된 행과 열 위에 있는 k^2개의 칸을 $k \times k$ 부분판이라고 하자.

$k \times k$ 부분판을 택하기 위하여, 행을 택하는 방법은 $\binom{m}{k}$가지이고, 그 각각에 대하여 열을 택하는 방법이 $\binom{n}{k}$가지이므로 $k \times k$부분판을 택하는 방법 수는 $\binom{m}{k}\binom{n}{k}$이다.

이제 각 $k \times k$ 부분판에서 각 행, 각 열에서 하나씩 나오도록 k개의 칸을 택하는 방법 수는 $k!$이므로 $r_k(B_{m \times n}) = \binom{m}{k}\binom{n}{k} k!$ 이다.

$k > \min\{m, n\}$일 때는 $\binom{m}{k}\binom{n}{k} k! = 0$이므로,

$$r(B_{m \times n}, x) = r_0(B_{m \times n}) + r_1(B_{m \times n}) x + r_2(B_{m \times n}) x^2 + \cdots$$

$$= 1 + \sum_{k=1}^{\infty} \binom{m}{k} \binom{n}{k} k! \, x^k. \blacksquare$$

예제 **2.2.4.** 다음 각각의 경우, 8×8 체스판의 칸에 5개의 루크를 서로 잡을 수 없도록 놓는 방법 수를 구하라.

(1) 5개의 루크가 모두 같다.

(2) 5개의 루크가 모두 다르다.

(3) 5개의 루크가 모두 같지는 않지만 그 중 3개는 서로 같고 나머지 2개는 서로 같다.

풀이 (1) 구하는 수는 $B_{8 \times 8}$의 각 행, 각 열에서 하나씩 나오도록 5개의 칸을 선택하는 방법 수이므로

$$r_5(B_{8 \times 8}) = \binom{8}{5}\binom{8}{5}5! = \binom{8}{5}^2 5!.$$

(2) 5개의 칸을 택한 다음 그 칸에 5개의 서로 다른 루크를 나열해야 하므로 구하는 수는

$$r_5(B_{8 \times 8}) \times 5! = \binom{8}{5}^2 5!^2.$$

(3) 5개의 칸을 택한 다음 그 칸에 3개의 같은 루크와 2개의 같은 루크를 나열해야 하므로 구하는 수는

$$r_5(B_{8 \times 8}) \times \frac{5!}{3! \times 2!} = \binom{8}{5}^2 \frac{5!^2}{3! \times 2!}. \blacksquare$$

체스판 B가 다음 그림과 같이 서로 다른 행과 열을 가진 2개의 부분 C, D로 나누어져 있다고 할 때, 각 $k = 1, 2, 3, 4$에 대하여 $r_k(B)$를 구하여 보자.

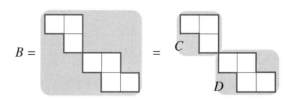

먼저, $r_0(B) = 1, r_1(B) = 7$이다.

이제부터 체스판에 루크를 놓는 것은 서로 잡을 수 없게 놓는 것만을 뜻하는 것으로 한다.

B에 k개의 루크를 놓는 것은 C에 i개, D에 $k-i$개, $(0 \le i \le k)$를 놓는 경우로 나누어지므로,

$$r_2(B) = r_0(C)r_2(D) + r_1(C)r_1(D) + r_2(C)r_0(D),$$
$$r_3(B) = r_0(C)r_3(D) + r_1(C)r_2(D) + r_2(C)r_1(D) + r_3(C)r_0(D),$$
$$r_4(B) = r_0(C)r_4(D) + r_1(C)r_3(D) + r_2(C)r_2(D) + r_3(C)r_1(D)$$
$$+ r_4(C)r_0(D)$$

이다. C, D의 행의 수가 2이므로 $i \ge 3$일 때, $r_i(C) = r_i(D) = 0$이고

$$r_1(C) = 3, r_2(C) = 1, r_1(D) = 4, r_2(D) = 3$$

이므로,

$$r_2(B) = 1 \times 3 + 3 \times 4 + 1 \times 1 = 16,$$
$$r_3(B) = 1 \times 0 + 3 \times 3 + 1 \times 4 + 0 \times 1 = 13,$$
$$r_4(B) = 1 \times 0 + 3 \times 0 + 1 \times 3 + 0 \times 4 + 0 \times 1 = 3.$$

이상에서와 같은 방법으로 다음 정리를 얻는다.

정리 2.2.2

체스판 B가 서로 다른 행과 열을 가지는 2개의 부분판 C, D로 나누어지면
(1) $r_k(B) = r_0(C) r_k(D) + r_1(C)r_{k-1}(D) + \cdots + r_k(C) r_0(D)$.
(2) $r(B, x) = r(C, x) r(D, x)$.
가 성립한다.

증명 (1) 앞의 논의에서 설명되었다.

(2) $r(C, x) r(D, x) = \left(\sum_{i=0}^{\infty} r_i(C) x^i \right)\left(\sum_{i=0}^{\infty} r_i(D) x^i \right)$

$$= \sum_{k=0}^{\infty} \sum_{i=0}^{k} r_i(C) r_{k-i}(D) x^k. \quad \blacksquare$$

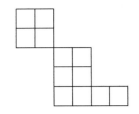

예제 **2.2.5.** 왼쪽 그림과 같은 체스판에 대하여 다음을 구하라.

(1) 루크 다항식

(2) 3개의 루크를 서로 잡을 수 없도록 놓는 방법 수

풀이 (1) 체스판에서

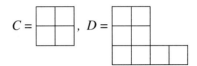

로 두면,

$$r(C, x) = 1 + 4x + 2x^2,$$
$$r(D, x) = 1 + 8x + 14x^2 + 4x^3$$

이므로,

$$r(B, x) = (1 + 4x + 2x^2)(1 + 8x + 14x^2 + 4x^3)$$
$$= 1 + 12x + 48x^2 + 76x^3 + 44x^4 + 8x^5.$$

(2) (1)에서 x^3의 계수가 76이므로 구하는 수는 76이다. ■

중복조합

n-집합 $X = \{a_1, a_2, \cdots, a_n\}$에 대하여, 다중집합
$$Y = \{\infty \times a_1, \infty \times a_2, \cdots, \infty \times a_n\}$$
의 k-조합을 X의 k-중복조합이라고 한다. 이를테면
$$\{a, a, a\}, \{a, a, b\}, \{a, b, b\}, \{b, b, b\},$$
는 모두 집합 $\{a, b\}$의 3-중복조합이다.

n-집합의 k-중복조합의 수는 기호로
$${}_nH_k$$
와 같이 나타낸다.

$_nH_k$는 n개의 서로 다른 대상으로부터 중복을 허락해서 k개를 뽑는 방법 수와 같다. 이 때, 중복 선택 횟수에 대한 제한은 없다.

정리 2.2.3   중복조합의 수

$k \geq 0$, $n > 0$인 정수 k, n에 대하여

$$_nH_k = \binom{n+k-1}{k}.$$

증명 :: n-집합 $S = \{s_1, s_2, \cdots, s_n\}$의 한 k-중복조합을 T라 하자. 각 $i = 1, 2, \cdots, n$에 대하여, T에 들어 있는 s_i의 개수를 a_i라 하면, $(a_1, a_2, \cdots, a_n)$은 방정식

$$x_1 + x_2 + \cdots + x_n = k \tag{1}$$

의 음이 아닌 정수해이다.

역으로 이 방정식의 임의의 음이 아닌 정수해 $(a_1, a_2, \cdots, a_n)$에 대하여,

$$U = \{a_1 \times s_1, a_2 \times s_2, \cdots, a_n \times s_n\}$$

로 두면, U는 S의 k-중복조합이 된다. 그러므로

$$_nH_k = (방정식 \ (1)의 \ 음이 \ 아닌 \ 정수해의 \ 개수)$$

이다.

한편 정리 2.1.5에 의하여, 방정식 (1)의 음이 아닌 정수해의 개수는

$$\frac{(n+k-1)!}{k! \, (n-1)!}$$

와 같으므로 정리의 등식이 성립한다. ∎

> 방정식 (1)의 해의 개수는 k개의 꼭 같은 바둑돌을 서로 다른 n개의 통에 넣는 방법 수와 같다. (이 때, 빈 통이 있어도 좋다.)

예제 2.2.6. 방정식 $x_1 + x_2 + x_3 = 9$의 양의 정수해의 개수를 구하라.

풀이 구하는 수는 9개의 바둑돌을 3개의 서로 다른 통에 넣는데 빈 통이 없도록 넣는 방법 수이다.

우선 각 통에 1개씩 넣으면 6개가 남는다. 구하는 수는 이 6개를 3개의 통에 넣는 방법 수와 같고 그 수는 방정식 $y_1 + y_2 + y_3 = 6$의

음이 아닌 정수해의 개수

$$_3H_6 = \binom{3+6-1}{6} = \binom{8}{6} = 28$$

과 같다. ∎

예제 **2.2.7.** $x_1 + x_2 + x_3 + x_4 = 9$, $x_1 \geq 0$, $x_2 \geq 1$, $x_3 \geq 2$, $x_4 \geq 0$
의 정수해의 개수를 구하라.

$y_1 = x_1$, $y_2 = x_2 - 1$,

$y_3 = x_3 - 2$, $y_4 = x_4$
로 두면

$y_1 + y_2 + y_3 + y_4 = 6$
의 음이 아닌 정수해의 개수
는

$x_1 + x_2 + x_3 + x_4 = 9$,

$x_1 \geq 0$, $x_2 \geq 1$

$x_3 \geq 2$, $x_4 \geq 0$
의 정수해의 개수와 같다.

풀이 구하는 수는 9개의 바둑돌을 4개의 서로 다른 통에 넣는데 두 번째, 세 번째 통에는 각각 1개 이상, 2개 이상 들어 가도록 넣는 방법 수이다.

먼저 두 번째, 세 번째 통에 각각 1개, 2개를 넣고 남는 6개의 바둑돌을 4개의 통에 넣는 방법 수를 구하면 된다.

그 수는 방정식

$$x_1 + x_2 + x_3 + x_4 = 6$$

의 음이 아닌 정수해의 개수

$$_4H_6 = \binom{4+6-1}{6} = \binom{9}{6} = 84$$

와 같다. ∎

예제 **2.2.8.** 11권의 책이 책꽂이에 나란히 꽂혀 있다. 이 중 서로 인접한 두 권의 책은 선택되지 않도록 4권을 선택하는 방법 수를 구하라.

풀이 선택한 책을 O로, 선택하지 않은 책을 X로 나타내면 어느 4권을 선택한 결과는, 이를테면

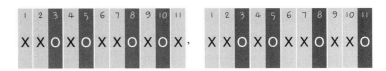

와 같이 다중집합 {**O**, **O**, **O**, **O**, **X**, **X**, **X**, **X**, **X**, **X**, **X**}의 순열로서 2
개의 **O** 사이에 반드시 **X**가 있는 것이다. 이러한 조합의 수는 다음
그림의 5개의 빈 칸 ㉮, ㉯, ㉰, ㉱, ㉲에 7개의 **X**를 넣되 ㉯, ㉰,
㉱에는 각각 1개 이상 들어 가도록 넣는 방법 수와 같다.

그러므로 구하는 수는

$$x_1 + x_2 + x_3 + x_4 + x_5 = 7,$$
$$x_1 \geq 0, x_2 \geq 1, x_3 \geq 1, x_4 \geq 1, x_5 \geq 0$$

의 정수해의 개수와 같고, 그것은

$$x_1 + x_2 + x_3 + x_4 + x_5 = 4$$

의 음이 아닌 정수해의 개수

$$_5H_4 = \binom{5+4-1}{4} = \binom{8}{4} = 70$$

이다. ■

예제 2.2.9. 가모우(Gamow)는 1954년에 3-기본 DNA 열을 구성
하는 염기들의 종류만 같다면 배열에 관계없이 같은 아미노산을 코
드화할 것이라고 추측했다. 만약 가모우의 추측이 옳다면 3-기본
DNA 열들이 코드화할 수 있는 아미노산의 개수를 구하라.

풀이 염기의 종류는 4가지(T, C, A, G)이고 3-기본 DNA 열은 4개
의 염기의 중복조합으로 볼 수 있으므로, 구하는 수는 T, C, A, G 중
중복을 허락해서 3개를 선택하는 방법 수

$$_4H_3 = \binom{4+3-1}{3} = \binom{6}{3} = 20$$

과 같다.
그러므로 가모우의 추측이 옳다면, 3-기본 DNA 열은 20개의 서로
다른 아미노산을 코드화할 수 있다. ■

가모우의 추측은 나중에 옳
지 못한 것으로 밝혀졌다.

연습문제

1. $\{x, x, x, y, y, y, y, z, z, z, z\}$의 10조합의 개수를 구하라.

2. 각 자리의 숫자가 그 오른쪽 자리의 숫자보다 큰 4자리 자연수의 개수를 구하라.

3. 20보다 작은 자연수 중 합이 짝수가 되는 세 수를 선택하는 방법 수를 구하라.

4. 다음과 같은 수의 개수를 구하라.
   (1) $3, 4, 4, 5, 5, 6, 7, 7, 7$ 중 2가지 이상의 수의 곱
   (2) $1, 3, 5, 10, 20, 50, 82$ 중 2가지 이상의 수의 합

5. 곱이 2310인 자연수의 3-중복조합의 개수를 구하라.

6. 10문제 중 7문제를 선택해서 풀어야 하는 수학시험에서 1번부터 5번까지의 5문제 중 적어도 4문제는 선택해야 한다고 했을 때, 학생이 7문제를 선택할 수 있는 방법 수를 구하라.

7. 8명의 신발을 한 상자에 넣고 2개의 오른쪽 신발과 2개의 왼쪽 신발을 선택했을 때, 적어도 1켤레의 신발이 한 사람의 양쪽 신발이 될 확률을 구하라.

8. 15명의 사람을 임의로 각각 5명씩 3팀으로 나눈다고 했을 때, 특정한 2명이 서로 다른 팀에 소속될 확률을 구하라.

9. 집합 $\{1, 2, \cdots, 25\}$의 다음 조건을 만족하는 4-부분집합 A의 개수를 구하라.

(1) A의 원소 중 가장 큰 수는 20보다 크다.

(2) A의 원소 중 가장 큰 수는 20이다.

10. 서로 다른 12장의 화투와 8장의 트럼프 카드가 있다. 이 중 갑이 1장을 뽑은 후 을이 화투와 카드를 각각 1장씩 뽑는 방법 수를 구하라.

11. 10권의 서로 다른 책을 3명의 학생들에게 나누어 주려고 한다. 각 학생에게 3권 이상 돌아 가도록 나누어 주는 방법 수를 구하라.

12. 방정식 $x_1 + x_2 + x_3 + x_4 + x_5 = 25$의 다음과 같은 정수해의 개수를 구하라.

(1) 각 x_i가 양의 홀수.

(2) 각 $i = 1, 2, 3, 4, 5$에 대하여, $x_i \geq i$.

13. $x_1 + x_2 + x_3 + x_4 = 30,\ x_1 \geq 2,\ x_2 \geq 0,\ x_3 \geq -5,\ x_4 \geq 8$의 정수해의 개수를 구하라.

14. 연립방정식
$$x_1 + x_3 = 6,\ x_1 + x_2 + x_3 + x_4 + x_5 = 25$$
의 음이 아닌 정수해의 개수를 구하라.

15. 연립부등식
$$x_1 + x_2 + \cdots + x_6 \leq 20,\ x_1 + x_2 + x_3 \leq 7$$
의 정수해의 개수를 구하라.

16. 100개의 똑같은 의자를 5개의 교실에 넣으려고 한다. 가장 큰 두 개의 교실에 50개의 의자를 갖다 놓는다고 할 때, 의자를 교실에 분배하는 방법은 모두 몇 가지인가?

17. 1부터 100까지의 자연수 중 세 수를 택했을 때, 그 합이 100이 되는 경우의 수를 중복을 허락하는 경우와 허락하지 않는 경우에 대하여 구하라. (제2회 전국고등학생 수학·과학 경시대회, 1990)

18. 각 변의 길이가 각각 정수이고, 둘레의 길이의 합이 1994인 서로 다른(즉, 서로 합동이 아닌) 삼각형의 개수를 구하라.

19. 자연수 3을 $3, 2 + 1, 1 + 2, 1 + 1 + 1$과 같이 순서를 고려한 자연수의 합으로 표현할 수 있는 방법이 4가지가 있다. 임의의 자연수 n을 위와 같이 순서를 고려한 자연수의 합으로 표현할 수 있는 방법 수를 구하라.

20. 집합 $\{1, 2, \cdots , 100\}$의 부분집합으로서 연속된 두 수를 원소로 가지지 않는 집합의 개수를 구하라.

21. 집합 $\{1, 2, \cdots , n\}$의 모든 r-부분집합을 생각하자. 각각의 r-부분집합에서 선택한 가장 작은 원소들의 평균은 $(n + 1)/(r + 1)$임을 증명하라. (제22회 국제수학올림피아드, 1981)

2.3 이항계수와 그 확장

- 오른쪽 그림과 같은 도로망에서 O 지점에서 P 지점까지 가는 최단 경로는 몇 가지일까?
- P 지점에 다다르기 위해 P 직전에 반드시 거쳐야 할 직전 교차로는 어느 지점인가?

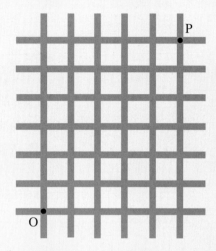

ㄱ-법칙

앞 절에서 알아본 n-집합의 k-조합의 개수 $\binom{n}{k}$는 오른쪽 그림과 같이 행렬의 꼴로 나타내면 관찰하기에 편리하다.
이 행렬을 파스칼 행렬이라 하자.
이 행렬의 0이 아닌 수 부분은 삼각형 모양의 배열을 하고 있다. 이것을 파스칼의 삼각형이라고 한다.

이 표를 관찰해 보면 "ㄱ"자로 인접한 세 수에 대하여 위의 두 수의 합은 그 두 수 중 오른쪽 아래의 수와 같다. 이것은 일반적으로 성립하는 성질로서 ㄱ-법칙이라고 부르기로 한다.

다음에 ㄱ-법칙을 증명하여 보자.

	0	1	2	3	4	5	6	7	⋯	n
0	1	0	0	0	0	0	0	0	⋯	0
1	1	1	0	0	0	0	0	0	⋯	0
2	1	2	1	0	0	0	0	0	⋯	0
3	1	3	3	1	0	0	0	0	⋯	0
4	1	4	6	4	1	0	0	0	⋯	0
5	1	5	10	10	5	1	0	0	⋯	0
6	1	6	15	20	15	6	1	0	⋯	0
7	1	7	21	35	35	21	7	1	⋯	0
⋮	⋮	⋮	⋮	⋮	⋮	⋮	⋮	⋮	⋱	0
n	1	n	*	*	*	*	*	*	⋯	1

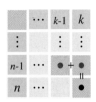

정리 2.3.1 ㄱ-법칙

음이 아닌 정수 n, k에 대하여

$$\binom{n}{k} = \binom{n-1}{k-1} + \binom{n-1}{k}.$$

증명 ● $k > n$일 때 : 양변이 모두 0으로서 같다.

● $k = n$일 때 : 양변이 모두 1로서 같다.

● $k < n$일 때 : $X = \{1, 2, \cdots, n\}$이라 하자.

X의 k-조합은 n을 포함하는 것과 그렇지 않는 것으로 나누어진다. n을 포함하는 X의 k-조합은

$$(\{1, 2, \cdots, n-1\}\text{의 } (k-1)\text{-조합}) \cup \{n\}$$

의 꼴로서, 그 개수는

● n을 포함하는 것

$$\{1, 2, \cdots, n-1, n\}$$
$$|$$
$$\boxed{k-1\text{개 선택}}$$
$$\downarrow$$
$$\{\boxed{}, n\}$$

$$\binom{n-1}{k-1}$$

이고 n을 포함하지 않는 X의 k-조합은 $\{1, 2, \cdots, n-1\}$의 k-조합

● n을 포함하지 않는 것

$$\{1, 2, \cdots, n-1\}$$
$$|$$
$$\boxed{k\text{개 선택}}$$
$$\downarrow$$
$$\{\boxed{}\}$$

이므로 그 개수는

$$\binom{n-1}{k}$$

이다. 따라서 X의 k-조합의 개수는

$$\binom{n-1}{k-1} + \binom{n-1}{k}$$

이다.

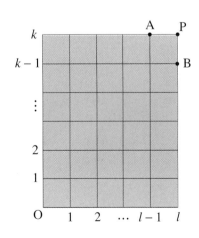

● $k < n$일 때의 **별증** : 좌표평면 위의 동점이 원점에서 출발하여 오른쪽 및 위로 1칸씩 간다고 할 때, 점 $P(l, k)$까지 가는 방법 수를 $f(l, k)$라고 하면,

$$f(l, k) = \frac{(l+k)!}{l!\,k!} = \binom{l+k}{k}.$$

점 (l, k)에 가는 것은 다음 두 가지의 방법이 있다.

$$O(0, 0) \to \cdots \to A(l-1, k) \to P(l, k),$$
$$O(0, 0) \to \cdots \to B(l, k-1) \to P(l, k).$$

따라서

$$f(l, k) = f(l-1, k) + f(l, k-1)$$

즉,

$$\frac{(l+k)!}{l!\,k!} = \frac{(l+k-1)!}{(l-1)!\,k!} + \frac{(l+k-1)!}{l!\,(k-1)!}\,.$$

여기서, $l+k=n$으로 두면, 정리의 등식을 얻는다. ■

예제 **2.3.1.** 다음 그림과 같이 배열된 점「●」중 $(0, 0)$ 위치의 점에서 출발하여 화살표를 따라 (n, k) 위치의 점에 이르는 방법 수를 구하라.

풀이 구하는 수를 $g(n, k)$라 하자.

(n, k) 위치의 점에 다다르기 위해서는

$(n-1, k-1)$ 위치의 점에서 오른쪽 아래로 가든지, $(n-1, k)$ 위치의 점에서 아래로 가든지의 2가지 경우가 있으므로,

$$g(n, k) = g(n-1, k-1) + g(n-1, k).$$

$g(n, k)$가 ㄱ-법칙의 점화식을 만족하고, 또 각 $n = 1, 2, \cdots, n$에 대하여

$$g(n, 0) = 1 = \binom{n}{0},$$

$$g(n, n) = 1 = \binom{n}{n}$$

이 성립하므로

$$g(n, k) = \binom{n}{k}. \quad ■$$

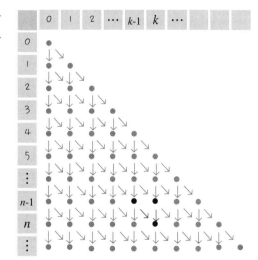

● $(0, 0)$에서 (n, n)까지는 계속해서 ↘ 로 가는 길뿐.

● $(0, 0)$에서 $(n, 0)$까지는 계속해서 ↓ 로 가는 길뿐.

이제 조합의 수로써 다음 정리를 증명하여 보자.

> **정리 | 2.3.2**   이항정리
>
> n이 음이 아닌 정수일 때,
>
> $$(x + y)^n = \sum_{k=0}^{n} \binom{n}{k} x^k y^{n-k}.$$

증명 ▪▪ $(x + y)^n$은 다음과 같이 n개의 $(x + y)$의 곱이다.

$$\underbrace{(x + y)}_{\text{제1인수}} \underbrace{(x + y)}_{\text{제2인수}} \cdots \underbrace{(x + y)}_{\text{제}n\text{인수}}$$

이 곱을 전개할 때, 각 인수에서 하나의 항을 선택하므로 전개식의 항의 모양은 $x^k y^{n-k}$, $(k = 0, 1, 2, \cdots, n)$이다. 특히 $x^k y^{n-k}$을 얻기 위해서는 k개의 인수에서 x를 선택하고 나머지 인수에서 y를 택하면 된다. 따라서 이 곱셈의 전개식에서 $x^k y^{n-k}$이 나타나는 횟수는 n개의 인수 중 k개를 선택하는 방법 수

$$\binom{n}{k}$$

와 같다. 그러므로 정리의 등식이 성립한다. ▪

위의 이항정리의 등식에 $y = 1$을 대입하면 다음을 얻는다.

> **따름정리**   이항정리
>
> n이 음이 아닌 정수일 때,
>
> $$(x + 1)^n = \sum_{k=0}^{n} \binom{n}{k} x^k.$$

$\binom{n}{k}$는 이항정리의 전개식에서 항의 계수로 나타난다는 뜻에서 이항계수라고 한다. 다음은 이항계수에 관한 몇 가지 항등식에 대하여 알아보자.

예제 2.3.2. 다음 등식이 성립함을 증명하라.

(1) $\sum_{k=0}^{n} \binom{n}{k} = 2^n$.

(2) $\binom{n}{0} + \binom{n}{2} + \binom{n}{4} + \cdots = \binom{n}{1} + \binom{n}{3} + \binom{n}{5} + \cdots$.   (2)의 양변은 모두 2^{n-1}

(3) $\sum_{k=0}^{n} k \binom{n}{k} = n \, 2^{n-1}$.

(4) $\sum_{k=0}^{n} k^2 \binom{n}{k} = n(n+1) \, 2^{n-2}$.

(5) $\sum_{k=0}^{n} \binom{n}{k}^2 = \binom{2n}{n}$.

증명   (1) 이항정리의 등식

$$\sum_{k=0}^{n} \binom{n}{k} x^k = (x+1)^n \qquad \text{①}$$

에 $x = 1$을 대입하면 (1)을 얻는다.

(2) 등식 ①에 $x = -1$을 대입하면

$$\sum_{k=0}^{n} \binom{n}{k} (-1)^k = (1-1)^n = 0$$

즉,

$$\binom{n}{0} - \binom{n}{1} + \binom{n}{2} - \binom{n}{3} + \cdots = 0.$$

「$-$」가 붙은 항을 우변으로 이항하면 (2)를 얻는다.

(3) 등식 ①을 x에 관하여 미분하면

$$\sum_{k=0}^{n} k \binom{n}{k} x^{k-1} = n(x+1)^{n-1}. \qquad \text{②}$$

양변에 $x = 1$을 대입하면 (3)을 얻는다.

(4) 등식 ②의 양변에 x를 곱하면

$$\sum_{k=0}^{n} k \binom{n}{k} x^k = nx(x+1)^{n-1}.$$

이 등식을 x에 대해서 미분하면

$$\sum_{k=0}^{n} k^2 \binom{n}{k} x^{k-1} = n[(x+1)^{n-1} + x(n-1)(x+1)^{n-2}].$$

양변에 $x=1$을 대입하면 (4)를 얻는다.

(5) $2n$-집합 S를 2개의 서로 소인 n-집합 A, B로 분할한다.
S의 n-조합은 정확히, 각 $k = 1, 2, \cdots, n$에 대하여

$$(A \text{의 } k\text{-조합}) \cup (B \text{의 } (n-k)\text{-조합})$$

의 꼴로 나타난다. 따라서

$$\binom{2n}{n} = \sum_{k=0}^{n} \binom{n}{k} \binom{n}{n-k} = \sum_{k=0}^{n} \binom{n}{k}^2. \blacksquare$$

예제 2. 3. 2의 (1)은 파스칼행렬의 제 n행의 원소의 합이 2^n이라는 것이다. 이제 파스칼 행렬의 제 k열의 원소의 합, 두 대각선과 각각 평행한 선 상에 있는 원소의 합에 대하여 알아보자.

예제 **2.3.3.** 다음을 증명하라.

(1) $\binom{0}{k} + \binom{1}{k} + \binom{2}{k} + \cdots + \binom{n}{k} = \binom{n+1}{k+1}.$

(2) $\binom{n+0}{0} + \binom{n+1}{1} + \binom{n+2}{2} + \cdots + \binom{n+k}{k} = \binom{n+k+1}{k}.$

(3) $\binom{n}{0} + \binom{n-1}{1} + \binom{n-2}{2} + \cdots + \binom{1}{n-1} + \binom{0}{n} = g_n$

으로 두면, $g_0, g_1, g_2, \cdots$ 은 피보나치수열을 이룬다.

증명 (1), (2)의 뜻은 다음 파스칼행렬 그림에서 적색 위치의 성분의 합은 흑색 위치의 한 성분과 같다는 뜻이고, (3)은 적색 위치의 성분의 합이 피보나치 수열의 제 n항이라는 뜻이다.

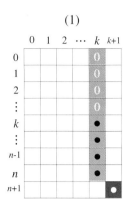

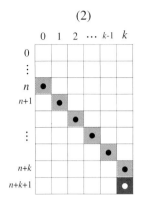

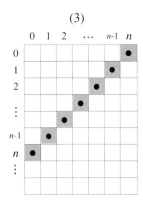

(1), (2)는 ㄱ-법칙을 써서, 각각 다음 그림과 같이 설명된다.

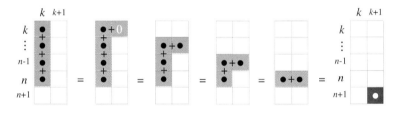

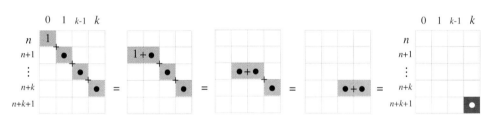

(3) 명백히 $g_0 = g_1 = 1$ 이다. 점화식 $g_n = g_{n-1} + g_{n-2}$ 는 ㄱ-법칙을 써서 다음 그림과 같이 설명된다.

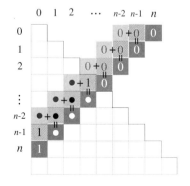

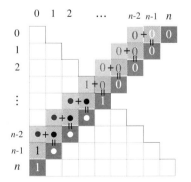

예제 **2.3.4.** $\displaystyle\sum_{i=0}^{8}\sum_{j=0}^{3}\binom{i}{j}$의 값을 구하라.

풀이 예제 2.3.3의 (1)에 의하여

$$\sum_{i=0}^{8}\binom{i}{j} = \binom{9}{j+1}.$$

따라서

$$\sum_{i=0}^{8}\sum_{j=0}^{3}\binom{i}{j} = \sum_{j=0}^{3}\sum_{i=0}^{8}\binom{i}{j} = \sum_{j=0}^{3}\binom{9}{j+1}$$

$$= \binom{9}{1} + \binom{9}{2} + \binom{9}{3} + \binom{9}{4} = 255. \ \blacksquare$$

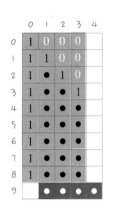

이항계수의 확장

앞 절에서 알아본 이항계수 $\binom{n}{k}$는 n, k가 음이 아닌 정수인 경우에 정의된 수값이다. 이것을 임의의 실수 α와 정수 k에 대하여 다음과 같이 확장할 수 있다. 여기서 $k \geq 1$일 때 $[\alpha]_k$는

$$[\alpha]_k = \alpha(\alpha - 1)(\alpha - 2) \cdots (\alpha - k + 1)$$

와 같이 정의한다.

이항계수의 확장

실수 α와 정수 k에 대하여 $\binom{\alpha}{k}$를 다음과 같이 정의한다.

$$\binom{\alpha}{k} = \begin{cases} \dfrac{[\alpha]_k}{k!}, & (k \geq 1\text{일 때}), \\ 1, & (k = 0\text{일 때}), \\ 0, & (k < 0\text{일 때}). \end{cases}$$

다음에 소개하는 확장된 이항계수에 관한 등식은 나중에 유용하게 쓰인다.

예제 2.3.5. 다음을 증명하라.

(1) (*확장된 이항계수와 중복조합의 수의 관계*) n, k가 양의 정수일 때,

$$\binom{-n}{k} = (-1)^k {}_nH_k.$$

(2) k가 양의 정수일 때,

$$\binom{1/2}{k} = \frac{(-1)^{k-1}}{k\,2^{2k-1}} \binom{2k-2}{k-1}.$$

(3) α가 실수이고, k가 양의 정수일 때,

$$\binom{\alpha}{k+1} = \frac{\alpha-k}{k+1} \binom{\alpha}{k}.$$

증명

(1) $\binom{-n}{k} = \dfrac{(-n)(-n-1)(-n-2)\cdots(-n-k+1)}{k!}$

$= (-1)^k \dfrac{n(n+1)(n+2)\cdots(n+k-1)}{k!}$

$= (-1)^k \binom{n+k-1}{k} = (-1)^k {}_nH_k.$

(2) $\binom{1/2}{k} = \dfrac{1/2\,(1/2-1)(1/2-2)\cdots(1/2-k+1)}{k!}$

$= \dfrac{(-1)^{k-1}}{2^k} \dfrac{1\cdot3\cdot5\cdots(2k-3)}{k!}$

$= \dfrac{(-1)^{k-1}}{2^k} \dfrac{1\cdot2\cdot3\cdot4\cdot5\cdot6\cdots(2k-3)(2k-2)}{k!\,2\cdot4\cdot6\cdots(2k-2)}$

$$= \frac{(-1)^{k-1}}{k\,2^{2k-1}} \frac{(2k-2)!}{(k-1)!^2} = \frac{(-1)^{k-1}}{k\,2^{2k-1}} \binom{2k-2}{k-1}.$$

$$(3)\quad \binom{\alpha}{k+1} = \frac{\alpha(\alpha-1)\cdots(\alpha-k+1)(\alpha-k)}{k!\,(k+1)}$$

$$= \frac{\alpha-k}{k+1}\binom{\alpha}{k}. \quad \blacksquare$$

확장된 이항계수에 대해서도 ㄱ-법칙이 성립한다.

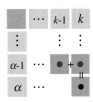

정리 2.3.3 ㄱ-법칙

임의의 실수 α 와 정수 k 에 대하여

$$\binom{\alpha}{k} = \binom{\alpha-1}{k-1} + \binom{\alpha-1}{k}.$$

증명 ● $k < 0$ 일 때 : 양변이 0으로서 같다.

● $k = 0$ 일 때 : 양변이 1로서 같다.

● $k = 1$ 일 때 : (좌변) $= \alpha$, (우변) $= 1 + (\alpha-1) = \alpha$ 이므로 정리의 등식이 성립한다.

● $k \geq 2$ 일 때 :

$$\binom{\alpha-1}{k-1} + \binom{\alpha-1}{k}$$

$$= \frac{(\alpha-1)(\alpha-2)\cdots(\alpha-k+1)}{(k-1)!} + \frac{(\alpha-1)(\alpha-2)\cdots(\alpha-k)}{k!}$$

$$= \frac{(\alpha-1)(\alpha-2)\cdots(\alpha-k+1)}{k!}\,(k+\alpha-k)$$

$$= \frac{\alpha(\alpha-1)(\alpha-2)\cdots(\alpha-k+1)}{k!} = \binom{\alpha}{k}. \quad \blacksquare$$

이항계수가 이항다항식의 자연수 제곱의 전개식에서 나타나듯이 확장된 이항계수는 이항다항식의 실수제곱의 전개식에서 나타난다. 이에 대하여 알아보자.

정리 2.3.4 뉴튼(Newton)의 이항정리

$|x| < 1$일 때, 임의의 실수 α에 대하여

$$(1 + x)^\alpha = \sum_{n=0}^{\infty} \binom{\alpha}{n} x^n.$$

증명 먼저 $|x| < 1$일 때, $\sum \binom{\alpha}{n} x^n$이 수렴함을 보인다.

$a_n = \binom{\alpha}{n} x^n$으로 두면,

$$|a_{n+1}/a_n| = \left|\binom{\alpha}{n+1} x^{n+1} / \binom{\alpha}{n} x^n\right| = |(a-n)/(n+1)||x|$$

이므로,

$$\lim_{n \to \infty} |a_{n+1}/a_n| = \lim_{n \to \infty} |(\alpha - n)/(n+1)||x| = |x| < 1$$

이다. 그러므로 $\sum \binom{\alpha}{n} x^n$은 수렴한다.

$f(x) = \sum \binom{\alpha}{n} x^n$으로 두고, $f(x) = (1+x)^\alpha$임을 증명하자.

먼저

$$(1 + x)f'(x) = \alpha f(x) \qquad\qquad ①$$

을 보인다.

$$f'(x) = \sum_{k=0}^{\infty} k \binom{\alpha}{k} x^{k-1}$$

이므로,

$$xf'(x) = \sum_{n=0}^{\infty} n \binom{\alpha}{n} x^n.$$

한편,

$$f'(x) = \sum_{k=0}^{\infty} k \binom{\alpha}{k} x^{k-1} = \sum_{k=1}^{\infty} k \binom{\alpha}{k} x^{k-1}$$

$$= \sum_{n=0}^{\infty} (n+1) \binom{\alpha}{n+1} x^n$$

이다.

따라서

$$(1+x)f'(x) = \sum_{k=0}^{\infty} \left[(n+1)\binom{\alpha}{n+1} + n\binom{\alpha}{n} \right] x^n$$

$$= \sum_{k=0}^{\infty} \alpha\binom{\alpha}{n} x^n = \alpha f(x)$$

이고, 등식 ①이 성립한다.

예제 2.3.6의 (3)

$$\binom{\alpha}{n+1} = \frac{\alpha-n}{n+1}\binom{\alpha}{n}$$

에 의하여,

$$(n+1)\binom{\alpha}{n+1}$$

$$= (\alpha-n)\binom{\alpha}{n}$$

$$= \alpha\binom{\alpha}{n} - n\binom{\alpha}{n}.$$

$$\therefore (n+1)\binom{\alpha}{n+1} + n\binom{\alpha}{n}$$

$$= \alpha\binom{\alpha}{n}.$$

이 등식으로부터

$$\frac{f'(x)}{f(x)} = \frac{\alpha}{1+x}$$

을 얻고, 따라서

$$\log|f(x)| = \alpha\log(1+x) + C.$$

$$\therefore |f(x)| = C'(1+x)^{\alpha}.$$

$$\therefore f(x) = C''(1+x)^{\alpha}.$$

$f(0) = 1$에서 $C'' = 1$이므로, $f(x) = (1+x)^{\alpha}$, 즉

$$(1+x)^{\alpha} = \sum_{k=0}^{\infty} \binom{\alpha}{n} x^n$$

을 얻는다. ■

예제 2.3.6. $|x| < 1$일 때, 다음 거듭제곱을 멱급수로 나타내어라.

(1) $(1+x)^{-p}$, (p는 자연수)　　(2) $(1+x)^{1/2}$

증명 (1) $|x| < 1$일 때

$$(1+x)^{-p} = \sum_{n=0}^{\infty} \binom{-p}{n} x^n = \sum_{n=0}^{\infty} (-1)^n \, {}_pH_n x^n, \ (|x| < 1).$$

(2) $|x| < 1$일 때, 예제 2.3.5에 의하여

$$(1+x)^{1/2} = \sum_{n=0}^{\infty} \binom{1/2}{n} x^n = \sum_{n=0}^{\infty} \frac{(-1)^{n-1}}{n\,2^{2n-1}} \binom{2n-2}{n-1} x^n. ■$$

예제 2.3.6의 (1)에서, 특히 $p = 1$일 때는, 임의의 n에 대하여

$_pH_n = \binom{p+n-1}{n} = \binom{1+n-1}{n} = 1$이므로

$$\frac{1}{1+x} = \sum_{n=0}^{\infty} (-1)^n x^n, \ (|x| < 1).$$

다항정리

$A_1, A_2, \cdots, A_r$이 서로 다른 물건이라고 하자. $n_1 + n_2 + \cdots + n_r = n$ 을 만족하는 음이 아닌 정수 $n_1, n_2, \cdots, n_r, n$에 대하여 다중집합 $\{n_1 \times A_1, n_2 \times A_2, \cdots, n_r \times A_r\}$의 순열의 개수

$$\frac{n!}{n_1! \, n_2! \cdots n_r!}$$

를 간단히

$$\binom{n}{n_1, n_2, \cdots, n_r}$$

와 같이 나타내고, 다항계수라고 부른다.

다항계수 (multinomial coefficient)

다항계수에 관하여 다음 사실이 성립함은 쉽게 알 수 있다.

- $\binom{n}{k} = \binom{n}{k, n-k}$.

- $\binom{n}{n_1, n_2, \cdots, n_r} = \binom{n}{n_i} \binom{n-n_i}{n_1, \cdots, n_{i-1}, n_{i+1}, \cdots, n_r}$.

- 각 $i = 1, 2, \cdots, r$에 대하여

$$\binom{n}{n_1, n_2, \cdots, n_r} = \frac{n}{n_i} \binom{n-1}{n_1, \cdots, n_{i-1}, n_i - 1, n_{i+1}, \cdots, n_r}.$$

다항계수에 대해서도 ㄱ-법칙을 확장하는 다음 정리가 성립한다.

정리 2.3.5 다항계수에의 ㄱ-법칙의 확장

$$\binom{n}{n_1, n_2, \cdots, n_r} = \sum_{i=0}^{r} \binom{n-1}{n_1, \cdots, n_{i-1}, n_i - 1, n_{i+1}, \cdots, n_r}.$$

증명

$$\binom{n}{n_1, n_2, \cdots, n_r} = \frac{n_1 + n_2 + \cdots + n_r}{n} \binom{n}{n_1, n_2, \cdots, n_r}$$

$$= \sum_{i=1}^{r} \frac{n_i}{n} \binom{n}{n_1, n_2, \cdots, n_r}$$

$$= \sum_{i=1}^{r} \binom{n-1}{n_1, \cdots, n_{i-1}, n_i - 1, n_{i+1}, \cdots, n_r}. \ \blacksquare$$

별증 설명을 간단하게 하기 위하여 $n = 3$인 경우만 증명한다. 일반적인 경우의 증명도 꼭 같다.

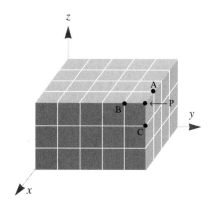

좌표공간의 원점 O에서 출발하여 좌표축의 양의 방향으로 1씩 움직이는 동점이 점 P(k, l, m)까지 갈 수 있는 방법 수를 $f(k, l, m)$이라 하면,

$$f(k, l, m) = \binom{k + l + m}{k, l, m}$$

이다. 점 P에 다다르기 직전 점은

$$A(k-1, l, m), B(k, l-1, m), C(k, l, m-1)$$

중 하나이므로

$$f(k, l, m) = f(k-1, l, m) + f(k, l-1, m) + f(k, l, m-1)$$

이고, 정리가 증명되었다. ■

이항계수가 이항다항식의 거듭제곱의 전개식에서 나타나듯이 다항계수는 항이 3개 이상인 다항식의 거듭제곱의 전개식에서 나타난다.

정리 2.3.6 다항정리

$$(x_1 + x_2 + \cdots + x_r)^n = \sum \binom{n}{n_1, n_2, \cdots, n_r} x_1^{n_1} x_2^{n_2} \cdots x_r^{n_r}.$$

여기서 $\sum$ 는 방정식 $y_1 + y_2 + \cdots + y_r = n$ 의 모든 음이 아닌 정수해 $(n_1, n_2, \cdots, n_r)$ 상에서 합한 것이다.

증명 $r = 3$ 인 경우를 증명한다. 일반적인 경우도 꼭 같은 방법으로 설명된다.

$(x + y + z)^n$ 은 다음과 같이 n 개의 $(x + y + z)$ 의 곱이다.

$$\underbrace{(x + y + z)}_{\text{제1인수}} \underbrace{(x + y + z)}_{\text{제2인수}} \cdots \underbrace{(x + y + z)}_{\text{제}n\text{인수}}.$$

이 곱을 전개하면 3^n 개의 항이 나오며, 각 항은

$$x^a y^b z^c, ((a, b, c)\text{는 } x_1 + x_2 + x_3 = n\text{의 음이 아닌 정수해})$$

의 꼴이다.

이러한 하나의 고정된 (a, b, c) 에 대하여, $x^a y^b z^c$ 을 얻기 위해서는 a 개의 인수에서 x 를 선택하고, 나머지 중 b 개의 인수에서 y 를 택하고, 그 나머지 인수 중에서는 c 를 택하면 되므로, 3^n 개의 항 중 특히 $x^a y^b z^c$ 과 동류항인 항의 개수는

$$\binom{n}{a}\binom{n-a}{b}\binom{n-a-b}{c} = \binom{n}{a,b,c}$$

이다. 따라서

$$(x+y+z)^n = \sum \binom{n}{a,b,c} x^a y^b z^c.$$

여기서 $\sum$ 는 방정식 $x_1 + x_2 + x_3 = n$의 모든 음이 아닌 정수해 (a,b,c) 상에서 합한 것이다. ∎

예제 **2.3.7.** $(2x - 3y + 5z)^6$의 전개식에서 x^3yz^2의 계수를 구하라.

증명 다항정리에 의하여, x^3yz^2의 계수는

$$\binom{6}{3,1,2} 2^3(-3)5^2 = -36000. \ ∎$$

연습문제

1. 다음 식의 전개식에서 모든 계수의 합을 구하라.

(1) $(2 + 3x)^5$ (2) $(3x - 4y)^6$ (3) $(x - y)^6$

2. 집합 $\left\{ \binom{s}{t} \mid s, t \text{는 } s + t \leq 12 \text{를 만족하는 음이 아닌 정수} \right\}$의 원소
의 합을 구하라.

3. 다음 등식을 증명하라.

(1) $\binom{n}{1} - 2\binom{n}{2} + 3\binom{n}{3} - \cdots + (-1)^{n-1} n \binom{n}{n} = 0$

(2) $\binom{n}{k} - \binom{n-3}{k} = \binom{n-1}{k-1} + \binom{n-2}{k-1} + \binom{n-3}{k-1}$

(3) $\binom{n}{0} - \binom{n}{1} + \binom{n}{2} - \cdots + (-1)^k \binom{n}{k} = (-1)^k \binom{n-1}{k}$

(4) $\sum_{k=0}^{n} (-1)^k \binom{n}{k} 3^{n-k} = 2^n$

(5) $\sum_{j=0}^{n} \sum_{i=j}^{n} \binom{n}{i} \binom{i}{j} = 3^n$

(6) $\sum_{i=0}^{m} \binom{m}{i} \binom{n}{k+i} = \binom{m+n}{n-k}$

(7) $\sum_{k=1}^{n} \frac{(-1)^{k+1}}{k(k+1)} \binom{n}{k} = \frac{1}{2} + \frac{1}{3} + \frac{1}{4} + \cdots + \frac{1}{n+1}$

4. 다음이 성립함을 보여라.

(1) 임의의 실수 α와 정수 m, k에 대하여,

$$\binom{\alpha}{m} \binom{m}{k} = \binom{\alpha}{k} \binom{\alpha - k}{m - k}.$$

(2) 양의 정수 n에 대하여,

$$\sum_{k=0}^{n} (-1)^k \binom{n}{k}^2 = \begin{cases} 0, & (n \text{이 홀수일 때}), \\ (-1)^m \binom{2m}{m}, & (n = 2m \text{일 때}). \end{cases}$$

5. 다음 물음에 답하라.

   (1) $m^2 = 2\binom{m}{2} + \binom{m}{1}$ 을 이용하여 $1^2 + 2^2 + 3^2 + \cdots + n^2$을 계산하라.

   (2) 임의의 자연수 n에 대하여,

$$a\binom{m}{1} + b\binom{m}{2} + c\binom{m}{3} = m^3$$

   을 만족하는 세 정수 a, b, c를 구하라.

   (3) 위의 등식을 이용하여 $1^3 + 2^3 + 3^3 + \cdots + n^3$을 계산하라.

6. $(x_0, x_1, \cdots, x_n)$이 다음과 같을 때, $\sum_{k=0}^{n} x_k \binom{n}{k}$를 계산하라.

   (1) $(1, 0, 1, 0, \cdots, (1 + (-1)^n)/2)$

   (2) $(1, 2, 1, 2, \cdots, (3 + (-1)^{n+1})/2)$

   (3) $(1, 2, 3, 4, \cdots, n + 1)$

   (4) $(1, -1/2, 1/3, -1/4, \cdots, ((-1)^n/(n+1)))$

   (5) $(1, 3, 5, 7, \cdots, 2n + 1)$

   (6) $(1, 1/2, 1/3, \cdots, 1/(n+1))$

   (7) $(1, 1, 2, 3, 5, \cdots, f_{n+1})$, (단, f_n은 피보나치 수열의 제 n항)

   (8) $(0, 1, -4, 9, \cdots, (-1)^{n+1} n^2)$

7. $\sum_{k=0}^{49} (-1)^k \binom{99}{2k}$를 구하라.

8. m, d, k가 자연수일 때, 다음을 증명하라.

$$\sum_{k \geq d} (-1)^{k-d} \binom{k}{d} \binom{m}{k} = \begin{cases} 1, & (m = d \text{일 때}), \\ 0, & (m \neq d \text{일 때}). \end{cases}$$

9. $\sum_{k=0}^{n} \binom{n+1}{k} 9^{n-k}$로 나타내어지는 수가 11의 배수가 되도록 하는 자연수 n의 조건을 구하라.

(제 2회 전국 고등학생 수학·과학 경시대회, 1990)

10. 다음을 증명하라. (제 4회 전국 고등학생 수학·과학 경시대회, 1992)

(1) $\displaystyle\sum_{k=0}^{n} \binom{\alpha}{k} \binom{\beta}{n-k} = \binom{\alpha+\beta}{n-k}$, (단, α, β는 실수)

(2) $\displaystyle\sum_{k=0}^{n} \binom{k}{p} \binom{n-k}{q} = \binom{n+1}{p+q+1}$

11. 다음 값을 구하라.

(1) $1^2 \binom{n}{1} + 2^2 \binom{n}{2} + \cdots + n^2 \binom{n}{n}$

(제 5회 전국 고등 학생 수학·과학 경시대회, 1993)

(2) $\displaystyle\sum_{k=0}^{n} \binom{n}{k} \frac{(-1)^k}{k+1}$

(제 6회 한국 수학올림피아드, 1992)

12. 다음 물음에 답하라. (제 6회 전국 고등학생 수학·과학 경시대회, 1994)

(1) 음이 아닌 정수 m, n, k에 대하여 $mn \neq 0$이라고 할 때, 다음 등식을 증명하라.

$$\sum_{i=0}^{k} \binom{m}{i} \binom{n}{k-i} = \binom{m+n}{k}$$

(2) (1)의 결과를 이용하여 다음 등식을 증명하라.

$$\sum_{k=0}^{n} \binom{n}{k}^2 \binom{k}{n-m} = \binom{n}{m} \binom{n+m}{m}$$

13. 다음 등식을 증명하라.

(1) $\displaystyle\sum_{k=0}^{n} \frac{(-1)^k}{2k+1} \binom{n}{k} = \frac{2^{2n} n!^2}{(2n+1)!}$

(제 3회 한국 수학올림피아드 최종선발, 1990)

(2) $\displaystyle\sum_{k=0}^{n} \binom{n}{k} \frac{(-1)^{k-1}}{k} = \sum_{k=0}^{n} \frac{1}{k}$

(제 2회 한국 수학올림피아드 최종선발, 1988)

(3) $\displaystyle\sum_{k=0}^{995} \binom{1991-k}{k} \frac{(-1)^k}{1991-k} = \frac{1}{1991}$

(제 5회 한국 수학올림피아드, 1991)

14. 자연수 n이 주어졌을 때, 모든 실수 x에 대하여 조건

$$\sum_{k=0}^{n} \binom{n}{k} f(x^{2^k}) = 0$$

을 만족시키는 모든 연속함수 $f(x)$를 구하라.

(제 6회 한국 수학올림피아드 최종선발, 1993)

15. 단위 정육면체를 붙여서 만든 가로, 세로, 높이가 각각 l, m, n인 직육면체에 대하여, 다음 물음에 답하라.

(1) 이 직육면체 속에 직육면체는 몇 개 있는가? (정육면체 포함)

(2) 이 직육면체의 한 대각선의 양 끝점을 A, B라 할 때, 단위 정육면체의 모서리를 따라 A에서 B까지 가는 최단 경로의 개수를 구하라.

(3) $l = m = n$일 때, (2)에서 구한 수는 3의 배수임을 보여라.

한 모서리의 길이가 1인 정육면체를 단위 정육면체라고 한다.

16. $n \geq k$인 임의의 음이 아닌 두 정수 n, k에 대하여

$$\binom{n}{k} + 2\binom{n-1}{k} + 3\binom{n-2}{k} + \cdots + k\binom{n-k+1}{k} = \binom{n+2}{k+2}$$

이 성립함을 증명하라. (제 21회 영국 수학올림피아드, 1985)

17. $a_1, a_2, \cdots, a_n$을 양의 실수라 하고, $a_1, a_2, \cdots, a_n$에서 k개를 뽑아 곱한 것들의 합을 S_k라 한다. 각 $k = 1, 2, \cdots, n-1$에 대하여

$$S_k S_{n-k} \geq \binom{n}{k}^2 a_1 a_2 \cdots a_n$$

이 성립함을 증명하라. (제 2회 아세아·태평양 수학올림피아드, 1990)

2.4 이항계수와 계차수열

- 수열 $\binom{0}{4}$, $\binom{1}{4}$, $\binom{2}{4}$, $\binom{3}{4}$, $\binom{4}{4}$, $\binom{5}{4}$, $\binom{6}{4}$, $\binom{7}{4}$, $\cdots$ 의 계차수열을 구하라.

- 위 계차수열의 계차수열을 구하라.

- 계차수열의 계차수열 구하는 과정을 반복하여라. 몇 번째 계차수열이 $0, 0, 0, 0, \cdots$ 이 되는가?

- 수열 $\binom{0}{6}$, $\binom{1}{6}$, $\binom{2}{6}$, $\binom{3}{6}$, $\binom{4}{6}$, $\binom{5}{6}$, $\binom{6}{6}$, $\binom{7}{6}$, $\cdots$ 으로 시작하여 계차수열을 구하는 과정을 반복할 때, 몇 번째 계차수열이 $0, 0, 0, 0, \cdots$ 이 되는가?

계차행렬

주어진 수열의 일반항이나 제 n항까지의 합을 구하는 방법은 다양하다. 그 중 하나의 방법이 계차수열을 관찰하는 것이다. 그러나 계차수열의 이면 골격은 이항계수와 파스칼 행렬로 구성되어 있다.

이 절에서는 이항계수와 파스칼 행렬이 계차수열과 어떻게 연관되어 있는지에 대하여 알아본다.

지금부터는 제 i항이 a_i인 수열을 $\mathbf{a} = (a_0, a_1, a_2, \cdots)$로 나타내고, 모든 항이 0인 수열 $(0, 0, 0, \cdots)$을 $\mathbf{0}$으로 나타내기로 한다.

수열

$$\mathbf{a} = (a_0, a_1, a_2, \cdots)$$

에 대하여,

$$\Delta a_i = a_{i+1} - a_i, (i = 0, 1, 2, 3, \cdots)$$

라 할 때, Δa_i 로써 이루어진 수열

$$(\Delta a_0, \Delta a_1, \Delta a_2, \cdots)$$

를 수열 **a**의 계차수열이라 하고, 기호로

$$\Delta \mathbf{a}$$

와 같이 나타낸다. 이제 귀납적으로

$$\Delta^1\mathbf{a} = \Delta\mathbf{a}, \ \Delta^2\mathbf{a} = \Delta(\Delta^1\mathbf{a}), \ \Delta^3\mathbf{a} = \Delta(\Delta^2\mathbf{a}), \cdots$$

와 같이 정의된 수열 $\Delta^p\mathbf{a}$를 **a**의 p계 계차수열이라고 한다.
$\Delta^0\mathbf{a} = \mathbf{a}$라 하고,

$$\Delta^i\mathbf{a} = (\Delta a_{i0}, \Delta a_{i1}, \Delta a_{i2}, \cdots), \ (i = 0, 1, 2, \cdots)$$

라 하면, 수열 $\Delta^i\mathbf{a}$를 제 i행으로 하는 다음과 같은 행렬을 얻는다.

Δ는 여러 가지 의미로 미분하
는 것과 비슷한 역할을 한다.

함수 $f(x)$가 x에 관한 p차
이하 다항식일 때, $f(x)$의
$p + 1$차 미분이 0이다.

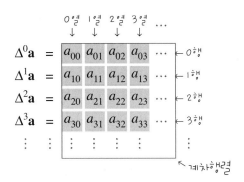

이 행렬을 수열 **a**의 계차행렬이라고 한다.
이를테면 수열

$$\mathbf{a} = (1, 4, 9, 16, 25, 36, 49, 64, 81, \cdots)$$

의 계차행렬은 다음과 같다.

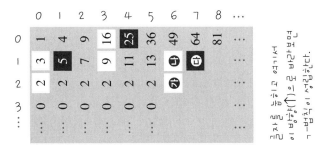

위의 계차행렬에서, 어느 위치에든 'Γ'자 모양으로 인접한 세 수
㉮, ㉯, ㉰에 대하여 ㉮ + ㉯ = ㉰가 성립한다. 그러므로 이 행렬을
우측에서 바라보았을 때, 'ㄱ-법칙'이 성립한다. 이것을 계차행렬
의 「눕힌 ㄱ-법칙」이라고 부르기로 하자.

계차행렬에서 $a_{00}, a_{10}, a_{20}, \cdots, a_{n0}$만 알면 $i + j \leq n$을 만족하는 모든 (i, j)에 대한 a_{ij}를 다음 그림의 과정과 같이 늪힌 ㄱ-법칙을 써서 완전히 결정할 수 있다.

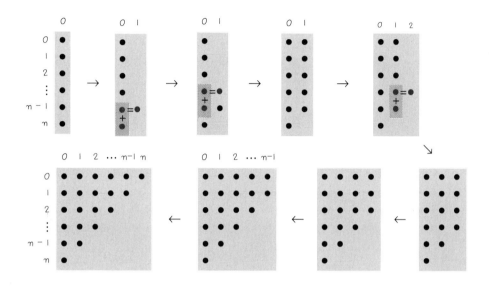

이를테면 계차행렬의 제 0열이 $(0, 0, 1, 2, 1, 1, \star, \star, \cdots)^{\mathrm{T}}$인 수열의 계차행렬은 다음과 같이 결정된다.

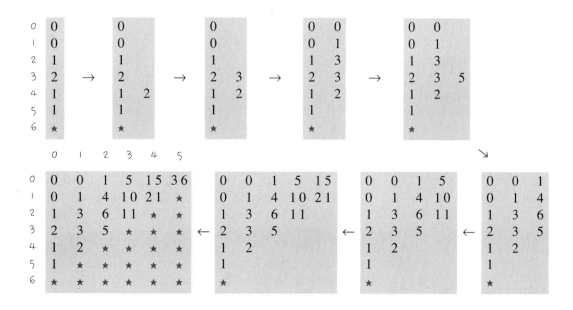

그러므로 어떠한 수열도 계차행렬의 제 0열만 알면 완전히 결정할 수 있다. 지금부터 수열 $\mathbf{e}_p$를

$$\mathbf{e}_p = (\overset{0,\ 1,\ 2,\ \cdots,\ p-1,p,p+1,\ \cdots}{0,0,0,\cdots,0,\ 1,0,\cdots})^{\mathrm{T}}$$

와 같이 정의한다.

예제 2.4.1. 계차행렬의 제 0열이 $\mathbf{e}_p$인 수열의 일반항을 구하라.

풀이 $p = 4$인 경우로써 설명한다.

구하는 수열을 $\mathbf{a} = (a_0, a_1, a_2, \cdots)$라 하자. 주어진 제 0열 $\mathbf{e}_4$로부터 시작하여 눕힌 ㄱ-법칙을 반복하여 적용하면 계차행렬은 '눕힌' 파스칼 행렬임을 알 수 있다.

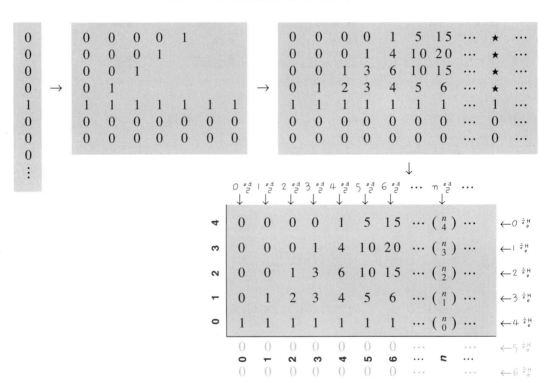

여기서 $a_n = \dbinom{n}{4}$를 얻는다. 이와 같이 생각하면 일반적인 경우

$a_n = \dbinom{n}{p}$임을 알 수 있다. ∎

다음에서는 계차행렬의 선형성에 대하여 알아본다. 여기서는 수열
$\mathbf{x} = (x_0, x_1, x_2, \cdots)$에서 제 0항을 없애고 남은 수열과, $\mathbf{x}$의 계차행
렬을 각각

$$\mathbf{x}^* = (x_1, x_2, x_3, \cdots), \ [\mathbf{x}]$$

와 같이 나타내기로 하고, 주어진 행렬 $X = [x_{ij}], (i, j = 0, 1, 2, \cdots)$
의 제 i행을

$$X_i$$

로 나타내기로 한다.

수열 $\mathbf{a} = (a_0, a_1, a_2, \cdots)$의 계차행렬을 A라 하면, 계차행렬의 정의
로부터, $A_0 = \mathbf{a}$, $A_{p+1} = A_p^* - A_p$, $(p = 0, 1, 2, \cdots)$이다.

정리 | 2.4.1   계차행렬의 선형성

임의의 수열 $\mathbf{a} = (a_0, a_1, a_2, \cdots)$, $\mathbf{b} = (b_0, b_1, b_2, \cdots)$와 임의의
수 α, β에 대하여, $[\alpha \mathbf{a} + \beta \mathbf{b}] = \alpha[\mathbf{a}] + \beta[\mathbf{b}]$이다.

증명 :: 다음 두 가지를 증명하면 된다.

(1) 임의의 수열 $\mathbf{a}, \mathbf{b}$에 대하여, $[\mathbf{a} + \mathbf{b}] = [\mathbf{a}] + [\mathbf{b}]$.

(2) 임의의 수열 $\mathbf{a}$와 임의의 수 α에 대하여, $[\alpha \mathbf{a}] = \alpha[\mathbf{a}]$.

먼저 (2)는 자명한 사실이다. (1)을 증명한다.

$\mathbf{c} = \mathbf{a} + \mathbf{b}$라 하고, 수열 $\mathbf{a}, \mathbf{b}, \mathbf{c}$의 계차행렬을 각각 A, B, C라고 하
자. p에 관한 귀납법을 써서 $C_p = A_p + B_p$, $(p = 0, 1, 2, \cdots)$가 성립
함을 보인다.

$C_0 = \mathbf{c} = \mathbf{a} + \mathbf{b} = A_0 + B_0$이므로 $p = 0$일 때는 정리가 성립한다.

$p \geq 0$이라 하고, $C_p = A_p + B_p$가 성립한다고 가정하자.
$$C_{p+1} = C_p^* - C_p = (A_p^* + B_p^*) - (A_p + B_p)$$
$$= (A_p^* - A_p) + (B_p^* - B_p) = A_{p+1} - B_{p+1}.$$
따라서 (1)이 증명되었다. ■

지금까지 논의한 내용을 바탕으로 계차행렬의 제 0 열의 성분으로써 수열의 일반항을 나타내는 방법에 대하여 알아보자.

정리 2.4.2 파스칼 행렬과 수열의 일반항

수열 $\mathbf{a} = (a_0, a_1, a_2, \cdots)$의 계차행렬의 제 0 열이 $(c_0, c_1, c_2, \cdots)^{\mathrm{T}}$ 일 때,

$$a_n = c_0 \binom{n}{0} + c_1 \binom{n}{1} + c_2 \binom{n}{2} + \cdots + c_n \binom{n}{n}.$$

증명 임의로 주어진 한 자연수 n에 대하여,

$$(c_0, c_1, c_2, \cdots, c_n, 0, 0, \cdots)^{\mathrm{T}}$$

를 제 0 열로 하는 수열을 $\hat{\mathbf{a}} = (\hat{a}_0, \hat{a}_1, \hat{a}_2, \cdots)$라고 하자.

다음 계차행렬에서, $\hat{a}_n$과 a_n은 모두 ■들의 합이고 각각의 ■는 $c_0, c_1, c_2, \cdots, c_n$에 의하여 결정되므로 두 행렬의 대응되는 위치에 있는 두 ■는 서로 같고, 따라서

$$\hat{a}_n = a_n.$$

수열은 계차행렬의 제 0 열에 의하여 완전히 결정된다.

높인 ㄱ-법칙에 의하여 $\hat{a}_n, a_n$은 각각 그 행렬 내에 있는 ■ 들의 합과 같다.

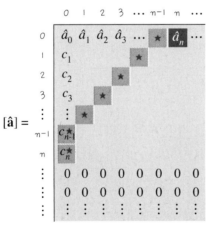

각 $k = 1, 2, \cdots, n$에 대하여 $\mathbf{e}_k$를 계차행렬의 제 0 열로 하는 수열을 $\mathbf{b}_k$라 하고, $\mathbf{b} = c_0\mathbf{b}_0 + c_1\mathbf{b}_1 + c_2\mathbf{b}_2 + \cdots + c_n\mathbf{b}_n$으로 두면

$$([\mathbf{b}]\text{의 제 0 열}) = c_0\mathbf{e}_0 + c_1\mathbf{e}_1 + c_2\mathbf{e}_2 + \cdots + c_n\mathbf{e}_n$$
$$= (c_0, c_1, c_2, \cdots, c_n, 0, 0, \cdots)^{\mathrm{T}} = ([\hat{\mathbf{a}}]\text{의 제 0 열}).$$

계차행렬은 제 0열에 의하여 완전히 결정되므로 $\mathbf{b} = \hat{\mathbf{a}}$이다.
그러므로 계차행렬의 선형성에 의하여

$$[\hat{\mathbf{a}}] = [\mathbf{b}] = [c_0\mathbf{b}_0 + c_1\mathbf{b}_1 + c_2\mathbf{b}_2 + \cdots + c_n\mathbf{b}_n]$$
$$= c_0[\mathbf{b}_0] + c_1[\mathbf{b}_1] + c_2[\mathbf{b}_2] + \cdots + c_n[\mathbf{b}_n]$$

이다. 행렬 $[\hat{\mathbf{a}}]$의 $(0, n)$-성분은 $\hat{a}_n$이고, 각 $k = 1, 2, \cdots, n$에 대하여, 행렬 $[\mathbf{b}_k]$의 $(0, n)$-성분은 수열 $\mathbf{b}_k$의 제 n항이므로

$$\hat{a}_n = \sum_{k=0}^{n} c_k \times (\mathbf{b}_k\text{의 제 }n\text{항})$$

이다. 예제 2.4.1에 의하여 $\mathbf{b}_k$의 제 n항은 $\binom{n}{k}$이므로,

$$\hat{a}_n = \sum_{k=0}^{n} c_k \binom{n}{k}$$

이고, $\hat{a}_n = a_n$이므로 정리의 등식을 얻는다. ■

정리 2.4.2는 수열 $\mathbf{a} = (a_0, a_1, a_2, \cdots)$의 계차행렬의 제 0열이
$\mathbf{c} = (c_0, c_1, c_2, \cdots)^{\mathrm{T}}$라고 할 때, $\mathbf{a}$와 $\mathbf{c}$와 파스칼 행렬과의 관계가
다음과 같음을 말하고 있다.

$$\begin{bmatrix} 1 & 0 & 0 & 0 & 0 & \cdots & 0 & \cdots \\ 1 & 1 & 0 & 0 & 0 & \cdots & 0 & \cdots \\ 1 & 2 & 1 & 0 & 0 & \cdots & 0 & \cdots \\ 1 & 3 & 3 & 1 & 0 & \cdots & 0 & \cdots \\ 1 & 4 & 6 & 4 & 1 & \cdots & 0 & \cdots \\ \vdots & \vdots & \vdots & \vdots & \vdots & \ddots & \vdots & \\ \binom{n}{0} & \binom{n}{1} & \binom{n}{2} & \binom{n}{3} & \cdots & \binom{n}{n-1} & \binom{n}{n} & \cdots \\ \vdots & \vdots & \vdots & \vdots & \vdots & \vdots & \vdots & \ddots \end{bmatrix} \begin{bmatrix} c_0 \\ c_1 \\ c_2 \\ c_3 \\ c_4 \\ \vdots \\ c_n \\ \vdots \end{bmatrix} = \begin{bmatrix} a_0 \\ a_1 \\ a_2 \\ a_3 \\ a_4 \\ \vdots \\ a_n \\ \vdots \end{bmatrix}.$$

양의 정수 p, n에 대하여 $p \geq n$일 때는 $\binom{n}{p} = 0$이므로 다음 따름정리를 얻는다.

> **따름정리**
>
> 양의 정수 p에 대하여, 수열 $\mathbf{a} = (a_0, a_1, a_2, \cdots)$의 계차행렬의 제 0 열이 $(c_0, c_1, c_2, \cdots, c_p, 0, 0, \cdots)^{\mathrm{T}}$일 때, 임의의 $n = 0, 1, \cdots$ 에 대하여
>
> $$a_n = c_0 \binom{n}{0} + c_1 \binom{n}{1} + c_2 \binom{n}{2} + \cdots + c_p \binom{n}{p}.$$

예제 **2.4.2.** 다음 수열의 일반항을 구하라.

$$1, -1, -1, 2, 10, 26, 54, 99, 167, 265, 401, 584, 824, \cdots$$

풀이 이 수열의 계차행렬은

$$\begin{bmatrix}
1 & -1 & -1 & 2 & 10 & 26 & 54 & 99 & 167 & 265 & 401 & 584 & 824 & \cdots \\
-2 & 0 & 3 & 8 & 16 & 28 & 45 & 68 & 98 & 136 & 183 & 240 & & \cdots \\
2 & 3 & 5 & 8 & 12 & 17 & 23 & 30 & 38 & 47 & 57 & & & \cdots \\
1 & 2 & 3 & 4 & 5 & 6 & 7 & 8 & 9 & 10 & & & & \cdots \\
1 & 1 & 1 & 1 & 1 & 1 & 1 & 1 & 1 & & & & & \cdots \\
0 & 0 & 0 & 0 & 0 & 0 & 0 & 0 & & & & & & \cdots \\
0 & 0 & 0 & 0 & 0 & 0 & 0 & & & & & & & \cdots
\end{bmatrix}$$

이다.

이 행렬의 제 0열이 $(1, -2, 2, 1, 1, 0, 0, \cdots)^{\mathrm{T}}$이므로,

$$a_n = 1 \binom{n}{0} + (-2) \binom{n}{1} + 2 \binom{n}{2} + 1 \binom{n}{3} + 1 \binom{n}{4}$$

$$= \frac{1}{24} (n^4 - 2n^3 + 23n^2 - 70n + 24). \quad \blacksquare$$

> **정리 2.4.3** 일반항이 n에 관한 다항식인 수열의 계차행렬

수열 $\mathbf{a} = (a_0, a_1, a_2, \cdots)$에 대하여, a_n이 n에 관한 p차 이하의 다항식일 때, 계차행렬의 제 $p+1$행은 $\mathbf{0}$이다.

$p+1$행이 $\mathbf{0}$이면 그 이후의 행도 모두 $\mathbf{0}$이다.

증명 :: $\Delta^{p+1}\mathbf{a} = \mathbf{0}$임을 보이면 된다. 이것을 p에 관한 귀납법으로 증명한다.

$\mathbf{a} = (a_0, a_1, a_2, \cdots) = (b, b, b, \cdots)$라고 하면 모든 $i = 0, 1, 2, 3, \cdots$에 대하여 $\Delta a_i = a_{i+1} - a_i = b - b = 0$이므로, $\Delta\mathbf{a} = \mathbf{0}$이고, $p = 0$인 경우 정리가 성립한다.

$p \geq 1$이라 하자.
a_n이 n에 관한 p차 이하의 다항식이라고 하면 a_n은

$$a_n = c_p n^p + c_{p-1} n^{p-1} + \cdots + c_1 n + c_0$$

의 꼴로 표현된다. 여기서, $c_p, c_{p-1}, \cdots, c_1, c_0$은 상수.

$$\begin{aligned} \Delta a_n &= a_{n+1} - a_n \\ &= c_p((n+1)^p - n^p) + (n에 \ 관한 \ p-1차 \ 이하의 \ 다항식) \end{aligned}$$

이고, $(n+1)^p - n^p$은

$$(n+1)^p - n^p = \sum_{k=0}^{p-1} \binom{p}{k} n^k$$

으로서 n에 관한 $p-1$차 이하의 다항식이므로, Δa_n은 n에 관한 $p-1$차 이하의 다항식이다. 따라서 귀납법에 의하여 $\Delta^p(\Delta\mathbf{a}) = \mathbf{0}$, 즉 $\Delta^{p+1}\mathbf{a} = \mathbf{0}$이다. ■

$f(x)$가 p차 다항식일 때, $a_n = f(n)$으로 두면 수열 $(a_0, a_1, a_2, \cdots)$의 계차행렬의 $p+1$행 이후의 행은 모두 $\mathbf{0}$이므로, 정리 2.4.2의 따름정리에 의하여 $f(n)$은 $\binom{n}{0}, \binom{n}{1}, \binom{n}{2}, \cdots, \binom{n}{p}$의 상수배의 합의 꼴로 표현될 수 있음을 알 수 있다.

예제 **2.4.3.** $f(n) = n^3 + 3n^2 - 2n + 1$을 $\binom{n}{0}, \binom{n}{1}, \binom{n}{2}, \cdots \binom{n}{p}$의 상수배의 합의 꼴로 나타내어라.

풀이 수열 $(f(0), f(1), f(2), \cdots)$의 계차행렬을 만들어 보면

$$
\begin{bmatrix}
1 & 3 & 17 & 49 \\
2 & 14 & 32 & \\
12 & 18 & & \\
6 & & &
\end{bmatrix}.
$$

$f(n)$이 n에 관한 3차식이므로, 계차행렬의 제 0열은 $(1, 2, 12, 6, 0, 0, \cdots)^T$이고, 따라서

$$
f(n) = 1\binom{n}{0} + 2\binom{n}{1} + 12\binom{n}{2} + 6\binom{n}{3}
$$
$$
= n^3 + 3n^2 - 2n + 1. \quad \blacksquare
$$

위와 같은 표현은 부분합을 계산할 때 유용하게 쓰인다. 이를테면 위의 $f(n)$에 대하여,

$$
\sum_{k=0}^{n} \binom{k}{j} = \binom{n+1}{j+1}
$$

$$
\sum_{k=0}^{n} f(k) = 1\sum_{k=0}^{n}\binom{k}{0} + 2\sum_{k=0}^{n}\binom{k}{1} + 12\sum_{k=0}^{n}\binom{k}{2} + 6\sum_{k=0}^{n}\binom{k}{3}
$$
$$
= 1\binom{n+1}{1} + 2\binom{n+1}{2} + 12\binom{n+1}{3} + 6\binom{n+1}{4}.
$$

이와 같이 생각하면 다음 정리가 성립함을 알 수 있다.

정리 2.4.4 수열의 부분합

양의 정수 p에 대하여, 수열 $\mathbf{a} = (a_0, a_1, a_2, \cdots)$의 계차행렬의 제 0열이 $(c_0, c_1, c_2, \cdots , c_p, 0, 0, \cdots)^T$일 때, 임의의 $n = 0, 1, \cdots$ 에 대하여

$$
\sum_{k=0}^{n} f(k) = c_0\binom{n+1}{1} + c_1\binom{n+1}{2} + \cdots + c_p\binom{n+1}{p+1}.
$$

예제 **2.4.4.** 다음 합을 구하라.

(1) $1^2 + 2^2 + 3^2 + \cdots + n^2$

(2) $1^4 + 2^4 + 3^4 + \cdots + n^4$

풀이 (1) $a_n = n^2$ 으로 두고, $\displaystyle\sum_{k=0}^{n} a_k$ 를 구한다.

계차행렬을 만들면

$$\begin{bmatrix} 0 & 1 & 4 \\ 1 & 3 & \\ 2 & & \end{bmatrix}.$$

그러므로

$$\sum_{k=0}^{n} a_k = 0\binom{n+1}{1} + 1\binom{n+1}{2} + 2\binom{n+1}{3}$$

$$= \frac{n(n+1)(2n+1)}{6}.$$

(2) $a_n = n^4$ 으로 두고, $\displaystyle\sum_{k=0}^{n} a_k$ 를 구한다.

계차행렬을 만들면

$$\begin{bmatrix} 0 & 1 & 16 & 81 & 256 \\ 1 & 15 & 65 & 175 & \\ 14 & 50 & 110 & & \\ 36 & 60 & & & \\ 24 & & & & \end{bmatrix}.$$

그러므로

$$\sum_{k=0}^{n} a_k$$

$$= 0\binom{n+1}{1} + 1\binom{n+1}{2} + 14\binom{n+1}{3} + 36\binom{n+1}{4} + 24\binom{n+1}{5}$$

$$= \frac{1}{30} n(n+1)(2n+1)(3n^2 + 3n - 1). \blacksquare$$

기하학적 응용

k차원 유클리드 공간 $\mathbf{R}^k$에서 일차방정식

$$a_1x_1 + a_2x_2 + \cdots + a_kx_k = 1, (a_1, a_2, \cdots, a_k \text{는 상수})$$

의 해 전체의 집합을 $\mathbf{R}^k$의 $(k-1)$-차원 초평면, 또는 간단히 초평면이라고 한다.

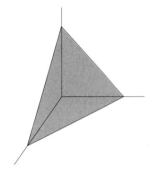

실제로, 3차원 공간의 초평면

$$a_1x_1 + a_2x_2 + a_3x_3 = 1$$

은 좌표공간의 평면이고, 2차원공간의 초평면

$$a_1x_1 + a_2x_2 = 1$$

은 좌표평면의 직선이며, 일차원 공간(직선)의 초평면은 곧 점이다.

$\mathbf{R}^k$ 상의 n개의 초평면은 다음과 같을 때,「일반적인 위치에 있다」고 한다.

1. $\mathbf{R}^1$상의 n개의 점(0-차원 초평면)이 서로 다를 때;
2. $\mathbf{R}^2$상의 n개의 직선(1-차원 초평면)이
   - 어느 2개도 정확히 한 점에서 만나고,
   - 어느 3개도 한 점에서 만나지 않을 때;

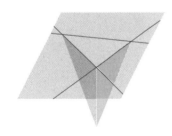

3. $\mathbf{R}^k$의 n개의 $(k-1)$-차원 초평면 $H_1, H_2, \cdots, H_n$이 그 중 임의로 H_p 를 잡았을 때, $H_p \cap H_i, (i \neq p)$는 $\mathbf{R}^{k-1}$ 상의 일반적인 위치에 있는 $n-1$개의 $(k-2)$-차원 초평면일 때. $(k \geq 3)$

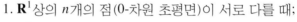
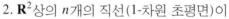

예제 **2.4.5.** $\mathbf{R}^k$가 일반적인 위치에 있는 n개의 초평면에 의하여 나누어지는 영역의 개수를 구하라.

풀이 구하는 개수를 a_{kn}이라 하고, a_{kn}이 다음과 같이 배열된 행렬 A를 만들어 그 특성을 관찰한다.

$$A = \begin{array}{c|cccccc} k & a_{k0} & a_{k1} & a_{k2} & a_{k3} & \cdots & a_{kn} & \cdots \\ \vdots & \vdots & \vdots & \vdots & \vdots & & \vdots & \\ 2 & a_{20} & a_{21} & a_{22} & a_{23} & \cdots & a_{2n} & \cdots \\ 1 & a_{10} & a_{11} & a_{12} & a_{13} & \cdots & a_{1n} & \cdots \\ 0 & a_{00} & a_{01} & a_{02} & a_{03} & \cdots & a_{0n} & \cdots \\ \hline k/n & 0 & 1 & 2 & 3 & \cdots & n & \cdots \end{array}$$

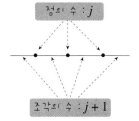

- $n = 0$인 경우 (0개의 초평면) :

각 $i = 0, 1, 2, \cdots$ 에 대하여, $\mathbf{R}^i$가 0개의 초평면에 의하여 나누어
지는 부분의 개수는 명백히 1이다. 그러므로

$$a_{i0} = 1, (i = 1, 2, 3, \cdots).$$

- $k = 1$일 때 : ($\mathbf{R}^1$, 즉, 1차원 공간에서) :

각 $j = 0, 1, 2, \cdots$ 에 대하여, 직선($\mathbf{R}^1$) 위에 있는 서로 다른 j개의
점(0-차원 초평면)은 직선을 $j + 1$개의 부분으로 나눈다. 그러므로

$$a_{1j} = j + 1, (j = 0, 1, 2, \cdots).$$

여기까지의 정보로써, 행렬 A의 모양은 다음과 같아진다.

$$A = \begin{array}{c|cccccc} k & 1 & a_{k1} & a_{k2} & a_{k3} & \cdots & a_{kn} & \cdots \\ \vdots & \vdots & \vdots & \vdots & \vdots & & \vdots & \\ 2 & 1 & a_{21} & a_{22} & a_{23} & \cdots & a_{2n} & \cdots \\ 1 & 1 & 2 & 3 & 4 & \cdots & n+1 & \cdots \\ 0 & a_{00} & a_{01} & a_{02} & a_{03} & \cdots & a_{0n} & \cdots \\ \hline k/n & 0 & 1 & 2 & 3 & \cdots & n & \cdots \end{array}$$

- $k = 2$일 때 :

$a_{2,0} = 1$이다. $a_{2,j}$를 알 때, $a_{2,j+1}$을 구한다.
평면($\mathbf{R}^2$) 상에 일반적인 위치에 있는 $j + 1$개의 직선(1-차원 초평
면) $\ell_1, \ell_2, \cdots, \ell_j, \ell_{j+1}$이 놓여 있다고 하자.

㉮ 우선 ℓ_{j+1}을 무시하면, $\ell_1, \ell_2, \cdots, \ell_j$가 일반적인 위치에 있는 $\mathbf{R}^2$의 j개의 초평면이므로 이들에 의하여 평면은 $a_{2,j}$개의 영역으로 나뉜다(그림 1).

㉯ 이제 ℓ_{j+1}을 넣어서 생각하면 $\ell_1, \ell_2, \cdots, \ell_j$가 ℓ_{j+1}과 만나는 점은 ℓ_{j+1}($\mathbf{R}^1$과 같음) 상의 일반적인 위치에 있는 j개의 점(0-차원 초평면)들이다. 따라서 ℓ_{j+1}은 이들 점에 의하여 a_{1j}개의 부분으로 나뉜다(그림 2).

1차원 공간(ℓ_{j+1})의

a_{1j}

↑

j개의 초평면(점)

이 각각의 부분이 ℓ_{j+1}을 넣기 전 상태에서 하나씩의 영역을 추가하므로, 추가되는 영역의 개수는 a_{1j}이다(그림 3).

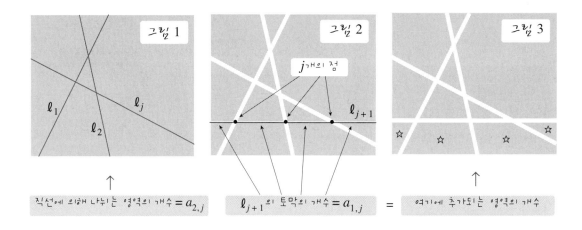

직선에 의해 나뉘는 영역의 개수 $= a_{2,j}$ ℓ_{j+1}의 토막의 개수 $= a_{1,j}$ $=$ 여기에 추가되는 영역의 개수

위에서 알아본 ㉮, ㉯에 의하여 다음 등식을 얻는다.

$$a_{2,j+1} = a_{2,j} + a_{1,j}.$$

이것은 행렬 A의 $k = 1, 2$에 해당하는 두 행에서 '눕힌 ㄱ-법칙'이 성립한다는 뜻이다. 따라서 행렬 A의 모양은 다음과 같아진다.

$A=$	k	1						
	$\vdots$	$\vdots$						
	2	1	a_{21}	a_{22}	$\cdots$	$a_{2j} = a_{2,j+1}$	$\cdots$	
	1	1	a_{11}	a_{12}	$\cdots$	a_{1j} $+$	$a_{1,j+1}$	$\cdots$
	0							
	k/n	0	1	2	$\cdots$	j	$j+1$	$\cdots$

$A=$	k	1	a_{k1}	a_{k2}	a_{k3}	$\cdots$	a_{kn}	$\cdots$
	$\vdots$	$\vdots$	$\vdots$	$\vdots$	$\vdots$	$\vdots$	$\vdots$	
	2	1	2	4	7	$\star$		$\cdots$
	1	1	2	3	4	$\cdots$	$n+1$	$\cdots$
	0	a_{00}	a_{01}	a_{02}	a_{03}	$\cdots$	a_{0n}	
	k/n	0	1	2	3	$\cdots$	n	$\cdots$

- $k = i, (i \geq 3)$ 일 때 :

$a_{i,0} = 1$이다. $a_{i-1,j}, a_{i,j}, a_{i,j+1}$ 사이의 관계를 찾는다.
$\mathbf{R}^i$ 상에 일반적인 위치에 있는 $j+1$개의 초평면 $\pi_1, \pi_2, \cdots, \pi_j, \pi_{j+1}$이 놓여 있다고 하자.

앞의 경우와 같이, π_{j+1}을 무시하면, $\pi_1, \pi_2, \cdots, \pi_j$가 일반적인 위치에 있는 $\mathbf{R}^i$의 j개의 $(i-1)$-차원 초평면이므로, 이들에 의하여 $\mathbf{R}^i$는 a_{ij}개의 영역으로 나누어진다.

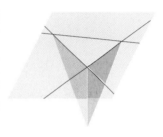

여기에 다시 π_{j+1} ($\mathbf{R}^{i-1}$과 같음)을 넣어서 생각하면 $\pi_1, \pi_2, \cdots, \pi_j$가 각각 π_{j+1}과 만나는 부분 $\tau_1, \tau_2, \cdots, \tau_j$은 π_{j+1} 상의 일반적인 위치에 있는 j개의 초평면들이다. 따라서 π_{j+1}은 $\tau_1, \tau_2, \cdots, \tau_j$에 의하여 $a_{i-1,j}$개의 부분으로 나뉜다. 이 각각의 부분이 π_{j+1}을 넣기 전 상태에서 하나씩의 영역을 추가하므로, 추가되는 영역의 개수는 $a_{i-1,j}$이다.

따라서 다음 등식을 얻는다.
$$a_{i,j+1} = a_{i,j} + a_{i-1,j}.$$

그러므로 행렬 A의 $(k=0)$-행을 제외한 모든 부분에서 '눕힌 ㄱ-법칙'이 성립한다. A의 $(k=1)$-행의 계차수열이 $(1, 1, 1, \cdots)$이므로 A의 $(k=0)$-행의 모든 성분을 1로 바꾸어 넣으면 행렬 A에는 '눕힌 ㄱ-법칙'이 성립하고, 따라서 행렬

k \ n	0	1	2	3	$\cdots$	n	$\cdots$
k	1	a_{k1}	a_{k2}	a_{k3}	$\cdots$	a_{kn}	$\cdots$
$\vdots$	$\vdots$	$\vdots$	$\vdots$	$\vdots$		$\vdots$	
2	1	a_{21}	a_{22}	a_{23}	$\cdots$	a_{2n}	
1	1	2	3	4	$\cdots$	a_{1n}	
0	1	1	1	1	$\cdots$	1	$\cdots$
	0	0	0	0	$\cdots$	0	$\cdots$
	0	0	0	0	$\cdots$	0	$\cdots$
	$\vdots$	$\vdots$	$\vdots$	$\vdots$		$\vdots$	

는 수열

$$(a_{k0}, a_{k1}, a_{k2}, \cdots)$$

의 계차행렬이 된다. 이 행렬의 제 0열이

$$(1, 1, \cdots, 1, 0, 0, \cdots)^{\mathrm{T}}$$

이므로 정리 2.4.2에 의하여

$$a_{kn} = \binom{n}{0} + \binom{n}{1} + \binom{n}{2} + \cdots + \binom{n}{k}. \quad \blacksquare$$

위의 결과에 의하면 k차원 공간 $\mathbf{R}^k$는 k개의 일반적인 위치에 있는 초평면에 의하여

$$a_{kk} = \binom{k}{0} + \binom{k}{1} + \binom{k}{2} + \cdots + \binom{k}{k} = 2^k$$

개의 영역으로 나누어짐을 알 수 있다.

연습문제

1. 계차행렬의 제 0 열이 $(0, 1, 2, 3, 0, 0, \cdots)^{\mathrm{T}}$ 인 수열 $\mathbf{a} = (a_0, a_1, a_2, \cdots)$ 에 대하여 다음 물음에 답하라.

(1) a_n 을 n 에 관한 식으로 나타내어라.

(2) $\displaystyle\lim_{n \to \infty} \frac{1}{n^4} \sum_{k=0}^{n} a_k$ 의 값을 구하라.

2. 수열 $\{a_n\}$ 의 일반항이 $a_n = n(n+1)(n+2)$, $(n \geq 1)$ 이고 b_n 이 a_n 의 일의 자리의 수일 때, $\displaystyle\sum_{k=0}^{1992} b_k$ 의 값을 구하라.

3. $\displaystyle\sum_{k=0}^{n} k^5$ 을 n 에 관한 식으로 나타내어라.

4. 모든 3의 제곱 및 서로 다른 3의 거듭제곱들의 합을 작은 것부터 $1, 3, 4, 9, 10, 12, 13, \cdots$ 으로 배열하였을 때, 이 수열의 제 100항을 구하라.

5. $a_n = a_{n-1} - a_{n-2}$, $(n \geq 3)$ 으로 정의된 수열 $a_1, a_2, \cdots$ 이 주어졌다. 이 수열의 처음 1492개 항의 합이 1985이고, 처음 1985개 항의 합이 1492일 때, 처음 2001개 항의 합을 구하라.

6. 각 자리의 숫자의 합이 n 이고, 각 자리의 숫자가 오직 1, 3, 4인 자연수의 개수를 a_n 이라고 할 때, a_{2n} 이 완전제곱수라는 것을 증명하라. $(n = 1, 2, 3, \cdots)$

7. 5명의 아이가 한 무더기의 귤을 나누어 가진다. 첫 번째 아이가 귤을 똑같이 다섯 무더기로 나누면 한 개가 남는데, 남은 한 개를 버린 다음 한 무더기를 가져갔다. 두 번째 아이가 나머지 귤을 똑같이

다섯 무더기로 나누면 첫 번째 아이 때와 마찬가지로 한 개가 남는데, 남은 한 개를 버린 다음 한 무더기를 가져갔다. 그 다음의 세 번째 아이도 위에서와 같은 방법으로 나누어 가져갔다. 원래 귤은 몇 개 있었겠는가? 또, 마지막에 남은 귤은 몇 개인가?

8. 0부터 1985까지의 정수를 작은 것부터 크기순으로 첫 줄에 쓰고, 첫 줄에서 서로 이웃한 두 수의 합을 두 번째 줄에 쓴 다음, 또 두 번째 줄에서 서로 이웃한 두 수의 합을 세 번째 줄에 쓴다. 이렇게 마지막 줄에 하나의 수가 남을 때까지 계속하여 쓸 때, 이 수가 1985로 나누어 떨어진다는 것을 증명하라.

9. 6보다 큰 자연수 n에 대하여 n보다 작으면서 n과 서로소인 자연수 전체의 집합이 $\{a_1, a_2, \cdots, a_k\}$라고 할 때,
$$a_2 - a_1 = a_3 - a_2 = \cdots = a_k - a_{k-1} > 0$$
이면, n은 소수이거나 2의 거듭제곱수임을 보여라.

(제32회 국제 수학올림피아드, 1991)

3. 배열과 분배

"4마리의 비둘기를 3개의 비둘기집에 넣으면 2마리 이상 들어 간 집이 반드시 존재한다."

비둘기집의 원리라고 불리는 이 주장은 너무나 당연하지만 이산수학의 주요 관심사의 하나인 배열의 존재성을 보장해주는 핵심적인 원리이다.

이 장에서는 비둘기집의 원리와 포함-배제의 원리 및 그 원리를 사용하여 배열의 존재성, 배열의 개수를 헤아리는 여러 가지 상황에 대하여 알아본다.

3.1 비둘기집의 원리

3마리의 비둘기를 2개의 집에 넣으면 2마리 이상이 들어가는 집이 반드시 있다. 이 사실을 이용하여 3개의 정수 중에는 그 합이 짝수인 두 수가 반드시 존재함을 설명하여 보자.

비둘기집의 원리 1

비둘기집의 원리(Pigeon Hole Principle)

4마리 이상의 비둘기를 3개의 집에 넣으면 2마리 이상 들어간 집이 반드시 있다. 이것이 이른 바 비둘기집의 원리이다. 이 원리는 지극히 당연하고 사소하게 보이지만 이산수학의 주요 관심사의 하나인 배열이나 패턴의 존재성 문제를 해결할 수 있는 가장 강력한 도구 중 하나이다.

정리 3.1.1   비둘기집의 원리 1

$n + 1$마리의 비둘기를 n개의 비둘기집에 넣으면, 2마리 이상 들어간 집이 반드시 있다.

비둘기집의 원리를 적용하여 배열의 존재성을 증명하고자 할 때, 문제에서 무엇을 비둘기로 두고 무엇을 비둘기집으로 둘 것인가를 결정하는 것이 문제 해결의 관건이 된다.

이를테면 13사람 중에는 생월이 같은 사람이 2명 이상 있음을 증명하기 위하여, 사람을 $x_1, x_2, \cdots, x_{13}$이라 하고 비둘기와 비둘기집을 각각 다음과 같이 둔다.

비둘기 : x_1 , x_2 , $\cdots$, x_{12} , x_{13} ,

비둘기집 : 1월, 2월, $\cdots$, 12월.

각 '비둘기'를 태어난 달에 해당하는 '집'에 넣으면, '2마리 이상 들어간 집이 반드시 존재' 하므로 생월이 같은 사람이 반드시 2명 이상 있다.

비둘기집의 원리를 이용하여 배열의 존재성을 증명하는 문제를 풀어 보자.

예제 **3.1.1.** 쪽 수가 n인 책이 있다. 이 책의 k쪽에서 l쪽까지 들어있는 글자 수가 n의 배수가 되는 $k, l, (1 \le k \le l \le n)$이 존재함을 증명하라.

증명 제 1쪽에서 제 i쪽까지에 들어있는 글자 수를 a_i라 하자.

① 어떤 a_i가 n의 배수인 경우 : $k = 1, l = i$로 택하면 된다.

② 모든 $i = 1, 2, \cdots, n$에 대하여 a_i가 n의 배수가 아닌 경우 : 각각의 i에 대하여 a_i를 n으로 나눈 나머지를 r_i라 하면

$$\underbrace{\{r_1, r_2, \cdots, r_n\}}_{\text{비둘기}} \subset \underbrace{\{1, 2, \cdots, n-1\}}_{\text{비둘기집}}$$

이다.

이제, 비둘기집의 원리에 의하여 $r_p = r_i$인 자연수 $p, l, (1 \le p < l \le n)$이 존재한다. 이 때, $a_l - a_p$는 n의 배수이므로 $p + 1$쪽에서 l쪽까지의 글자 수는 n의 배수가 된다. ∎

예제 3.1.2. 어떤 도예가는 30일 동안 매일 1개 이상의 도자기를 만들어 45개를 만들었다. 연속된 며칠 사이에 정확하게 14개의 도자기를 만든 기간이 있음을 증명하라.

증명 제 1일에서 제 i일까지 만든 도자기의 수를 a_i라 하면,

$$1 \leq a_1 < a_2 < \cdots < a_{30} = 45$$

이고, 또한

$$a_1 + 14 < a_2 + 14 < \cdots < a_{30} + 14 = 45 + 14 = 59$$

가 성립한다.

$$\{a_1, a_2, \cdots, a_{30}, a_1 + 14, a_2 + 14, \cdots, a_{30} + 14\} \subset \{1, 2, \cdots, 59\}$$

이므로, 비둘기집의 원리에 의하여,

$$a_1, a_2, \cdots, a_{30}, a_1 + 14, a_2 + 14, \cdots, a_{30} + 14$$

중 서로 같은 두 수가 존재한다. 그런데, $a_1, a_2, \cdots, a_{30}$들끼리 서로 다르고 $a_1 + 14, a_2 + 14, \cdots, a_{30} + 14$들끼리 서로 다르므로,

$$a_i + 14 = a_j$$

를 만족시키는 i, j가 존재한다. 여기서, $a_j - a_i = 14$이므로, 제 $i + 1$일에서 제 j일까지에 이 도예가는 14개의 도자기를 만들었다. ■

예제 3.1.3. 200 이하의 자연수 중에서 101개를 택하면 그 중 하나는 다른 하나의 약수가 됨을 증명하라.

증명 임의의 자연수 m은 어떤 음이 아닌 정수 k에 대하여 $m = 2^k a$, (a는 홀수)의 꼴로 표현할 수 있다. 여기서 선택한 수를 x_1, $x_2, \cdots, x_{101}$이라 하면 각 $i = 1, 2, \cdots, 101$에 대하여 음이 아닌 정수 k_i가 있어서,

$$x_i = 2^{k_i} a_i, \ (a_i는 홀수)$$

의 꼴로 표현할 수 있다. 여기서

$$\{a_1, a_2, \cdots, a_{101}\} \subset \{1, 3, 5, \cdots, 199\}$$

가 성립하므로 비둘기집의 원리에 의하여, $a_i = a_j$ ($= a$라 하자.) 되는 $i, j, (i \neq j)$, 가 존재한다. $x_i = 2^{k_i} a$, $x_j = 2^{k_j} a$이므로 x_i, x_j 중 하나는 다른 하나의 약수가 된다. ■

예제 **3.1.4.** $X \subset \{1, 2, \cdots, 100\}$, $|X| = 10$인 집합 X는 원소의 합이 같고 서로소인 두 부분집합을 가짐을 증명하라.

증명 X의 $2^{10} = 1024$개의 부분집합을 $X_1, X_2, \cdots, X_{1024}$라 하고 각 $i = 1, 2, \cdots, 1024$에 대하여 X_i의 원소의 합을 s_i라 하면

$$0 \le s_i \le 91 + 92 + \cdots + 100 = 955$$

이므로

$$\{s_1, s_2, \cdots, s_{1024}\} \subset \{0, 1, \cdots, 955\}.$$

비둘기집의 원리에 의하여 $s_i = s_j$인 $i, j, (i \ne j)$가 존재한다. 이제,

$$A = X_i - (X_i \cap X_j), \ B = X_j - (X_i \cap X_j)$$

로 두면, 집합 A, B는 문제의 조건을 만족한다. ∎

지금부터 보다 일반적인 형태의 비둘기집의 원리에 대하여 생각해 보기로 하자.

10마리의 비둘기를 3개의 비둘기 집에 넣었을 때, 3개의 집에 들어간 비둘기의 수를 각각 x_1, x_2, x_3이라 하면, $x_1 + x_2 + x_3 = 10$이므로 x_1, x_2, x_3의 평균은 $10/3 = 3.333 \cdots$ 이다. x_1, x_2, x_3은 정수이므로 이들 중 하나는 $\lceil 10/3 \rceil = 4$ 이상이어야 한다. 따라서 이 때, 4마리 이상 들어간 집이 반드시 있다.

이와 같은 맥락에서 일반적으로 다음 정리가 성립한다.

정리 3.1.2 비둘기집의 원리 2

> m마리의 비둘기를 n개의 비둘기집에 넣으면 $\lceil m/n \rceil$ 마리 이상 들어간 집이 반드시 있다.

증명 모든 비둘기집에 m/n 마리 미만의 비둘기가 들어있다면 전체 비둘기 수는 $n \times (m/n) = m$ 미만이다. 그러므로 어떤 집속에는 m/n마리 이상의 비둘기가 들어 있고, 그 수는 정수이므로 $\lceil m/n \rceil$ 이상이다. ∎

앞의 정리로부터, 한 방에 40명의 사람이 있다면, 40/12 = 3.33 ⋯ 이므로, 그 중 4명 이상이 생월이 같다는 것을 알 수 있다.

예제 3.1.5. 크기가 다른 두 개의 디스크가 있다. 이들 각각을 200개의 섹터로 등분하여 각 섹터를 다음과 같이 채색한다.
- 작은 디스크 : 임의의 100개의 섹터를 빨간색으로, 나머지 100 개의 섹터를 파란색으로 채색.
- 큰 디스크 : 각 섹터를 임의로 빨간색 또는 파란색으로 채색.

이와 같이 채색된 두 디스크를 색깔이 일치하는 섹터가 100개 이상 이 되도록 포갤 수 있음을 증명하라.

증명 큰 디스크 S와 작은 디스크 T의 각 섹터를 각각 그림과 같 이 $S_1, S_2, \cdots, S_{200}$ 및 $T_1, T_2, \cdots, T_{200}$ 이라고 이름을 붙인다.

두 디스크를 중심이 일치하도록 포갰을 때, 색깔이 일치하는 섹 터를 컬러매치라 하고, 모든 가능한 컬러매치의 수 m을 구하여 보자.

컬러매치(color match)

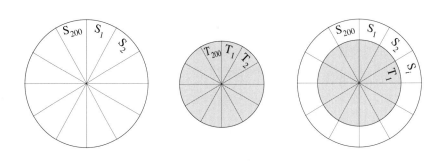

S를 고정시킨 상태에서 T를 돌려, T_1이 S_i에 오도록 놓았을 때 생 기는 컬러매치의 수를 c_i라고 하면,

$$m = c_1 + c_2 + \cdots + c_{200}.$$

한편, 각 $i = 1, 2, \cdots, 200$에 대하여, T가 한바퀴 도는 동안 섹터 S_i에서 발생하는 컬러매치의 수는 100이므로 전체 컬러매치의 수는

$$m = 200 \times 100 = 20000$$

이므로, $c_1, c_2, \cdots, c_{200}$ 의 평균은 $20000 / 200 = 100$이고, 따라서 적어도 한 i에 대하여 $c_i \geq 100$이다. 그러므로 100개 이상의 컬러 매치가 나타나는 경우가 있다. ∎

예제 3.1.6. 6명 중에는 서로 아는 사람이 3명 있거나 서로 모르는 사람이 3명 있음을 증명하라.

증명 6명의 사람을 6개의 점으로 나타내고, 각 쌍의 점을 그 점에 해당하는 2명이 서로 알 때는 청색 선으로 서로 모를 때는 흑색 선으로 연결하기로 하면, 문제는 변의 색이 같은 삼각형(동색 삼각형이라고 하자)이 존재한다는 것을 보이는 것이다.

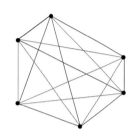

6개의 점 중 임의의 한 점을 택하여 p라고 하면, 비둘기집의 원리에 의하여, 나머지 5개의 점 중 3개(x, y, z라 하자)는 p와 이어진 선의 색깔이 같다. 일반성을 잃지 않고 이들 선의 색깔이 모두 청색이라고 하자.

x, y, z 중 어느 두 점이, 이를테면 x, y가, 청색 선으로 이어졌다면 삼각형 p, x, y는 청색 삼각형이다.

x, y, z 중 어느 두 점도 청색 선으로 이어져 있지 않다면 삼각형 x, y, z는 흑색 삼각형이다. ∎

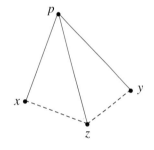

비둘기집의 원리란 결국 몇 개의 수가 있을 때, 그 중 적어도 하나는 평균 이상이다라는 뜻이다. 몇 개의 수 중 적어도 하나는 평균 이하라는 사실도 같은 원리라고 할 수 있다. 때때로 이 후자를 이용하여 풀 수 있는 문제도 있다.

예제 3.1.7. 어떤 사무실에 15대의 컴퓨터와 10대의 프린터가 있다. 15대의 컴퓨터 중 임의로 10대를 택하더라도 그 각각이 서로 다른 1대씩의 프린터와 연결되도록 컴퓨터와 프린터를 코드로 연결하려고 한다. 이 때 필요한 코드는 60개 이상임을 설명하라. 단, 1개의 코드는 1대의 컴퓨터와 1대의 프린터만을 연결할 수 있다.

증명 가용한 코드가 59개 이하라 하고, 문제의 조건에 맞게 연결함이 불가능함을 보인다.

15대의 컴퓨터를 $C_1, C_2, \cdots, C_{15}$, 10대의 프린터를 $P_1, P_2, \cdots, P_{10}$이라 하고, P_i에 코드로 연결된 컴퓨터의 수를 m_i라고 하면

$$m_1 + m_2 + \cdots + m_{10} \leq 59$$

이므로 $m_1, m_2, \cdots, m_{10}$의 평균은 5.9 이하이고, 따라서 이들 중 하나는 5 이하, 이를테면 $m_1 \leq 5$이다.

P_1과 연결된 컴퓨터를 C_1, C_2, C_3, C_4, C_5라고 하면, 나머지 10대의 컴퓨터 $C_6, C_7, \cdots, C_{15}$는 어느 것도 P_1과 연결되어 있지 않으므로 이들에 연결된 프린터는 9대 이하가 되며, 이는 문제의 조건에 위배된다. ∎

연습문제

1. 100 이하의 자연수 중 51개를 택할 때, 다음이 성립함을 증명하라.
(1) 합이 101이 되는 두 수가 존재한다.
(2) 합이 100이 되는 두 수가 반드시 존재하는 것은 아니다.
(3) 서로 약수 또는 배수 관계에 있는 두 수가 존재한다.

2. 어떤 학교 학생 1987명이 수학여행으로 경주에 와서 석굴암, 무열왕릉, 박물관을 유람했다. 누구든지 한 곳에는 가게 되어 있고, 제일 많이 간 사람이라도 두 곳이었다. 그러면 적어도 몇 사람이 같은 장소를 방문했을까?

3. 다음을 증명하라.
(1) 13개의 정수 중에는 차가 12의 배수가 되는 두 수가 존재한다.
(2) 5개의 정수 중에는 합이 3의 배수인 세 수가 존재한다.
(3) 100 이하의 자연수 53개 중에는 차가 12가 되는 두 수는 존재하지만 차가 11이 되는 두 수가 반드시 존재하는 것은 아니다.
(4) $n \geq 2$일 때, $n + 2$개의 $3n$ 이하의 자연수 중에는 그 차가 n보다 크고, $2n$보다 작은 두 수가 존재한다.
(5) $2n$ 이하인 $n + 1$개의 서로 다른 자연수 중에는 서로소인 두 수가 존재한다.
(6) 1보다 작은 음이 아닌 $n + 1$개의 실수 중에는 차가 $1/n$ 미만인 두 수가 존재한다.
(7) 1, 4, 7, 10, …, 100 중 임의로 20개를 선택하면 그 합이 104가 되는 두 수의 조합이 적어도 2개 존재한다.

4. $n^2 + 1$개의 서로 다른 정수로 이루어진 수열은 항의 수가 $n + 1$인 증가 또는 감소하는 부분수열을 가짐을 증명하라.

5. $m, n \neq 0$이 정수일 때, 유리수 m/n의 소수표현은 유한소수 또는 순환소수임을 증명하라.

6. 모든 자리의 숫자가 1인 n자리의 자연수를 a_n이라고 할 때, $a_1, a_2, \cdots, a_{1999}$ 중 적어도 하나는 1999의 배수임을 증명하라.

7. 임의로 주어진 서로 다른 11개의 정수 중에는, 적당한 연산 부호로 연결하면 그 결과가 1155의 배수가 되는 8개의 정수가 존재함을 증명하라.

8. 청, 적, 황, 백, 흑색 구슬이 각각 10개, 20개, 8개, 15개, 25개 들어 있는 주머니에서 꺼낸 구슬 중 같은 색이 12개 이상이기 위해서는 몇 개 이상을 꺼내야 하겠는가?

9. 10시간 동안 45km를 걸어간 어떤 사람이 처음 한 시간에는 6km를 걷고 마지막 한 시간에는 3km만 걸었다고 한다. 이 사람은 어느 연속된 2시간 동안 9km 이상 걸었음을 증명하라.

10. 2명 이상의 사람들로 구성된 그룹에서는 그 그룹의 사람들 중 친구의 수가 같은 두 사람이 있음을 증명하라.

11. 어떤 운동 선수는 매일 한 번 이상 연습하고 일주일에 12번 이하만 연습하여 12주간(84일) 계속한다고 한다. 이 선수가 연속적으로 며칠간 연습한 횟수가 꼭 23이 되는 경우가 있음을 증명하라.
(제1회 전국 고등학생 수학·과학 경시대회, 1989)

12. 원탁에 10명의 손님의 자리가 명찰과 함께 놓여 있다. 10명의 손님이 명찰을 확인하지 않고 아무렇게나 앉았는데, 제자리에 앉은 손님이 한 사람도 없었다. 이 때, 명찰이 놓인 원탁을 적당히 회전시키면 적어도 2명의 손님이 제자리에 앉게 됨을 증명하라.
(제3회 한국 수학 올림피아드, 1989)

13. 한 변의 길이가 1인 정삼각형의 내부에 있는 점에 대하여 다음을 증명하라.

(1) 17개의 점 중에는 거리가 1/4 이하인 두 점이 존재한다.

(2) 33개의 점 중 적어도 세 점은 반지름이 3/20인 원의 내부에 있다.

14. 한 변의 길이가 1인 정사각형의 내부에 있는 9개의 점 중 적어도 세 점은 넓이가 1/8 이하인 삼각형의 꼭지점이 됨을 증명하라. 단, 어느 세 점도 한 직선 위에 있지 않다고 한다.

(제2회 한국 수학 올림피아드, 1988)

15. 다음을 증명하라.

(1) 가로, 세로의 길이가 각각 5, 6인 직사각형 내부에 있는 8개의 점 중에는 거리가 $\sqrt{10}$ 이하인 두 점이 존재한다.

(2) 좌표평면 위에 있는 5개의 정수점 중에는, 잇는 선분의 중점도 정수점인 두 점이 존재한다.

x좌표와 y좌표가 모두 정수인 점을 정수점이라고 한다.

(3) 평면 위에 있는 임의의 볼록 오각형에 대하여 $\angle ABE \leq 36°$가 되는 세 개의 꼭지점 A, B, E가 존재한다.

16. 17명의 과학자는 모두 다른 16명의 과학자와 편지로 통신을 한다. 그들이 검토할 문제는 3개뿐이다. 또 어느 두 명도 하나의 문제 밖에 검토할 수 없다. 적어도 3명의 과학자가 서로 같은 문제를 토론하고 있음을 증명하라.

3.2 포함배제의 원리

3개의 집합 A, B, C 사이의 관계를 나타내는 오른쪽 그림의 벤 다이어그램에서, 갈라진 영역에 적힌 수는 그 부분의 원소의 개수이다.

● 다음을 각각 구하고 비교하라.

(1) $|A|+|B|+|C|-|A \cap B|-|A \cap C|-|B \cap C|$

(2) $|A \cup B \cup C|-|A \cap B \cap C|$

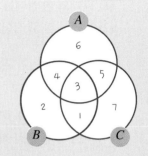

포함배제의 원리

이제부터 집합의 원소의 개수를 간단히 집합의 크기라고 부르기로 하자.

이 절에서는 원소나 성질을 공유하고 있는 여러 개의 집합의 합집합의 크기를 헤아리는 문제에 대하여 생각해 보고자 한다.

먼저, 두 집합 A, B에 대하여 $A \cup B$의 크기는

$$|A \cup B|=|A|+|B|-|A \cap B|$$

이다.

$A \cup B$의 원소의 개수를 헤아리기 위해 먼저 A의 원소와 B의 원소의 개수를 헤아리고 나면, $A \cap B$의 원소는 두 번 헤아린 것이 되므로 $A \cap B$의 원소의 개수를 한 번 빼줌으로써 $|A \cup B|$를 구할 수 있다.

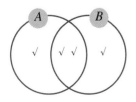

예제 **3.2.1.** 10개의 숫자 $0, 1, 2, \cdots, 9$의 순열 중 첫 번째 오는 숫자는 1보다 크고 마지막에 오는 숫자는 8보다 작은 것의 개수를 구하라.

풀이 $0, 1, 2, \cdots, 9$의 순열은 $10!$개이다. 그 중 첫 번째에 0 또는 1이 오는 순열의 집합을 A, 마지막에 8 또는 9가 오는 순열의 집합을 B라 하면,

$$|A| = 2 \times 9!, |B| = 2 \times 9!, |A \cap B| = 2 \times 2 \times 8!$$

이므로

$$|A \cup B| = 2 \times 9! + 2 \times 9! - 2 \times 2 \times 8! = 1290240.$$

따라서 구하는 수는

$$10! - |A \cup B| = 10! - 1290240 = 2338560. \quad ∎$$

세 집합 A, B, C에 대하여 $A \cup B \cup C$의 크기를 헤아리기 위하여, 먼저 A의 원소, B의 원소, C의 원소의 개수를 헤아려 더하면 여기에는 $A \cap B, B \cap C, A \cap C$의 원소의 개수는 두 번 헤아린 것이 되므로 이들 각각의 크기를 한 번씩 뺀다. 그 결과에는 $A \cap B \cap C$의 원소의 개수는 앞의 과정에서 세 번 헤아리고 세 번 뺀 것이 되므로 이를 한 번 더해줌으로써 $A \cup B \cup C$의 크기를 구할 수 있다. 즉,

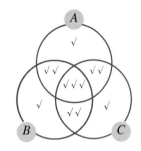

$$|A \cup B \cup C| = |A| + |B| + |C|$$
$$- |A \cap B| - |B \cap C| - |C \cap A|$$
$$+ |A \cap B \cap C|.$$

예제 3.2.2. 70 이하의 자연수로서 70과 서로소인 수의 개수를 구하라.

풀이 $70 = 2 \times 5 \times 7$과 서로소인 자연수는 $2, 5$ 또는 7을 소인수로 가지지 않아야 한다.

70 이하의 자연수 중 2의 배수, 5의 배수, 7의 배수의 집합을 각각 A_2, A_5, A_7이라고 하면 70 이하의 자연수로서 70과 서로소인 수의 집합은 $(A_2 \cup A_5 \cup A_7)^c$이다.

$$|A_2| = \frac{70}{2} = 35, |A_5| = \frac{70}{5} = 14, |A_7| = \frac{70}{7} = 10,$$

$$|A_2 \cap A_5| = \frac{70}{10} = 7, \quad |A_2 \cap A_7| = \frac{70}{14} = 5, \quad |A_5 \cap A_7| = \frac{70}{35} = 2,$$

$$|A_2 \cap A_5 \cap A_7| = \frac{70}{70} = 1$$

이므로, $|A_2 \cup A_5 \cup A_7| = 35 + 14 + 10 - (7 + 2 + 5) + 1 = 46$.
따라서 구하는 수는

$$70 - |A_2 \cup A_5 \cup A_7| = 70 - 46 = 24. \quad \blacksquare$$

예제 3.2.3. 50대의 자동차에 대하여, 배출 가스(산화질소 (NO_x), 탄화수소(HC), 일산화탄소(CO)) 허용 기준치 초과 여부를 검사한 결과 초과 차량의 대수는 왼쪽 표와 같았다.
3종류의 배출 가스 허용 기준치를 하나도 초과하지 않은 차량은 몇 대인가?

가스	대수	가스	대수
NO_x	6	NO_x, HC	3
HC	4	NO_x, CO	2
CO	3	HC, CO	1
NO_x, HC, CO	1		

풀이 NO_x, HC, CO에 대해서 배출 가스 허용 기준치를 초과한 차량들의 집합을 각각 A_{NO}, A_{HC}, A_{CO}라고 하면, 구하는 수는
$50 - |A_{NO} \cup A_{HC} \cup A_{CO}|$이다.

$$|A_{NO}| = 6, \quad |A_{HC}| = 4, \quad |A_{CO}| = 3,$$
$$|A_{NO} \cap A_{HC}| = 3, \quad |A_{HC} \cap A_{CO}| = 1, \quad |A_{CO} \cap A_{NO}| = 2,$$
$$|A_{NO} \cap A_{HC} \cap A_{CO}| = 1$$

이므로 구하는 수는

$$50 - (6 + 4 + 3) + (3 + 2 + 1) - 1 = 42. \quad \blacksquare$$

지금까지 살펴본 바에 의하면, 2개 또는 3개 집합의 합집합의 크기는

(각 집합의 크기의 합)
− (2개씩의 교집합의 크기의 합)
+ (3개씩의 교집합의 크기의 합)

으로서, 일단의 집합의 크기의 합을 교대로 더하고 빼서 구하였다.

이 방법은 다음 정리에서와 같이 임의의 유한개의 집합의 합집합의 크기를 구할 때도 적용된다.

Discrete Mathematics

> ### 정리 | 3.2.1 포함배제의원리(Inclusion-Exclusion Principle)
>
> 유한집합 S의 부분집합 $A_1, A_2, \cdots, A_n$이 주어졌을 때, 각 $k = 1$, $2, \cdots, n$에 대하여, 이들 중 모든 k개의 집합의 교집합의 크기의 합을 β_k라고 하면,
>
> $$\left| \bigcup_{i=1}^{n} A_i \right| = \beta_1 - \beta_2 + \beta_3 - \cdots + (-1)^{n-1}\beta_n.$$

이 정리는 합집합 크기를, 각 집합의 원소들을 포함하고, 2개씩의 교집합의 원소들을 배제하고, 3개씩의 교집합의 원소들을 포함하고,

···

이런 과정을 반복해서 구한다는 뜻에서 포함배제의 원리라고 한다.

증명 $n \leq 3$인 경우는 정리의 등식이 성립한다. 이를 이용하여 귀납적으로 $n = 4$인 경우를 증명한다.

집합 $A_1, A_2, A_3, A_4 \subset S$에 대하여, $A_i \cap A_4 = B_i, (i = 1, 2, 3)$라 하면,

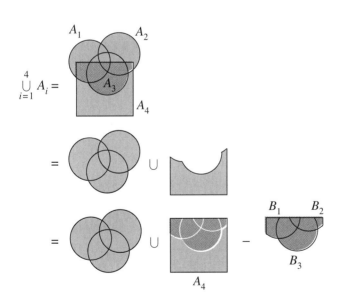

$\{1, 2, 3\}$의 임의의 부분집합 J에 대하여,

$$\left| \bigcap_{i \in J} A_i \right| = f_J, \quad \left| \bigcap_{i \in J} B_i \right| = g_J$$

로 나타내기로 하면,

$$g_J = |\bigcap_{i \in J} B_i| = |\bigcap_{i \in J} (A_i \cap A_4)| = |\bigcap_{i \in J \cup \{4\}} A_i| = f_{J \cup \{4\}}$$

이다. 그러므로

$$|A_1 \cup A_2 \cup A_3 \cup A_4|$$

$$= \begin{bmatrix} f_1 + f_2 + f_3 \\ -(f_{12} + f_{13} + f_{23}) \\ +f_{123} \end{bmatrix} + f_4 - \begin{bmatrix} g_1 + g_2 + g_3 \\ -(g_{12} + g_{13} + g_{23}) \\ +g_{123} \end{bmatrix}$$

$$= \begin{bmatrix} f_1 + f_2 + f_3 + f_4 \\ -(f_{12} + f_{13} + f_{23} + g_1 + g_2 + g_3) \\ +f_{123} \qquad + g_{12} + g_{13} + g_{23} \\ \qquad - g_{123} \end{bmatrix}$$

g 를 f 로 바꾸고

$g_{23} = f_{234}$

↑ 첨자 4 를 붙인다.

$$= f_1 + f_2 + f_3 + f_4 \quad \leftarrow \text{각 집합의 크기의 합}$$

㉮ A_4 를 포함하지 않는 2개 집합의 교집합의 크기의 합

㉯ A_4 를 포함하는 2개 집합의 교집합의 크기의 합

㉰ A_4 를 포함하지 않는 3개 집합의 교집합의 크기의 합

㉱ A_4 를 포함하는 3개 집합의 교집합의 크기의 합

$$- (\underbrace{f_{12} + f_{13} + f_{23}}_{㉮} + \underbrace{f_{14} + f_{24} + f_{34}}_{㉯}) \leftarrow \text{모든 2개 집합의 교집합의 크기의 합}$$

$$+ \underbrace{f_{123}}_{㉰} + \underbrace{f_{124} + f_{134} + f_{234}}_{㉱} \leftarrow \text{모든 3개 집합의 교집합의 크기의 합}$$

$$- f_{1234} \leftarrow \text{모든 4개 집합의 교집합의 크기의 합}$$

$$= \beta_1 - \beta_2 + \beta_3 - \beta_4$$

로써 $n = 4$ 인 경우 정리의 등식이 증명되었다.

일반적인 경우, 집합 $A_1, A_2, \cdots, A_n \subset S$에 대하여,
$$A_i \cap A_n = B_i, (i = 1, 2, \cdots, n-1)$$
라 하고, $\{1, 2, \cdots, n-1\}$의 임의의 부분집합 J에 대하여,
$$|\bigcap_{i \in J} A_i| = f_J, \quad |\bigcap_{i \in J} B_i| = g_J$$
로 나타내기로 하면, $g_J = f_{J \cup \{n\}}$이다.
$\{A_1, A_2, \cdots, A_n\}$의 k-조합은 「$\{A_1, A_2, \cdots, A_{n-1}\}$의 k-조합」 또는
「$(\{A_1, A_2, \cdots, A_{n-1}\}$의 $(k-1)$-조합) $\cup \{A_n\}$」이므로, $n = 4$인 경우와 같은 방법으로 정리의 등식이 설명된다. ∎

예제 **3.2.4.** 99999 이하의 자연수로서 각 자리의 숫자로 1, 2, 3, 4 모두를 품는 수의 개수를 구하라.

풀이 $k = 1, 2, 3, 4$에 대하여, 0 이상 99999 이하의 정수로서 각 자리의 숫자로 k를 품지 않는 수의 집합을 A_k라 하면, 구하는 수는 $10^5 - |A_1 \cup A_2 \cup A_3 \cup A_4|$이다.
$\{1, 2, 3, 4\}$의 임의의 부분집합 J에 대하여, $|\bigcap_{i \in J} A_i| = f_J$로 두면,
$$f_1 = f_2 = f_3 = f_4 = 9^5,$$
$$f_{1,2} = f_{1,3} = f_{1,4} = f_{2,3} = f_{2,4} = f_{3,4} = 8^5,$$
$$f_{1,2,3} = f_{1,2,4} = f_{1,3,4} = f_{2,3,4} = 7^5,$$
$$f_{1,2,3,4} = 6^5$$
이므로, 구하고자 하는 값은
$$10^5 - |A_1 \cup A_2 \cup A_3 \cup A_4| = 10^5 - (4 \times 9^5 - 6 \times 8^5 + 4 \times 7^5 - 6^5)$$
$$= 960. ∎$$

N 이하의 자연수 중 소수를 찾는 방법으로 '에라토스테네스의 체' 가 있다. 그렇다면 N 이하의 소수의 개수는 몇 개일까?

다음 예제는 이 물음에 답할 수 있는 방법을 제시하고 있다.

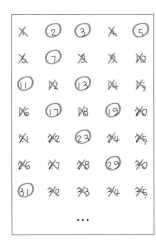

100 이하의 소수의 개수는
21 이다. (1 제요)

예제 **3.2.5.** 100 이하의 자연수 중 2, 3, 5 또는 7로 나누어 떨어지지 않는 수의 개수를 구하라.

풀이 k가 자연수일 때, 100 이하의 자연수 중 k의 배수 전체의 집합을 A_k라 두면 구하는 값은 $100 - |A_2 \cup A_3 \cup A_5 \cup A_7|$이다. $\{2, 3, 5, 7\}$의 임의의 부분집합 J에 대하여, $|\bigcap_{i \in J} A_i| = f_J$로 두자. $\lfloor 100/k \rfloor = m_k$라 하면, $|A_k| = m_k$이므로,

$f_2 = 50, f_3 = 33, f_5 = 20, f_7 = 14,$

$f_{2,3} = m_6 = 16, f_{2,5} = m_{10} = 10, f_{2,7} = m_{14} = 7, f_{3,5} = m_{15} = 6,$

$f_{3,7} = m_{21} = 4, f_{5,7} = m_{35} = 2,$

$f_{2,3,5} = m_{30} = 3, f_{2,3,7} = m_{42} = 2, f_{2,5,7} = m_{70} = 1, f_{3,5,7} = m_{105} = 0,$

$f_{2,3,5,7} = m_{210} = 0.$

따라서

$$100 - |A_2 \cup A_3 \cup A_5 \cup A_7|$$
$$= 100 - [50 + 33 + 20 + 14 - (16 + 10 + 7 + 6 + 4 + 2)$$
$$+ (3 + 2 + 1 + 0) - 0] = 22. \blacksquare$$

예제 **3.2.6.** 9999 이하의 자연수 중 각 자리의 숫자의 합이 25인 수의 개수를 구하라.

풀이 구하는 수는 각 자리의 숫자가 0 이상이며 합이 25인 네 자리 자연수의 개수이며, 그것은

$$x_1 + x_2 + x_3 + x_4 = 25, 0 \le x_i \le 9 \ (i = 1, 2, 3, 4)$$

의 음이 아닌 정수해의 개수와 같다. 방정식 $x_1 + x_2 + x_3 + x_4 = 25$의 음이 아닌 정수해의 개수는 $_4H_{25} = \binom{28}{3}$이다.

각 $i = 1, 2, 3, 4$에 대하여

$$x_1 + x_2 + x_3 + x_4 = 25, \ x_i \ge 10$$

의 음이 아닌 정수해의 집합을 A_i라 하면, 구하는 수는

$$\binom{28}{3} - |A_1 \cup A_2 \cup A_3 \cup A_4|$$

이다.

$\{1, 2, 3, 4\}$의 임의의 부분집합 J에 대하여, $|\underset{i \in J}{\cap} A_i| = f_J$로 두면,

$$f_1 = f_2 = f_3 = f_4 = {}_4H_{15} = \binom{18}{15},$$

$$f_{1,2} = f_{1,3} = f_{1,4} = f_{2,3} = f_{2,4} = f_{3,4} = {}_4H_5 = \binom{8}{5},$$

$$f_{1,2,3} = f_{1,2,4} = f_{1,3,4} = f_{2,3,4} = 0,$$

$$f_{1,2,3,4} = 0$$

이므로, 구하는 수는

$$\binom{28}{3} - 4 \, {}_4H_{15} + 6 \, {}_4H_5 = \binom{28}{3} - 4\binom{18}{15} + 6\binom{8}{5} = 348. \; \blacksquare$$

예제 **3.2.7.** 집합 $\{1, 2, \cdots, n\}$에서 집합 $\{1, 2, \cdots, k\}$로 가는 전사함수의 개수는 $\displaystyle\sum_{j=0}^{k} (-1)^j \binom{k}{j} (k-j)^n$임을 증명하라.

증명 $\{1, 2, \cdots, n\}$에서 $\{1, 2, \cdots, k\}$로 가는 함수의 개수는 k^n개 이다. 그 중 치역이 i를 포함하지 않는 것 전체의 집합을 A_i라고 하면 구하는 수는 $k^n - |\bigcup_{i=1}^{k} A_i|$이다. $\{1, 2, \cdots, k\}$의 부분집합 J에 대하여 $|\underset{i \in J}{\cap} A_i| = f_J$라고 하면

$$f_1 = f_2 = \cdots = f_k = (k-1)^n,$$

$$f_{12} = f_{13} = \cdots = f_{k-1,k} = (k-2)^n,$$

$$f_{123} = f_{124} = \cdots = f_{k-2,k-1,k} = (k-3)^n,$$

$$\cdots$$

$$f_{1,2,3,\cdots,k-1} = f_{1,2,3,\cdots,k-2,k} = \cdots = f_{2,3,\cdots,k} = 1^n,$$

$$f_{1,2,3,\cdots,k} = 0^n.$$

$\{1, 2, \cdots, k\}$의 크기 j인 부분집합의 개수는 $\binom{k}{j}$이므로, 포함배제의 원리에 의하여, $|\bigcup_{i=1}^{k} A_i| = \displaystyle\sum_{j=1}^{k} (-1)^{j-1} \binom{k}{j} (k-j)^n$이고, 따라서, 구하는 수는

$$k^n - |\bigcup_{i=1}^{k} A_i| = k^n - \sum_{j=1}^{k} (-1)^{j-1} \binom{k}{j}(k-j)^n$$

$$= \sum_{j=0}^{k} (-1)^j \binom{k}{j}(k-j)^n . \; \blacksquare$$

제한된 위치를 가지는 순열

● *대각선 위치의 제한*

1, 2, 3, 4를 일렬로 배열된 4개의 박스에 한 개씩 넣는데, 각각의 수를 자기 번호의 박스에 들지 않도록 넣었을 때, 나타나는 순열 $k_1 k_2 k_3 k_4$ 는 조건 「$k_i \neq i, (i = 1, 2, 3, 4)$」를 만족한다. 이와 같이 조건

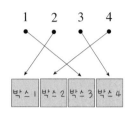

$$k_i \neq i, \ (i = 1, 2, \cdots, n)$$

을 만족하는 $1, 2, \cdots, n$의 순열 $k_1 k_2 \cdots k_n$을 $1, 2, \cdots, n$의 교란순열이라 하고, $1, 2, \cdots, n$의 교란순열의 개수를 n번째 교란수라고 한다.

교란순열(攪亂順列
derangement)

교란수(攪亂數
derangement number)

교란순열은 대각 성분이 0인 n차 치환행렬과 같은 것으로 볼 수 있으므로, 그런 순열을 찾는 것은 왼쪽 그림과 같은 $n \times n$ 체스판에서 대각선 위치(흑색으로 표시)에 있지 아니한 칸 중 각 행, 각 열에서 하나씩이 나오도록 n개의 칸을 선택하는 것과 같다.

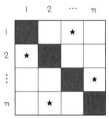

포함배제의 원리를 이용하여 n번째 교란수 D_n을 구하여 보자.

왼쪽 그림에서 $D_2 = 1, D_3 = 2$임을 알 수 있다.

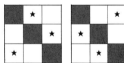

일반적인 n에 대한 D_n의 값은 다음과 같다.

정리 **3.2.2** ┃ 교란수 D_n

n번째 교란수는

$$D_n = n! \sum_{k=0}^{n} \frac{(-1)^k}{k!}.$$

증명 :: $1, 2, 3, \cdots, n$의 치환 전체의 집합을 S_n이라 하고, 각 $i = 1,$ $2, 3, \cdots, n$에 대하여

$$A_i = \{\, \sigma \in S_n \mid \sigma(i) = i \,\}$$

라 하면 구하는 수는 $n! - |\bigcup\limits_{i=1}^{n} A_i|$이다.

$\{1, 2, 3, \cdots, n\}$의 임의의 부분집합 J에 대하여, $|\bigcap\limits_{i \in J} A_i| = f_J$로 두면, $|J| = k$일 때, $f_J = (n-k)!$ 이다.

$\{1, 2, 3, \cdots, n\}$의 k-부분집합의 개수가 $\binom{n}{k}$이므로, $A_1, A_2, \cdots, A_n$의 모든 k개의 집합의 교집합의 크기의 합은

$$\binom{n}{k}(n-k)! = \frac{n!}{k!}$$

이므로, 포함배제의 원리에 의하여,

$$|\bigcup_{i=1}^{n} A_i| = \frac{n!}{1!} - \frac{n!}{2!} + \cdots + (-1)^{n-1}\frac{n!}{n!} = n!\sum_{k=1}^{n} \frac{(-1)^{k-1}}{k!}$$

이다. 따라서

$$D_n = n! - n!\sum_{k=1}^{n} \frac{(-1)^{k-1}}{k!} = n!\sum_{k=0}^{n} \frac{(-1)^k}{k!}. \quad\blacksquare$$

이를테면 $J = \{1, 3\}$일 때, $A_1 \cap A_3$에 속하는 순열의 모양은

$$1 \,\star\, 3 \,\star\, \cdots\, \star$$

이고, 그러한 순열의 개수는 $(n-2)!$이다.

예제 3.2.8. 어떤 사람이 5명의 친구에게 보내는 서로 다른 편지 5장을 쓰고, 5개의 봉투에 각각의 주소를 썼는데, 부치는 것을 잊어버렸다. 며칠 후 5장의 편지를 5개의 봉투에 급히 넣었는데, 각 편지를 모두 다른 사람의 봉투에 넣을 확률을 구하라.

풀이 5장의 편지를 각각 모두 다른 사람의 봉투에 넣는 방법의 수는 5번째 교란수

$$D_5 = 5!\left(\frac{1}{0!} - \frac{1}{1!} + \frac{1}{2!} - \frac{1}{3!} + \frac{1}{4!} - \frac{1}{5!} \right) = 5! \times \frac{11}{30}$$

과 같다. 따라서 구하는 확률은

$$\frac{5! \times (11/30)}{5!} = \frac{11}{30}. \quad\blacksquare$$

$e^x = \sum\limits_{k=0}^{\infty} \frac{x^k}{k!}$ 에서 양변에 $x = -1$을 대입하면

$e^{-1} = \sum\limits_{k=0}^{\infty} \frac{(-1)^k}{k!}$ 이므로,

$$\lim_{n \to \infty} \frac{D_n}{n!} = \frac{1}{e}.$$

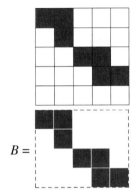

$B = $

체스판 B의 각 행, 각 열에서 하나씩 나오도록 k개의 칸을 택한 것을 B의 k-치환이라고 한다.

일반적인 위치의 제한

교란순열은 대각선 위치에 제한을 두는 순열로서 그 개수를 헤아리는 일이 다소 간단하였다.

일반적인 위치에 제한을 두는 순열의 개수는 제2장에서 알아본 루크 수를 이용하여 구할 수 있다.

예제 3.2.9. 왼쪽 그림과 같은 체스판의 백색 칸에 5개의 루크를 서로 잡을 수 없도록 놓는 방법 수를 구하라.

풀이 체스판의 흑색 칸으로 이루어진 부분판을 B라고 하면, B의 루크 다항식은

$$r(B, x) = r_0(B) + r_1(B)x + r_2(B)x^2 + r_3(B)x^3 + r_4(B)x^4$$
$$= 1 + 7x + 16x^2 + 13x^3 + 3x^4.$$

칸의 색을 무시한 5×5 체스판의 5-치환의 개수는 5!이다.

왼쪽 그림과 같이 7개의 흑색 칸에 **1**, **2**, $\cdots$, **7**과 같이 번호를 매긴다. 각 $i =$ **1**, **2**, $\cdots$, **7**에 대하여, 5!개의 5-치환 중, 흑색 칸 i를 포함하는 것 전체의 집합을 A_i라고 하면, 구하는 수는

$5! - | \bigcup_{i=1}^{7} A_i |$이다.

집합 $\{$**1**, **2**, $\cdots$, **7**$\}$의 임의의 부분집합 J에 대하여,

$$| \bigcap_{i \in J} A_i | = f_J$$

로 두면, 같은 행 또는 같은 열에 들어 있는 i, j가 J에 속할 때는 i, j를 동시에 포함하는 5-치환은 없으므로 $\bigcap_{i \in J} A_i = \phi$이고, 따라서 $f_J = 0$이다.

또, 하나의 5-치환에 포함될 수 있는 흑색 칸의 개수는 4 이하이므로 $|J| \geq 5$일 때는 $f_J = 0$이다.

$k = 1, 2, 3, 4$에 대하여,

$$F_k = \sum_{|J|=k} f_J$$

라 하면, 포함배제의 원리에 의하여 구하는 수는

$$5! - (F_1 - F_2 + F_3 - F_4)$$

이다.

각 i = 1 , 2 , $\cdots$, 7 에 대하여, A_i의 원소는 다음 그림의 i와

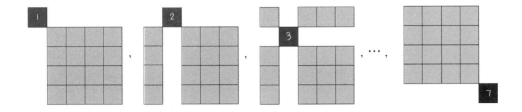

4×4 적색 부분판의 4-치환으로 구성된 5-치환이고 개수는 4!이다. 따라서, $f_1 = f_2 = \cdots f_7 = 4!$이고,

$$F_1 = \sum_{|J|=1} 4! = r_1(B) \times 4!.$$

{ 1 , 2 , $\cdots$, 7 }의, 같은 행 또는 열 위에 있지 않는 2개의 칸으로 구성된 각 2-부분집합 J = { 1 , 3 }, { 1 , 4 }, $\cdots$, { 5 , 7 }에 대하여, A_J의 원소는 다음 그림과 같이 2개의 ★ , ★와 3×3적색 부분

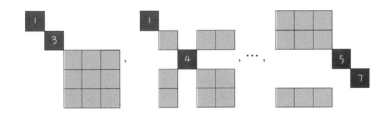

판의 3-치환으로 구성된 5-치환이고 그 개수는 3!이다.
따라서, $f_{1,3} = f_{1,4} = \cdots = f_{5,7} = 3!$이고,

$$F_2 = \sum_{|J|=2} 3! = r_2(B) \times 3!.$$

같은 식으로 생각하면, 각 k = 1, 2, 3, 4와, { 1 , 2 , $\cdots$, 7 }의 같은 행 또는 같은 열 위에 있지 않는 k개의 칸으로 구성된 각 k-부분집합 J에 대하여 $f_J = (5 - k)!$이고, 따라서

$$F_k = \sum_{|J|=k} (5 - k)! = r_k(B) \times (5 - k)!$$

임을 알 수 있다. 그러므로

$$F_1 - F_2 + F_3 - F_4 = 4! \, r_1(B) - 3! \, r_2(B) + 2! \, r_3(B) - 1! \, r_4(B)$$
$$= 4! \times 7 - 3! \times 16 + 2! \times 13 - 1! \times 3 = 95$$

이고, 구하는 수는

$$5! - (F_1 - F_2 + F_3 - F_4) = 5! - 95 = 25$$

이다. ∎

예제 3.2.9와 같은 방법으로 다음 정리를 증명할 수 있다.(연습 문제 15참조)

정리 3.2.3 제한된 위치를 가지는 체스판의 k-치환의 수

$k \le m \le n$인 자연수 k, m, n에 대하여, 각각의 칸이 흑색 또는 백색으로 채색된 $m \times n$ 체스판 $B_{m \times n}$의 흑색 칸으로 이루어진 부분판을 B라고 할 때, $B_{m \times n}$의 백색 칸에 k개의 루크를 서로 잡을 수 없도록 놓는 방법 수는

$$\binom{m}{k}\binom{n}{k} k! - \sum_{i=1}^{k} (-1)^{i-1} r_i(B) \binom{m-i}{k-i}\binom{n-i}{k-i}(k-i)!.$$

일	할 수 없는 사람
x_1	y_1
x_2	y_1, y_2
x_3	y_2, y_3, y_4
x_4	없음

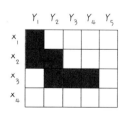

예제 3.2.10. 4개의 일 x_1, x_2, x_3, x_4 중 3개를 선택하여 5명의 사람 y_1, y_2, y_3, y_4, y_5에게 분배하려고 하는데, 각 일을 할 수 없는 사람은 왼쪽 표와 같다. 몇 가지 방법이 있겠는가?

풀이 구하는 수는 각 칸이 왼쪽 그림과 같이 채색된 체스판 $B_{4 \times 5}$의 백색 칸에 3개의 루크를 서로 잡을 수 없도록 놓는 방법의 수이다. 흑색 칸으로 이루어진 부분판을 B라 하면 B의 루크 다항식은

$$r_B(B, x) = 1 + 6x + 9x^2 + 2x^3.$$

따라서 구는 답은

$$r_3(B_{4 \times 5}) - [r_1(B) r_2(B_{3 \times 4}) - r_2(B) r_1(B_{2 \times 3}) + r_3(B)]$$
$$= \binom{4}{3}\binom{5}{3}3! - 6\binom{3}{2}\binom{4}{2}2! + 9\binom{2}{1}\binom{3}{1}1! - 2 = 76. \quad \blacksquare$$

교란순열 또는 체스판의 k-치환 등은 정해진 위치에 놓는 것을 금하는 배열이지만, 다음 예제는 상대적으로 금하는 위치에 관한 문제이다.

예제 3.2.11. n명의 특수부대 요원들이 2일 동안 일렬로 산악행군을 하였다. 둘째 날 행군 때 열을 서는 순서는 각 대원이 첫째 날 행군 때 앞서가던 사람의 바로 뒤에는 따라가지 않도록 하려고 한다. 순서를 정하는 방법은 모두 몇 가지인가?

풀이 구하는 수는 $1, 2, \cdots, n$ 의 순열 중 $i(i + 1)$, $(i = 1, 2, \cdots, n - 1)$이 나타나지 않는 순열의 개수이다.

각 $i = 1, 2, \cdots, n - 1$에 대하여, $i(i + 1)$이 나타나는 순열 전체의 집합을 A_i라고 하면 구하는 수는 $n! - |\bigcup_{i=1}^{n-1} A_i|$이다.

A_1의 원소는 $\boxed{1\,2}, \boxed{3}, \boxed{4}, \cdots, \boxed{n}$의 순열이므로 $|A_1| = (n - 1)!$이고, 같은 식으로 $|A_i| = (n - 1)!$, $(i = 1, 2, \cdots, n - 1)$이다.
따라서 $A_1, A_2, \cdots, A_{n-1}$의 크기의 합은 $\binom{n-1}{1}(n - 1)!$.

$A_1 \cap A_2$의 원소는 $\boxed{1\,2\,3}, \boxed{4}, \boxed{5}, \cdots, \boxed{n}$의 순열이므로 $|A_1 \cap A_2| = (n - 2)!$이고, $A_1 \cap A_3$의 원소는 $\boxed{1\,2}, \boxed{3\,4}, \boxed{5}, \cdots, \boxed{n}$의 순열이므로 $|A_1 \cap A_3| = (n - 2)!$이다. 같은 식으로 임의의 i, j, $1 \le i < j \le n - 1$,에 대하여, $|A_i \cap A_j| = (n - 2)!$이다.
따라서 $A_1, A_2, \cdots, A_{n-1}$ 중 모든 2개의 집합의 교집합의 크기의 합은 $\binom{n-1}{2}(n - 2)!$.

이와 같이 생각하면 각 $k = 1, 2, \cdots, n - 1$에 대하여, $A_1, A_2, \cdots, A_{n-1}$ 중 모든 k개의 집합의 교집합의 크기의 합은 $\binom{n-1}{k}(n - k)!$임을 알 수 있다.
이제 포함배제의 원리에 의하여 구하는 수는

$$n! - \left[\binom{n-1}{1}(n - 1)! - \binom{n-1}{2}(n - 2)! + \cdots + (-1)^n \binom{n-1}{n-1} 1! \right]$$

이다. ∎

n명의 대원에게 첫째 날 행군한 순서대로 1번부터 n번까지의 번호를 부여하고, 둘째 날은 각 i = 1, 2, …, n − 1에 대하여 i + 1번 대원이 i번 대원을 따라가지 않도록 순서를 정하면 된다.

연습문제

1. 다음과 같은 네 자리의 자연수의 개수를 구하라.
  (1) 0 또는 1을 포함하지 않는다.
  (2) 0과 1 중 적어도 한 숫자를 포함한다.

2. 123, 456, 789 중 적어도 하나를 포함하는 1, 2, …, 9의 순열의 개수를 구하라.

3. 보건복지부에서 어느 도시의 시민 10000명을 대상으로 흡연과 암 발병과의 관계를 조사한 결과, 남자가 4000명, 흡연자가 8000명, 암 환자가 1000이었다. 암 환자 중 100명은 남자이며 200명은 흡연자이고 흡연자 중 3000명은 남자이었다. 암에 걸린 흡연자 중 100명이 남자라고 했을 때, 암에 걸리지 않은 여성 비흡연자의 수를 구하라.

4. 정 n각형의 꼭지점들을 연결하여 만들 수 있는 삼각형 가운데 그 다각형의 변을 포함하지 않는 삼각형의 개수를 구하라.

5. 집합 S의 부분집합의 개수를 $\sigma(S)$라고 하자.
  $|A| = |B| = 100$인 집합 A, B와 집합 C에 대하여,
  $\sigma(A) + \sigma(B) + \sigma(C) = \sigma(A \cup B \cup C)$일 때,
  $|A \cap B \cap C|$의 최소값을 구하라. (미국 고등학생연례수학시험, 1991)

6. 어느 세계 수학자 대회에 수학자 1990명이 출석하였는데, 각각의 수학자는 이 중 적어도 1327명의 다른 수학자들과 서로 안다. 이들 1990명 중에는 서로 아는 4명이 있다는 것을 증명하라.

7. 갑식이는 어느 일주일 동안 8명의 친구를 연달아 7일 동안 매일 저녁식사에 2명씩 초대한다는 계획을 세웠다. 8명 모두를 적어도 한 번 이상 올 수 있도록 초대하는 방법의 수를 구하라.

8. 1학년부터 5학년까지 한 학년에 한 반씩 5개반과 한 반에 한 명씩 5명의 교사로 구성된 어느 초등 학교가 있다. 다음 해에 학생들이 한 학년씩 진급을 하는데 각 학년의 학생들이 모두 새로운 담임을 만나도록 교사를 배정하는 방법 수를 구하라.

9. 1에서 9까지의 자연수를 배열하는데 1이 2의 오른쪽에 또는 2가 3의 오른쪽에 또는 3이 4의 오른쪽에 있도록 배열하는 방법의 수를 구하라. 단, 여기서 '오른쪽'이라고 해서 반드시 인접할 필요는 없다.

10. (1) 어떤 모임에 온 n쌍의 부부가 서로 동시에 악수하는 방법의 수를 구하라.
(2) n쌍의 부부가 서로 동시에 악수하되 어느 누구도 자신의 배우자와는 악수하지 않는 방법의 수를 구하라.

11. (1) 3쌍의 부부가 원탁에 앉는데 어느 부인도 자신의 남편과 인접하여 앉지 않도록 배열하는 방법의 수를 구하라.
(2) 5쌍의 부부가 일렬로 서는데 어느 부인도 자신의 남편 뒤에 서지 않도록 배열하는 방법의 수를 구하라.

12. $x_1 + x_2 + x_3 + x_4 = 25, x_1 > x_4$ 의 음이 아닌 정수해의 개수를 구하라.

13. 각 자리의 숫자가 왼쪽에서 오른쪽으로 감에 따라 감소하지 않는 백만 미만의 자연수의 개수를 구하라.

14. 아래 그림과 같은 체스판의 백색 칸에 6개의 루크를 서로 잡지 못하게 놓는 방법의 수를 구하라.

(1)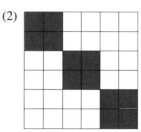

(2)

(3)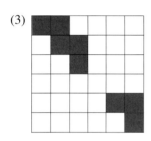

15. $k \le m \le n$인 자연수 k, m, n에 대하여, 각각의 칸이 흑색 또는 백색으로 채색된 $m \times n$체스판 $B_{m \times n}$의 흑색 칸으로 이루어진 부분판을 B라고 하자.

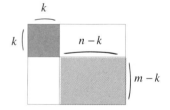

(1) 흑색 칸을 정확하게 i개 포함하고 있는 $B_{m \times n}$의 k-치환의 개수는 $r_i(B) \, r_{k-i}(B_{(m-i) \times (n-i)})$임을 증명하라.

(2) 정리 3.2.3을 증명하라.

16. 집합 $\{1, 2, \cdots, 280\}$의 임의의 n-부분집합이 서로소(2개씩)인 원소를 5개 이상 포함하도록 하는 최소의 자연수 n을 구하라.

(제 32회 국제수학 올림피아드, 1991)

3.3 분배와 분할

- 2명, 3명, 4명을 2개의 그룹으로 가르는 방법은 각각 몇 가지인가?

- 똑같은 바둑돌 8개, 9개, 10개를 3개의 그룹으로 가르는 방법은 각각 몇 가지인가?

$0 \le k \le n$인 정수 n, k에 대하여, n개의 공을 k개의 상자에 넣는 다음과 같은 8가지 경우를 생각할 수 있다.

공 구별 상자 구별, 빈 상자	㉮ 서로 다른 공		㉯ 서로 같은 공	
	불허	허용	불허	허용
다른 모양	㉮₁ $T(n, k)$	㉮₂ k^n	㉯₁ $_kH_{n-k}$	㉯₂ $_kH_n$
같은 모양	㉮₃ ★	㉮₄ ?	㉯₃ ★	㉯₄ ?

㉮₁
$\{1, 2, \cdots, n\}$에서
$\{1, 2, \cdots, k\}$로 가는 전사
함수의 개수

㉮₂
n개의 편지를 k개의 우체통
에 넣는 방법 수

㉯₁
$x_1 + x_2 + \cdots + x_k = n$
의 양의 정수해의 개수

㉯₂
$x_1 + x_2 + \cdots + x_k = n$
의 음이 아닌 정수해의 개수

지금까지 알아본 바에 의하면, ㉮₁, ㉮₂, ㉯₁, ㉯₂의 경우에 n개의 공을 k개의 상자에 넣는 방법 수는 각각 $T(n, k)$, k^n, $_kH_{n-k}$, $_kH_n$임을 알 수 있다.

일반적인 n, k의 값에 대하여, ㉮₃의 가지 수만 알면 ㉮₁, ㉮₄의 가지 수를 바로 알 수 있고, 또 ㉯₃의 가지 수만 알면 ㉯₄의 가지 수를 바로 알 수 있다.

㉮₃은 n명을 k개의 그룹으로 나누는 경우이고, ㉯₃은 n개의 같은 바둑돌을 k개의 그룹으로 나누는 경우이다.

> ### 집합의 분할

● 스털링 수

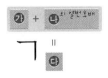

제2종 스털링 수(the
Stirling numbers of the
second kind)

음이 아닌 정수 n, k에 대하여, n명을 k개의 그룹으로 나누는 방법
수를 제2종 스털링 수라 하고,

$$S(n, k)$$

로 나타낸다. $S(n, k)$는 n-집합을 k개의 부분집합($\neq \phi$)으로 분할하
는 방법 수와 같다. 이를테면 집합 $X = \{x, y, z\}$를 k개의 집합으로
나누는 방법은

$k = 1$일 때, $\boxed{x\ y\ z}$로서 1가지,

$k = 2$일 때, $\boxed{x}\ \boxed{y\ z}$, $\boxed{y}\ \boxed{x\ z}$, $\boxed{z}\ \boxed{x\ y}$로서 3가지,

$k = 3$일 때, $\boxed{x}\ \boxed{y}\ \boxed{z}$로서 1가지이므로

$$S(3, 1) = 1, S(3, 2) = 3, S(3, 3) = 1$$

이다.

k\n	0	1	2	3	4	5	6
0	0	0	0	0	0	0	0
1	0	1	0	0	0	0	0
2	0	1	1	0	0	0	0
3	0	1	3	1	0	0	0
4	0	1	7	6	1	0	0
5	0	1	㉮	㉯	1	0	
6	0	1		㉰		1	

$S(n, k)$값을 왼쪽 그림과 같이 행렬의 꼴로 나타내면 관찰하기
에 편리하다. 이 행렬을 제2스털링 행렬이라 하자.

$k > n$일 때는 n명을 k개의 그룹으로 나눌 수 없으므로

$$S(n, k) = 0, \ (k > n),$$

이고, 따라서 이 행렬의 대각선 오른쪽의 성분은 모두 0이다.
n명을 0개의 그룹으로 나눌 수 없으므로

$$S(n, 0) = 0, \ (n > 0)$$

이다. 따라서 $(0, 0)$-성분을 제외한 제 0열의 성분은 모두 0이다.
$S(3, 1) = S(3, 3) = 1$이듯이 일반적으로

$$S(n, 1) = 1, S(n, n) = 1, \ (n = 1, 2, \cdots)$$

이 성립한다. 따라서 $(0, 0)$-성분을 제외한 대각 성분과 $(0, 1)$-성분
을 제외한 제 1열의 성분은 모두 1이다.

위의 특수한 경우와 몇 개의 작은 n, k값에 대한 $S(n, k)$값을 찾아
보면, "ㄱ"자로 인접한 세 수 ㉮, ㉯, ㉰에 대하여 ㉮ + ㉯ × (열번
호) = ㉰와 같은 관계를 관찰할 수 있다. 이것은 일반적으로 성립

하는 성질로서 ㄱ⁺-법칙이라고 부르기로 한다. 다음에 ㄱ⁺-법칙
을 증명하여 보자.

정리 3.3.1 $S(n, k)$의 ㄱ⁺-법칙

$0 < k < n$인 정수 n, k에 대하여
$$S(n, k) = S(n-1, k-1) + kS(n-1, k).$$

증명 n명의 사람 $1, 2, \cdots, n$을 k개의 그룹으로 나누는 방법은
다음의 두 가지 경우가 있다.

경우 1 : n이 혼자서 1개의 그룹을 이루는 경우

이 경우는 $1, 2, \cdots, n-1$을 $k-1$개의 그룹 $X_1, X_2, \cdots, X_{k-1}$으로 분
할하므로써 k개의 그룹 $X_1, X_2, \cdots, X_{k-1}, \{n\}$을 얻을 수 있다.
이 경우의 분할의 수는 $S(n-1, k-1)$이다.

경우 2 : n이 다른 사람과 함께 1개의 그룹을 이루는 경우

이 경우는 $1, 2, \cdots, n-1$을 k개의 그룹 $X_1, X_2, \cdots, X_k$로 분할하고
(그 분할의 방법 수는 $S(n-1, k)$), n을 $X_1, X_2, \cdots, X_k$ 중 어느 한 그룹에
포함시키면 된다(포함시키는 방법 수는 k). 따라서 이 경우의 분할의 수
는 $kS(n-1, k)$이다.

그러므로 정리의 등식을 얻는다. ■

$S(0, 0) = 1$로 정의하면 ㄱ자 모양으로 인접한 모든 3
개의 성분에 대하여 ㄱ⁺-법칙이 성립한다.

이제 ㄱ⁺-법칙을 쓰면 제2스털링 행렬의 모든 성분
을 찾을 수 있다.

$S(n, k)$

n \ k	0	1	2	3	4	5	6	$\cdots$
0	1	0	0	0	0	0	0	$\cdots$
1	0	1	0	0	0	0	0	$\cdots$
2	0	1	1	0	0	0	0	$\cdots$
3	0	1	3	1	0	0	0	$\cdots$
4	0	1	7	6	1	0	0	$\cdots$
5	0	1	15	25	10	1	0	$\cdots$
6	0	1	31	90	65	15	1	$\cdots$
$\vdots$	$\vdots$	$\vdots$	$\vdots$	$\vdots$	$\vdots$	$\vdots$	$\vdots$	$\ddots$

예제 **3.3.1.** 자연수 30030을 1보다 큰 세 자연수의 곱으로 표현하는 방법 수를 구하라. 단, 곱하는 순서는 무시한다.

풀이 $30030 = 2 \times 3 \times 5 \times 7 \times 11 \times 13$이므로, 구하는 수는 6개의 소인수를 공집합이 아닌 3개의 부분집합으로 분할하는 방법 수 $S(6, 3) = 90$이다. ■

우리는 2.4절에서 t^p은

$$t^p = c_0 \binom{t}{0} + c_1 \binom{t}{1} + \cdots + c_p \binom{t}{p}$$

와 같이, t^p은 $\binom{t}{0}, \binom{t}{1}, \binom{t}{2}, \cdots, \binom{t}{p}$의 상수배의 합의 꼴로 나타낼 수 있음을 알았다. $\binom{t}{j} = [t]_j / j!$이므로,

$[t]_j = t(t-1) \cdots (t-j+1)$

$d_j = \dfrac{c_j}{j!}$

$$t^p = d_0 [t]_0 + d_1 [t]_1 + \cdots + d_p [t]_p$$

와 같이 t^p은 $[t]_0, [t]_1, \cdots, [t]_p$의 상수배의 합의 꼴로 나타낼 수 있다.

$[t]_0 = \binom{t}{0} 0! = 1$

스털링에 의해 밝혀진 다음 정리는 $t^0, t^1, t^2, \cdots$ 과 $[t]_0, [t]_1, [t]_2, \cdots$ 사이의 관계를 연결하는 수가 제2종 스털링 수임을 설명하고 있다.

정리 3.3.2 $S(n, k)$에 의한 $t^0, t^1, t^2 \cdots$ 과 $[t]_0, [t]_1, [t]_2, \cdots$ 의 관계

자연수 n, t에 대하여

$$t^n = \sum_{k=0}^{n} S(n, k) [t]_k.$$

증명 n개의 서로 다른 공을 k개의 서로 다른 상자에 빈 상자가 없도록 분배하는 방법 수를 $T(n, k)$로 두자.

상자 구별 ＼ 빈 상자	**가** 서로 다른 공	
	불허	허용
서로 다른 상자	$T(n, k)$	k^n
같은 모양의 상자	$S(n, k)$	**가**$_4$

n개의 서로 다른 공을 k개의 그룹으로 가르고 ($S(n, k)$가지), 그들을
일렬로 세우면($k!$가지) 되므로,

$$T(n, k) = S(n, k)\, k!.$$

이제, n개의 서로 다른 공을 t개의 서로 다른 상자에 넣는 방법 수
t^n을 다른 방법으로 찾아보자.

n개의 서로 다른 공을 t개의 서로 다른 상자에 넣을 때, 각 $k = 1, 2,$
$\cdots, t$에 대하여, k개의 상자를 택하여($\binom{t}{k}$가지) 빈 상자가 없도록
넣으면($T(n, k)$가지) 되므로

$$t^n = \sum_{k=1}^{t} \binom{t}{k} T(n, k) \qquad\qquad T(n, 0) = 0 \text{ 이다.}$$

이다. 따라서

$$t^n = \sum_{k=1}^{t} \binom{t}{k} S(n, k)\, k! = \sum_{k=1}^{t} S(n, k)\, [t]_k$$

가 성립한다. $S(n, 0) = 0$이고, $k > t$일 때는 $[t]_k = 0$이므로,

$$t^n = \sum_{k=0}^{n} S(n, k)\, [t]_k. \quad \blacksquare$$

별증 n에 관한 귀납법으로 증명한다.

$n = 0$일 때는 양변이 모두 1로서 서로 같고, $n = 1$일 때는 양변이
모두 t로서 서로 같다.

$n \geq 2$에 대하여, $t^n = \sum_{k=0}^{n} S(n, k)\, [t]_k$이 성립한다고 가정하자.

$[t]_k (t - k) = [t]_{k+1}$이므로, $[t]_k\, t = [t]_{k+1} + k\, [t]_k$이다.

$S(n, 0) = S(n, n+1) = 0$이므로, n에 관한 귀납법에 의하여

$$t^{n+1} = \left(\sum_{k=0}^{n} S(n, k)\, [t]_k \right) t$$

$$= \sum_{k=1}^{n} S(n, k)\, [t]_k\, t$$

$$= \sum_{k=1}^{n} S(n, k)\, [t]_{k+1} + \sum_{k=1}^{n} k S(n, k)\, [t]_k$$

$$= \sum_{k=1}^{n+1} \left(S(n, k-1) + k S(n, k) \right) [t]_k$$

$$= \sum_{k=1}^{n+1} S(n+1, k)\, [t]_k$$

$$= \sum_{k=0}^{n+1} S(n+1, k)\, [t]_k. \quad \blacksquare$$

정리 3.3.2는 다음과 같이 간단히 나타낼 수 있다.

$$\begin{bmatrix} S(0,0) & 0 & 0 & 0 & \cdots \\ S(1,0) & S(1,1) & 0 & 0 & \cdots \\ S(2,0) & S(2,1) & S(2,2) & 0 & \cdots \\ S(3,0) & S(3,1) & S(3,2) & S(3,3) & \cdots \\ \vdots & \vdots & \vdots & \vdots & \ddots \end{bmatrix} \begin{bmatrix} 1 \\ t \\ [t]_2 \\ [t]_3 \\ \vdots \end{bmatrix} = \begin{bmatrix} 1 \\ t \\ t^2 \\ t^3 \\ \vdots \end{bmatrix}$$

n개의 서로 다른 공을 k개의 서로 다른 상자에 빈 상자가 없도록 분배하는 방법 수를 $T(n, k)$로 두면 예제 3.2.7에 의하여

$$T(n, k) = \sum_{j=0}^{k} (-1)^j \binom{k}{j} (k-j)^n$$

이다. $T(n, k) = S(n, k)k!$ 이므로, $S(n, k)$를 이항계수로 나타내는 다음 정리를 얻는다.

정리 3.3.3　$S(n, k)$의 이항계수 표현

자연수 n, k에 대하여
$$S(n, k) = \frac{1}{k!} \sum_{j=0}^{k} (-1)^j \binom{k}{j} (k-j)^n .$$

제1종 스털링 수(the Stirling numbers of the first kind)

임의의 순열은 사이클로 나타낼 수 있다. 꼭 k개의 사이클을 가지는 $1, 2, \cdots, n$의 순열의 개수를 제1종 스털링 수라 하고, 기호
$$s(n, k)$$
로 나타낸다. 이를테면 $1, 2, 3$의 순열은

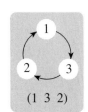

(1 3 2)

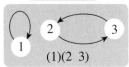

(1)(2 3)

사이클 수	1	2	3
순열	(1 2 3)	(1)(2 3)	(1)(2)(3)
	(1 3 2)	(2)(1 3)	
		(3)(1 2)	
개수	2	3	1

이므로, $s(3, 1) = 2, s(3, 2) = 3, s(3, 3) = 1$이다.

$s(n, k)$값을 오른쪽 그림과 같이 배열하여 만든 행렬을 제1스털링 행렬이라 하자.

$k > n$일 때는 $1, 2, \cdots, n$의 순열에는 k개의 사이클이 없으므로

$$s(n, k) = 0, \ (k > n)$$

이고, 따라서 이 행렬의 대각선 오른쪽의 성분은 모두 0이다.

$1, 2, \cdots, n$의 순열을 0개의 사이클로 나타낼 수 없으므로

$$s(n, 0) = 0, \ (n > 0)$$

이다. 따라서 $(0, 0)$-성분을 제외한 제 0열의 성분은 모두 0이다.

$1, 2, \cdots, n$의 순열 중 n개의 사이클을 가지고 있는 것은 $(1)(2) \cdots (n)$으로 하나뿐이므로

$$s(n, n) = 1, \ (n = 1, 2, \cdots)$$

이 성립한다. 따라서 $s(0, 0) = 1$로 두면 이 행렬의 대각 성분은 모두 1이다.

k \ m	0	1	2	3	4	5	6
0		0	0	0	0	0	0
1	0	1	0	0	0	0	0
2	0	1	1	0	0	0	0
3	0	2	3	1	0	0	0
4	0	6		1	0	0	
5	0		가	나	1	0	
6	0			다		1	

다음 정리에서는 제 1 스털링 행렬에서 "ㄱ"자로 인접한 세 수 **가**, **나**, **다**에 대하여 **가** + **나** × (행번호) = **다**와 같은 관계가 성립함을 증명한다. 이것을 ㄱ행-법칙이라고 부르기로 한다.

정리 3.3.4 $s(n, k)$의 ㄱ행-법칙

$0 < k < n$인 정수 n, k에 대하여
$$s(n, k) = s(n - 1, k - 1) + (n - 1)s(n - 1, k).$$

증명 ▪▪ k개의 사이클을 가지는 $1, 2, \cdots, n$의 순열은 다음 두 가지 유형이 있다.

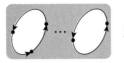

1, 2, ⋯, $n-1$의 순열
↓

$k-1$개의 사이클

$n = 4$, $k = 2$인 경우의 예

2개의 사이클로 표현되는
1, 2, 3의 순열 :
↓

(1)(2 3)	(2)(1 3)	(3)(1 2)
(4 1)(2 3)	(4 2)(1 3)	(4 3)(1 2)
(1)(4 2 3)	(2)(4 1 3)	(3)(4 1 2)
(1)(2 4 3)	(2)(1 4 3)	(3)(1 4 2)

↑
4를 넣은 것

유형 1 : (n)이 하나의 회로이다.

이 유형의 순열은 n을 빼면 $k-1$개의 사이클을 가지는 1, 2, ⋯, $n-1$의 순열이므로 그 개수는 $s(n-1, k-1)$이다.

유형 2 : n은 길이가 2 이상인 회로에 포함된다.

먼저 k개의 사이클을 가지는 1, 2, ⋯, $n-1$의 순열을 모두 가지고 온 다음($s(n-1, k)$가지), 이들 각각에서 n을 1, 2, ⋯, $n-1$ 중 하나의 왼쪽에 두면($n-1$가지 방법), 유형 2의 모든 순열을 얻고, 또 유형 2의 모든 순열은 이런 식으로 얻어지므로 이 유형의 순열의 수는 $(n-1)s(n-1, k)$이다.

그러므로 정리의 등식을 얻는다. ■

$s(n, k)$

n\k	0	1	2	3	4	5	6	⋯
0	1	0	0	0	0	0	0	⋯
1	0	1	0	0	0	0	0	⋯
2	0	1	1	0	0	0	0	⋯
3	0	2	3	1	0	0	0	⋯
4	0	6	11	6	1	0	0	⋯
5	0	24	50	35	10	1	0	⋯
6	0	120	274	225	85	15	1	⋯
⋮	⋮	⋮	⋮	⋮	⋮	⋮	⋮	⋱

이제 $s(0, k) = 0$, $(k = 1, 2, ⋯)$으로 두면 제1스털링 행렬 전체 범위에서 ㄱ행-법칙이 성립하고, 따라서 행렬의 임의의 성분을 결정할 수 있다.

t^n을 $[t]_0$, $[t]_1$, $[t]_2$, ⋯ 의 상수배의 합으로 나타낼 때, 사용되는 상수는 제2종 스털링 수이었다. 다음 정리에서는 $[t]_n$을 t의 다항식으로 나타낼 때, 나타나는 계수가 제1종 스털링 수임을 증명한다.

$(-1)^0 s(0, 0) t^0 = 1 = [t]_0$

$\sum_{k=0}^{1} (-1)^{1+k} s(1, k) t^k$
$= (-1)^{1+0} s(1, 0) t^0$
$+ (-1)^{1+1} s(1, 1) t^1$
$= 0 + t = [t]_1$.

정리 3.3.5 $s(n, k)$에 의한 $t^0, t^1, t^2 ⋯$ 과 $[t]_0, [t]_1, [t]_2, ⋯$ 의 관계

자연수 n, t에 대하여

$$[t]_n = \sum_{k=0}^{n} (-1)^{n+k} s(n, k) t^k.$$

증명 $n = 0$일 때, 양변이 모두 1로서 서로 같고, $n = 1$일 때, 양변이 모두 t로서 서로 같다.

$n \geq 2$에 대하여, $\displaystyle\sum_{k=0}^{n} (-1)^{n+k} s(n,k) t^k$이라고 가정하자.

$s(n,0) = s(n,n+1) = 0$이므로,

$$
\begin{aligned}
[t]_{n+1} &= \left(\sum_{k=0}^{n} (-1)^{n+k} s(n,k) t^k \right)(t-n) \\
&= \sum_{k=0}^{n} (-1)^{n+k} s(n,k) t^{k+1} - n \sum_{k=1}^{n} (-1)^{n+k} s(n,k) t^k \\
&= \sum_{j=1}^{n+1} (-1)^{n+j-1} s(n,j-1) t^j + \sum_{k=1}^{n+1} (-1)^{n+1+k} n s(n,k) t^k \\
&= \sum_{k=1}^{n+1} (-1)^{n+1+k} \big(s(n,k-1) + n s(n,k) \big) t^k \\
&= \sum_{k=1}^{n+1} (-1)^{n+1+k} s(n+1,k) t^k \\
&= \sum_{k=0}^{n+1} (-1)^{n+1+k} s(n+1,k) t^k. \quad \blacksquare
\end{aligned}
$$

정리 3.3.5는 다음과 같이 간단히 나타낼 수 있다.

$$
\begin{bmatrix}
s(0,0) & 0 & 0 & 0 & \cdots \\
-s(1,0) & s(1,1) & 0 & 0 & \cdots \\
s(2,0) & -s(2,1) & s(2,2) & 0 & \cdots \\
-s(3,0) & s(3,1) & -s(3,2) & s(3,3) & \cdots \\
\vdots & \vdots & \vdots & \vdots & \ddots
\end{bmatrix}
\begin{bmatrix}
1 \\ t \\ t^2 \\ t^3 \\ \vdots
\end{bmatrix}
=
\begin{bmatrix}
[t]_0 \\ [t]_1 \\ [t]_2 \\ [t]_3 \\ \vdots
\end{bmatrix}
$$

이제, $X_n = [S(i,j)]_{i,j=0,1,2,\cdots,n}$, $Y_n = [(-1)^{i+j} s(i,j)]_{i,j=0,1,2,\cdots,n}$,

$$
U_n = \begin{bmatrix}
1 & 1 & 1 & \cdots & 1 \\
0 & 1 & 2 & \cdots & n \\
0 & 1 & 2^2 & \cdots & n^2 \\
\vdots & \vdots & \vdots & & \vdots \\
0 & 1 & 2^n & \cdots & n^n
\end{bmatrix}, \quad
V_n = \begin{bmatrix}
1 & 1 & 1 & \cdots & 1 \\
0 & [1]_1 & [2]_1 & \cdots & [n]_1 \\
0 & 0 & [2]_2 & \cdots & [n]_2 \\
\vdots & \vdots & \vdots & & \vdots \\
0 & 0 & 0 & \cdots & [n]_n
\end{bmatrix},
$$

라 하면, 정리 3.3.2와 정리 3.3.5에 의하여, $X_n V_n = U_n$, $Y_n U_n = V_n$
이다. 그러므로 $Y_n X_n V_n = Y_n U_n = V_n$이고, V_n이 가역행렬이므로
$Y_n X_n = I_n$을 얻는다. 따라서 X_n과 Y_n은 서로의 역행렬이다.

● 벨 수

지금까지 n명을 k개의 그룹으로 나누는 방법 수 $S(n, k)$에 대하여 알아보았다. 이제 n명을 수 개의 그룹으로 나누는 방법 수에 대하여 알아보자.

벨 수(Bell number)

n	B_n
0	1
1	1
2	2
3	5
4	15
5	52
6	203
⋮	⋮

n명을 수 개의 그룹으로 나누는 방법 수를 벨 수라 하고, 기호

$$B_n$$

으로 나타낸다.

n명을 수 개의 그룹으로 나눌 때, 0개, 1개, $\cdots$, 또는 n개의 그룹으로 나눌 수 있으므로

$$B_n = S(n, 0) + S(n, 1) + \cdots + S(n, n)$$

이다. 여기서 B_n은 제 2 스털링 행렬의 n 행의 성분들의 합임을 알 수 있다.

벨 수는 다음 점화식을 만족한다.

정리 3.3.6 벨 수의 점화식

자연수 n에 대하여

$$B_n = \sum_{k=0}^{n-1} \binom{n-1}{k} B_k .$$

증명 n 명의 사람 $1, 2, \cdots, n$을 수 개의 그룹으로 나누는 것은, 각 $j = 0, 1, 2, \cdots, n-1$에 대하여,

「n이 j명의 다른 사람과 그룹을 이룬다(「경우 j」라고 하자)」

의 n가지의 경우가 있다.

경우 0. : n이 혼자서 그룹을 이루기 때문에 나머지 $1, 2, \cdots, n-1$을 분할하면 되므로, 그 방법 수는

$$B_{n-1}.$$

경우 j $(j \rangle o)$. : $1, 2, \cdots, n-1$ 중 n과 같은 그룹을 이룰 j명을 뽑고 $(\binom{n-1}{j}$가지$)$, 나머지 $n-(j+1)$명을 분할$(B_{n-(j+1)}$가지$)$하면 되므로, 그 방법 수는

$$\binom{n-1}{j} B_{n-(j+1)}.$$

따라서

$$B_n = \sum_{j=0}^{n-1} \binom{n-1}{j} B_{n-(j+1)}$$

$$= \sum_{j=0}^{n-1} \binom{n-1}{n-1-j} B_{n-(j+1)} = \sum_{k=0}^{n-1} \binom{n-1}{k} B_k. \blacksquare$$

자연수의 분할

자연수 n, k에 대하여, n개의 똑같은 바둑돌을 k개의 그룹으로 나누는 방법 수를 분할 수라 하고,

$$p(n, k)$$

분할 수(Partition number)

로 나타낸다. $p(n, k)$는 자연수 n을 k개의 자연수의 합으로 나타내는 방법 수와 같다. 이를테면

$$7 = 1+1+5$$
$$= 1+2+4$$
$$= 1+3+3$$
$$= 2+2+3$$

과 같이 7을 3개의 자연수의 합으로 나타내는 방법은 4가지이므로 $p(7, 3) = 4$이다.

스털링 수를 행렬로 나타내듯이 $p(n, k)$값을 오른쪽 그림과 같이 배열한 행렬을 수 분할행렬이라 하자.

$k > n$일 때는 n개의 바둑돌을 k개의 그룹으로 나눌 수 없으므로

$$p(n, k) = 0, \ (k > n)$$

이고, 따라서 이 행렬의 대각선 오른쪽의 성분은 모두 0이다.

n\\k	1	2	3	4	5	6
1	1	0	0	0	0	0
2	1	1	0	0	0	0
3	1	1	1	0	0	0
4	1	2	1	1	0	0
5	1				1	0
6	1					1

n개의 바둑돌을 1개의 그룹 또는 n개의 그룹으로 나누는 방법은 모두 1이므로

$$p(n, 1) = 1, p(n, n) = 1, \ (n = 1, 2, \cdots)$$

이다. 따라서 이 행렬의 제 1열의 성분과 대각 성분은 모두 1이다.

분할 수에 대해서는 다음 관계식이 성립한다.

정리 3.3.7 분할 수의 점화관계

$1 < k < n$인 정수 n, k에 대하여
$$p(n, k) = p(n - k, 1) + p(n - k, 2) + \cdots + p(n - k, k).$$

증명 $p(n, k)$는 n개의 바둑돌을 똑같은 모양의 k개의 통에 빈 통이 없도록 넣는 방법 수이다.

우선, 각 통에 1개씩 넣고 남은 $n - k$개의 바둑돌을, 각 $i = 1, 2, \cdots,$ k에 대하여, i개의 통에 빈 통이 없도록 넣으면($p(n - k, i$까지)) 된다.

따라서 정리의 등식을 얻는다. ■

정리 3.3.7에 의하면, 수 분할행렬의 왼쪽 위 코너의 $(n - 1) \times (n - 1)$ 부분 행렬에서 $i + j > n$인 모든 (i, j)-성분을 0으로 바꾼 행렬의 행 합이 역순으로 제 n행의 대각 성분 앞까지의 성분과 같음을 알 수 있다.

m\k	1	2	3	4	...	n-1		행합
1	1	0	0	0	0	0	→	1
2	1	1	0	0	0		→	2
3	1	1	1	0			→	3
4	1	2	1				→	4
5	1	2					→	3
6	1						→	1

$p(n, k)$

m\k	1	2	3	4	5	6	7	...
1	1	0	0	0	0	0	0	...
2	1	1	0	0	0	0	0	...
3	1	1	1	0	0	0	0	...
4	1	2	1	1	0	0	0	...
5	1	2	2	1	1	0	0	...
6	1	3	3	2	1	1	0	...
7	1	3	4	3	2	1	1	...
⋮	⋮	⋮	⋮	⋮	⋮	⋮	⋮	⋱

이제 자연수 4를 몇 개의 자연수의 합으로 나타내는 방법은

$$4 = 4 \qquad (\leftarrow 1개의 \ 자연수의 \ 합 : \ p(4, 1)가지)$$
$$= 1 + 3 = 2 + 2 \quad (\leftarrow 2개의 \ 자연수의 \ 합 : \ p(4, 2)가지)$$
$$= 1 + 1 + 2 \qquad (\leftarrow 3개의 \ 자연수의 \ 합 : \ p(4, 3)가지)$$
$$= 1 + 1 + 1 + 1 \quad (\leftarrow 4개의 \ 자연수의 \ 합 : \ p(4, 4)가지)$$

와 같이 $p(4, 1) + p(4, 2) + p(4, 3) + p(4, 4)$가지이다.

이와 같이 자연수 n을 몇 개의 자연수의 합으로 나타내는 방법 수를 $p(n)$이라고 하면 $p(n)$은 수 분할행렬의 제 n행의 행합

$$p(n) = p(n, 1) + p(n, 2) + \cdots + p(n, n - 1) + p(n, n)$$

과 같다.

왼쪽 그림과 같이 1행 또는 1열에 있지 아니한 점의 왼쪽과 윗쪽에는 점이 있는, 행렬 꼴로 배열된 점으로 이루어진 도형을 페러즈 다이어그램이라고 한다.

페러즈 다이어그램(Ferrers diagram)

자연수의 분할을 페러즈 다이어그램으로 나타낼 수 있다. 이를테면 왼쪽 그림의 페러즈 다이어그램은 13의 분할

$$13 = 5 + 3 + 3 + 2$$

를 나타낸다. 여기서 $5, 3, 3, 2$는 각각 이 다이어그램의 각 행에 있는 점의 개수이다.

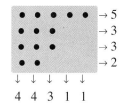

한편 이 다이어그램의 각 열의 점의 개수는 각각 $4, 4, 3, 1, 1$이므로, 13은

$$13 = 4 + 4 + 3 + 1 + 1$$

과 같이 분할되기도 한다.

그러므로 자연수 n을 k개 이하의 자연수의 합으로 분할하는 방법 수는 n을 k 이하의 자연수의 합으로 분할하는 방법 수와 같다.

지금까지 알아본 바의 공을 상자에 넣는 방법 수를 다음과 같이 정리해 둘 수 있다.

공 구별 상자 구별 빈 상자	㉮ 서로 다른 공		㉯ 서로 같은 공	
	불허	허용	불허	허용
다른 모양	㉮₁ $T(n, k)$	㉮₂ k^n	㉯₁ $_kH_{n-k}$	㉯₂ $_kH_n$
같은 모양	㉮₃ $S(n, k)$	㉮₄ $B(n, k)$	㉯₃ $p(n, k)$	㉯₄ $p_k(n)$

● 집합의 분할

㉮₁ n명을 k개의 서로 다른 방에 빈 방 없이 배치

$T(n, k) = S(n, k)\, k!$

㉮₂ n 통의 서로 다른 편지를 k개의 서로 다른 우체통에 넣음.

k^n

㉮₃ n명을 k개의 그룹으로 나눔.

$S(n, k)$ (제 2종 스털링 수)

㉮₄ n명을 k개 이하의 그룹으로 나눔.

$B(n, k) = S(n, 0) + S(n, 1) + S(n, 2) + \cdots + S(n, k)$ (벨 수)

● 수의 분할

㉯₁ n개의 바둑돌을 k개의 서로 다른 통에 빈 통 없이 넣음.

$_kH_{n-k} = (x_1 + x_1 + \cdots + x_k = n$의 양의 정수해의 개수$)$

㉯₂ n개의 바둑돌을 k개의 서로 다른 통에 넣음.(빈 통 허용)

$_kH_n = (x_1 + x_1 + \cdots + x_k = n$의 음이 아닌 정수해의 개수$)$

㉯₃ n개의 바둑돌을 k개의 그룹으로 나눔.

$p(n, k)$ (분할 수)

㉯₄ n개의 바둑돌을 k개 이하의 그룹으로 나눔.

$p_k(n) = p(n, 1) + p(n, 2) + \cdots + p(n, k)$

카탈란 수

파스칼 행렬에서 $(0,0), (2,1), (4,2), (6,3), \cdots$ 성분을 차례대로 나열하여 얻어지는 수열

$$1, 2, 6, 20, 70, 252, 924, \cdots$$

의 각 항을 차례대로 $1, 2, 3, 4, 5, 6, 7, \cdots$ 로 나누면, 일반항이

$$\frac{1}{n+1}\binom{2n}{n}$$

인 수열 $1, 1, 2, 5, 14, 42, 132, \cdots$ 을 얻는다. 이 수열을 카탈란 수열이라 하며, 카탈란 수열의 일반항을 카탈란 수라 하고, C_n으로 나타낸다.

카탈란 수는 헤아리기와 관련된 문제에서 많이 나타나는 수로서 조합론에서 가장 중요한 수 중의 하나이므로, 여러 가지 분배의 수를 다루는 이 절의 마지막 주제로 다루려고 한다.

n\k	0	1	2	3	4	5	6	...
0	1	0	0	0	0	0	0	...
1	1	1	0	0	0	0	0	...
2	1	2	1	0	0	0	0	...
3	1	3	3	1	0	0	0	...
4	1	4	6	4	1	0	0	...
5	1	5	10	10	5	1	0	...
6	1	6	15	20	15	6	1	...
⋮	⋮	⋮	⋮	⋮	⋮	⋮	⋮	⋱

카탈란 수(Catalan number)

다음 보조정리는 카탈란 수의 조합론적 의미를 알아보는 바탕의 역할을 한다.

보조정리 3.3.8

k, n이 서로소인 자연수일 때, 좌표평면의 원점에서 출발하여, 원점과 점 (k, n)을 잇는 직선의 아래쪽의 점을 지나지 않으면서, 오른쪽 또는 위로 1씩 이동하여 점 (k, n)에 이르는 방법 수는

$$\frac{1}{k+n}\binom{k+n}{k}$$

이다.

증명 ▒ 제약 조건 없이 원점에서 점 (k, n)까지 가는 경로 전체의 집합을 U라 하고, 오른쪽 또는 위로 한 칸씩 가는 것을 각각 a, b로 나타내면, U의 경로는 다중집합 $\{k \times a, n \times b\}$의 순열이므로 $|U| = \binom{k+n}{k}$이다.

$m = k + n$으로 두고, $\mathbf{u}, \mathbf{v} \in U$를 원형으로 배열했을 때 같은 배열이 될 경우 $\mathbf{u}, \mathbf{v}$는 서로 동치라고 하자. 이를테면,

$\mathbf{u}_1 = x_1 x_2 \cdots x_m \in U$ (단, x_k는 a 또는 b)에 대하여, $\mathbf{u}_1$과 동치인 경로는

$$\mathbf{u}_1 = x_1 x_2 \cdots x_m, \ \mathbf{u}_2 = x_2 x_3 \cdots x_m x_1, \ \cdots, \ \mathbf{u}_m = x_m x_1 x_2 \cdots x_{m-1}$$

의 m개이다. 여기서 $\mathbf{u}_2, \mathbf{u}_3, \cdots, \mathbf{u}_m$은 다음 그림과 같이 $\mathbf{u}_1$을 반복시켜 그려놓고 시점을 차례대로 옮겨가며 잡은 길이 m인 경로임을 알 수 있다.

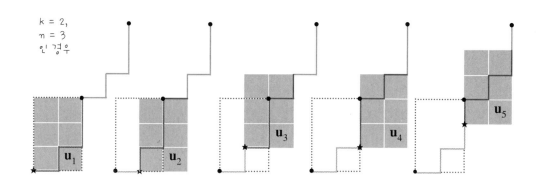

각 경로와 동치인 경로는 $k + n$개가 있고, 그 중 꼭 하나만 정리의 조건을 만족한다면, 정리가 성립한다.

이를 증명하기 위하여, $\mathbf{u}_1, \mathbf{u}_2, \cdots, \mathbf{u}_{k+n}$이 모두 다르고 이들 중 꼭 하나만 정리의 조건을 만족함을 보인다.

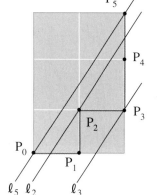

경로 $\mathbf{u}_1$에서, 시점을 제외한 각 점을 경로 상의 순서대로 $\mathrm{P}_1, \mathrm{P}_2, \cdots, \mathrm{P}_{k+n}$이라 하고, 이들 점을 지나면서 기울기가 n/k인 직선을 각각 $\ell_1, \ell_2, \cdots, \ell_{k+n}$라 하자.

이들 직선 중 어느 두 개, 이를테면 $\ell_i, \ell_j, (i \neq j)$가 서로 같다면

$$\frac{(\mathrm{P}_i, \mathrm{P}_j\text{의 상하 거리})}{(\mathrm{P}_i, \mathrm{P}_j\text{의 좌우 거리})} = \frac{n}{k}$$

이 된다.

$$(\mathrm{P}_i, \mathrm{P}_j\text{의 상하 거리}) < n, \quad (\mathrm{P}_i, \mathrm{P}_j\text{의 좌우 거리}) < k$$

이므로, 이것은 k와 n이 서로소라는 사실에 위배되고, 따라서 이들 $k + n$개의 직선은 모두 서로 다르다.

$\mathbf{u}_1, \mathbf{u}_2, \mathbf{u}_3, \cdots, \mathbf{u}_{k+n}$을 각각 포함하는 각 $k \times n$ 박스의 대각선은 차례대로 직선 $\ell_{k+n}, \ell_1, \ell_2, \cdots, \ell_{k+n-1}$ 상에 있으며, $\ell_{k+n}, \ell_1, \ell_2, \cdots,$ ℓ_{k+n-1} 중 그 박스의 대각선 아래에 있는 직선의 개수는 박스마다 다르다. 그러므로 $\mathbf{u}_1, \mathbf{u}_2, \mathbf{u}_3, \cdots, \mathbf{u}_{k+n}$는 서로 다르며, 이들 중 가장 아랫쪽의 직선이 통과하는 점을 시점으로 하는 경로만 정리의 조건을 만족한다.

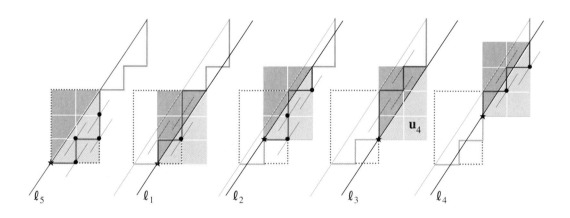

이와 같이 U의 각 경로와 동치인 경로는 $k + n$개씩 있고, 그 중 정리의 조건을 만족하는 것은 꼭 하나 뿐이므로, 조건을 만족하는 경로의 개수는

$$\frac{1}{k+n} \binom{k+n}{k}$$

이다. ■

> ### 정리 3.3.9 카탈란 수의 조합적 의미
>
> n이 자연수일 때, 좌표평면의 원점에서 출발하여, 직선 $y = x$의 아래쪽을 지나지 않으면서, 오른쪽 또는 위로 1씩 이동하여 점 (n, n)에 이르는 방법 수는
>
> $$C_n = \frac{1}{n+1} \binom{2n}{n}$$
>
> 이다.

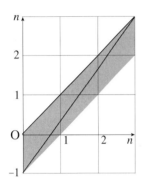

증명 구하는 수를 f_n이라 하면, f_n은 점 $(0, -1)$에서 출발하여 두 점 $(0, -1)$과 (n, n)을 잇는 직선의 아래쪽을 지나지 않으면서 점 (n, n)에 이르는 방법 수 g_n과 같다.

$n + 1$과 n은 서로소이므로, 보조정리 3.3.8에 의하여

$$g_n = \frac{1}{2n+1} \binom{2n+1}{n} = \frac{1}{2n+1} \frac{(2n+1)!}{(n+1)!\, n!} = \frac{1}{n+1} \binom{2n}{n}$$

이다. 그러므로

$$f_n = \frac{1}{n+1} \binom{2n}{n} = C_n. \;\blacksquare$$

다음 수는 모두 C_n과 같다.

❶ n개의 $\diagup$ 와 n개의 $\diagdown$ 로써 산을 그릴 수 있는 방법 수

❷ n개의 마디를 가지는 평면에 그려진 나무의 개수

❸ n개의 수 $2, 3, \cdots, n, n+1$을
$$2^{3^{4^5}}, \;(2^3)^{4^5}, \;2^{(3^4)^5}$$
와 같이 이 순서대로 사용하여 만들 수 있는 거듭제곱의 가지 수

❹ n개의 수 $2, 3, \cdots, n, n+1$을
$$(2 \times (3 \times 4)) \times 5, \;\; 2 \times ((3 \times 4) \times 5)$$
와 같이 이 순서대로 두고 곱하는 방법 수

❺ 원주 위에 있는 $2n$개 점을 2개씩 잡아 선분으로 잇는데, 어느 두 선분도 만나지 않도록 이을 수 있는 방법 수

❻ $n + 2$ 각형을 그 꼭지점 중 세 점을 꼭지점으로 하는 삼각형으로 가르는 방법 수 (꼭지점을 잇는 선분끼리 만나지 않음)

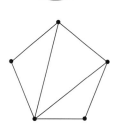

$n = 3$인 경우로써 위의 수가 모두 같음을 설명한다.

$n = 3$일 때, 직선 $y = x$의 아랫쪽을 지나지 않고, 원점에서, 점 (n, n)까지 가는 경로는 다음의 $\frac{1}{3+1}\binom{2 \times 3}{3} = 5$가지이고, 이들을 각각 시계 방향으로 45도 회전시키면 3개의 / 와 3개의 \ 로 그려진 산(山)을 얻는다.

그러므로 (❶의 수) $= C_n$이다.

산 아래의 그림에서 (❶의 수) = (❷의 수)임을 알 수 있다.

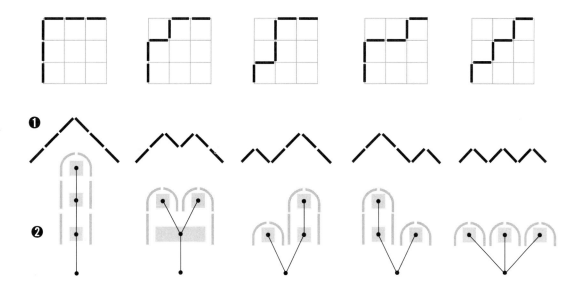

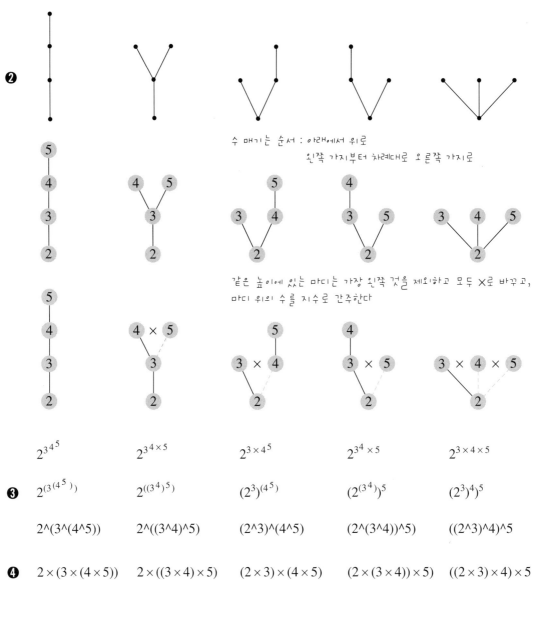

❷

수 매기는 순서 : 아래에서 위로
왼쪽 가지부터 차례대로 오른쪽 가지로

같은 높이에 있는 마디는 가장 왼쪽 것을 제외하고 모두 ×로 바꾸고,
마디 위의 수를 지수로 간주한다

$2^{3^{4^5}}$ $2^{3^{4 \times 5}}$ $2^{3 \times 4^5}$ $2^{3^4 \times 5}$ $2^{3 \times 4 \times 5}$

❸ $2^{(3^{(4^5)})}$ $2^{((3^4)^5)}$ $(2^3)^{(4^5)}$ $(2^{(3^4)})^5$ $((2^3)^4)^5$

   2^(3^(4^5))   2^((3^4)^5)   (2^3)^(4^5)   (2^(3^4))^5   ((2^3)^4)^5

❹ $2 \times (3 \times (4 \times 5))$ $2 \times ((3 \times 4) \times 5)$ $(2 \times 3) \times (4 \times 5)$ $(2 \times (3 \times 4)) \times 5)$ $((2 \times 3) \times 4) \times 5$

이상에서 (❷의 수) = (❸의 수) = (❹의 수)이다.

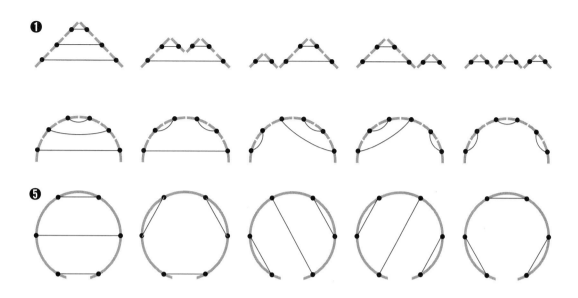

따라서 (❶의 수) = (❺의 수) 이다.

다음 두 개의 그림으로부터 (❻의 수) = (❹의 수)임을 알 수 있다.

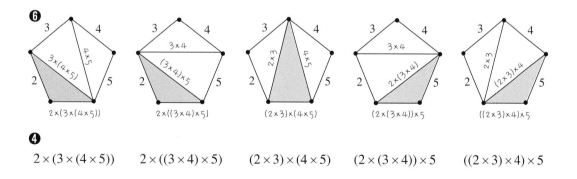

예제 **3.3.2.** n개의 1과 n개의 -1로 이루어진 길이 $2n$인 수열 $(x_1, x_2, \cdots, x_{2n})$ 중 조건

$$x_1 + x_2 + \cdots + x_k \geq 0, \ (k = 1, 2, \cdots, 2n)$$

을 만족하는 것의 개수를 구하라.

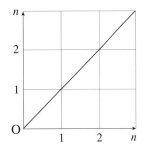

풀이 좌표평면의 원점에서 출발하여, 오른쪽 또는 위로 1씩 이동하여 점 (n, n)까지 가는데, 위로 1칸 가는 것을 1, 오른쪽으로 1칸 가는 것을 -1로 나타내면, 직선 $y = x$의 아래쪽을 지나지 않으면서, (n, n)까지 가는 경로 전체의 집합과 문제의 수열 전체의 집합은 일대일 대응관계에 있다. 따라서 구하는 수는

$$C_n = \frac{1}{n+1} \binom{2n}{n}$$

이다. ∎

연습문제

1. 7사람을 4개의 그룹으로 가르는 방법 수를 구하라.

2. 수의 집합 X의 원소의 합을 $\sigma(X)$로 나타내기로 하자.
집합 $\{1, 2, \cdots, 2001\}$을 조건
$$\sigma(X_{k+1}) = \sigma(X_k) + 6, \ (k = 1, 2, 3, 4, 5)$$
를 만족하는 6개의 부분집합 $X_1, X_2, \cdots, X_6$으로 분할하는 것이 가능한가?

3. n개의 서로 다른 소수의 곱으로 표현되는 자연수를 $k(\leq n)$개의 인수의 곱으로 나타내는 방법 수를 구하라.

4. 사과, 배, 귤, 감이 각각 5개씩 있다. 이 20개의 과일을 4개의 서로 다른 박스에, 각 박스에 적어도 1개 이상 들어 가도록, 넣는 방법 수를 구하라. 단, 같은 종류의 과일은 구별하지 않는다.

5. 집합 $\{1, 2, \cdots, 1989\}$는 다음 두 조건
(i) $|A_1| = |A_2| = \cdots = |A_{117}| = 17$
(ii) $\sigma(A_1) = \sigma(A_2) = \cdots = \sigma(A_{117})$
을 만족하는 서로소인 부분집합 $A_i(i = 1, 2, \cdots, 117)$들의 합집합으로 나타낼 수 있음을 증명하라. (제 30회 국제수학올림피아드, 1989)

6. n과 k는 서로소인 자연수이고, 집합 $M = \{1, 2, \cdots, n-1\}$의 각 원소는 적색 또는 백색으로 채색되어 있다고 하자. 다음 두 조건
(i) 각 $i \in M$에 대하여 i와 $n-i$는 같은 색이다.
(ii) 모든 $i \in M, i \neq k$에 대하여, i와 $|i-k|$가 모두 같은 색이다.
가 성립한다고 할 때, M의 원소는 모두 같은 색임을 증명하라.
(제 26회 국제수학올림피아드, 1985)

7. 자연수 n, k에 대하여 $k \geq 2$일 때, n^k은 n개의 연속된 홀수의 합으로 표현할 수 있음을 증명하라.

8. 자연수 n을 1과 2의 합으로 나타내는 방법(더하는 순서를 바꾸는 것은 다른 방법으로 간주) 수를 $A(n)$이라 하고, 2 이상의 자연수의 합으로 나타내는 방법(더하는 순서를 바꾸는 것은 다른 방법으로 간주) 수를 $B(n)$이라 할 때, $A(n) = B(n+2)$임을 증명하라.

$$4 = 1+1+1+1$$
$$= 1+1+2$$
$$= 1+2+1$$
$$= 2+1+1$$
$$= 2+2$$

이므로 $A(4) = 5$.

9. 모든 자연수 n에 대하여, n을 서로 다른 자연수들의 합으로 나타내는 방법 수와 홀수인 자연수들의 합으로 나타내는 방법 수가 같음을 증명하라. (단, 순서만 바꾸어 합하는 것은 같은 방법으로 간주)

$$6 = 4+2 = 2+4$$
$$= 3+3 = 2+2+2$$

이므로 $B(6) = 5$

10. 자연수 n의 임의의 분할 π에 대해

$\quad A(\pi) = (\pi$에 나타나 있는 1의 개수),

$\quad B(\pi) = (\pi$에 나타나 있는 서로 다른 정수의 개수)

라고 할 때, 고정된 n에 대하여, $\sum_{\pi} A(\pi) = \sum_{\pi} B(\pi)$가 성립함을 증명하라. (제 9회 미국 수학올림피아드, 1980)

$n = 13$의 분할

$\quad 13 = 1+1+2+2+2+5$

를 π라 하면,

$A(\pi) = 2$, $B(\pi) = 3$

11. 제 1 스털링 행렬의 제 n행의 합을 구하라.

12. 입장료 5000원인 영화관 입장권을 사려는 $2n$명의 사람이 있다. 이 중 n명이 5000원을 가지고 있고 나머지 n명은 10,000원권 만을 가지고 있다. 거스름돈이 없는 매표소에서 누구에게나 거스름돈을 줄 수 있도록 줄을 세우는 방법 수를 구하라.

13. 아래 그림과 같이 동전을 쌓아 올리는데 맨 밑에 있는 동전을 제외하고는 2개의 동전 위에 한 개의 동전을 놓는다. 이와 같은 방법으로 n개의 동전을 쌓아 올리는 방법 수를 구하라.

14. 좌표평면에서 한 동점이 오른쪽 또는 위로 1씩 갈 수 있다고 할 때, 이 동점이 $(0, 0)$에서 출발하여 $(1, 1), (2, 2), \cdots, (n, n)$의 어느 점도 거치지 않고 점 $(n+1, n+1)$에 이르는 최단 경로의 개수를 구하라. (제 12회 한국수학올림피아드, 1998)

15. n, m, k는 자연수이고 $m \geq n$이라 한다. $1 + 2 + 3 + \cdots + n = mk$ 일 때, 수 $1, 2, \cdots, n$을 k개의 그룹으로 나누고 각 그룹에 속하는 수의 합이 m이 되도록 할 수 있음을 증명하라.

(제 22회 소련수학올림피아드, 1988)

16. 좌표평면 위에 있는 정수점을 3가지 색으로 채색했을 때, 같은 색깔을 가지고 거리가 1인 두 정수점이 존재함을 증명하라.

17. 좌표평면 위에 각 변의 길이가 자연수이고, 각 꼭지점이 정수점 인 볼록 오각형이 있다. 이 도형의 둘레의 길이가 짝수임을 증명 하라.

18. 좌표평면 위에 있는 $n(n \geq 5)$개의 정수점을 두 가지 색으로 채색했을 때, 어떤 직선도 이 두 가지 색깔을 서로 분리할 수 없음 을 증명하라.

19. 좌표평면 위에 있는 정수점을 두 가지 색으로 채색했을 때, 정 삼각형의 꼭지점을 이루는 같은 색깔의 세 점이 존재함을 증명하 라.

20. 23×23 체스판을 $1 \times 1, 2 \times 2$ 그리고 3×3판으로 덮기 위해 필 요한 1×1판의 최소 개수를 구하라.

21. $n \times n$ 체스판을 16개의 3×1판과 1×1판으로 덮었을 때, 체스 판에서 1×1판의 가능한 위치를 구하라.

22. 5×5 체스판에 있는 하나의 정사각형에 -1을, 나머지 24개의 정사각형에 1을 적는다. 그 다음 $a \times a(a > 1)$ 부분판에 있는 모든 정사각형의 부호를 반대로 바꾸어 체스판의 정사각형이 모두 1이 되도록 하려면 맨 처음 -1의 위치가 어디에 있어야 하는지 결정하라.

4. 그래프

이산적인 문제를 해결하기 위하여 가장 많이 사용되는 도구 중 하나가 그래프 이론이다.

그래프 이론은 오일러(Euler)가 쾨니히스베르크(Königsberg) 다리문제를 푸는 과정에서 생겨난 학문으로 처음부터 응용과 밀접한 관련을 가지고 있었다.

오일러 이후에 컬코프(Kirchhoff)에 의해 전기회로에, 케일리(Cayley)에 의해 유기화학에, 해밀턴(Hamilton)에 의해서는 퍼즐의 연구에 응용되었으며 20세기에 와서는 전기공학, 컴퓨터공학, 화학, 정치학, 생태학, 생명공학, 수송, 정보이론등 다양한 분야에의 응용이 확산되고 있는 추세이다.

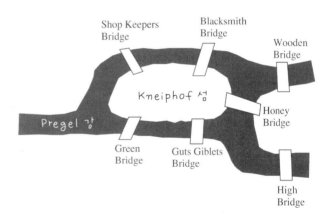

현재 남아있는 3개의 다리 중 하나

4.1 기본 개념

오른쪽 그림의 점은 가, 나, 다, 라, 마 5명의 사람을 나타내고, 점과 점을 잇는 선분은 그 선분으로 이어진 두 사람이 서로 알고 있음을 나타낸다. 이 5명이 각각 알고 있는 사람을 모두 말하라.

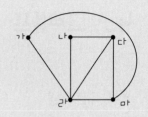

그래프의 뜻과 기본 개념

그래프(graph)
여기서 말하는 그래프는 함수의 그래프와는 다르다.

위의 그림과 같이, 몇 개의 점과 점과 점을 잇는 선으로 이루어진 도형을 그래프라고 한다.

그래프는 도형으로 정의되지만 도형으로서의 성질보다는 그래프를 이루는 점과, 점과 점 사이의 관계 유무를 나타내는 연관성을 주안점으로 한다.

이 책에서는
V의 원소는 $x, y, z, \cdots$ 로,
E의 원소는 $a, b, c, \cdots$ 로
나타내기로 한다.

그런 뜻에서 그래프 G는 형식적으로 하나의 유한집합 V와, V의 2-중복조합의 다중집합 E의 쌍

$$G = (V, E)$$

로 정의한다.

위수(order)

V의 원소를 G의 꼭지점, E의 원소를 G의 변이라 하고, G의 꼭지점의 개수와 변의 개수를 각각 v_G, e_G로 나타낸다.
특히, 꼭지점의 개수 v_G를 G의 위수라고 한다.

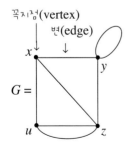

이를테면 왼쪽 그림은
$$V = \{x, y, z, u\},$$
$$E = \{\{x, y\}, \{y, z\}, \{x, z\}, \{x, u\}, \{u, z\}, \{u, z\}, \{y, y\}\}$$
로 이루어진 그래프 $G = (V, E)$이며, $v_G = 4$, $e_G = 7$이다.

이 후, 혼동의 우려가 없을 때는 v_G, e_G를 각각 간단히 v, e로 나타내기로 하고, 이제부터는 변을 $[x, y]$, $[y, z]$, $\cdots$ 와 같이 나타내기로 한다.

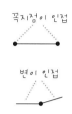

꼭지점이 인접

꼭지점 x, y가 변으로 이어져 있을 때, x, y는 서로 인접하다고 하며, 특히 x, y를 잇는 변이 a일 때, a는 x, y에 물려있다고 한다. 두 개의 서로 다른 변이 하나의 꼭지점에 물려 있을 때, 이 두 변은 서로 인접하다고 한다.

변이 인접

두 꼭지점을 잇는 2개 이상의 변이 있을 때, 이들 변을 다중 변이라 하고, 한 꼭지점과 그 자신을 잇는 변을 고리라 한다. 다중 변과 고리가 없는 그래프를 단순그래프라 한다.

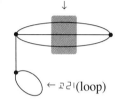

다중변(multiple edge)

← 고리(loop)

꼭지점 x에 물려 있는 변의 수를 x의 차수라 하고,
$$d(x)$$
로 나타낸다. 차수에서 고리는 두 번 헤아려진다.
이를테면, 오늘쪽 그래프에서
$$d(x) = 4, d(y) = 2, d(z) = 3, d(u) = 1, d(v) = 0$$
이다.
이 그래프에서는 꼭지점의 차수가 모두 다르다. 그러나 단순그래프에서는 차수가 같은 점이 반드시 있다.

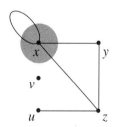

차수(degree)

정리 4.1.1 | 차수가 같은 꼭지점이 있다.

단순 그래프에서는 차수가 같은 꼭지점이 2개 이상 존재한다.

증명 ▪▪ 단순그래프 G의 위수가 n이라고 하자.
$n \le 2$일 때는 명백히 정리가 성립한다.
차수가 0인 꼭지점이 있을 때는 n에 관한 귀납법에 의하여 정리가 성립한다.
차수가 0인 꼭지점이 없다고 하고, 꼭지점을 $x_1, x_2, \cdots, x_n$이라 하면, x_i는 $n-1$개의 꼭지점 $x_1, x_2, \cdots, x_{i-1}, x_{i+1}, \cdots, x_n$ 중 1개 이

상과 인접하므로 $1 \le d(x_i) \le n-1, (i=1,2,\cdots,n)$이다. 그러므로

$$\{d(x_1), d(x_2), \cdots, d(x_n)\} \subset \{1, 2, \cdots, n-1\}$$

이고, 비둘기집의 원리에 의하여 $d(x_i) = d(x_j)$인 서로 다른 i, j가 존재한다. ■

차수의 합과 변의 수 사이에는 다음과 같은 관계식이 성립한다.

정리 4.1.2   꼭지점의 차수의 합과 변의 수 사이의 관계

그래프에서 꼭지점의 차수의 합은 변의 수의 2배이다.

증명:: 꼭지점에 물려 있는 변의 가장자리 「 •— 」를 성냥개비라 하고 G에 있는 성냥개비의 개수 m을 구하여 보자.

각 변마다 2개의 성냥개비가 있으므로

$$m = 2e.$$

꼭지점 x에 $d(x)$개의 성냥개비가 있으므로

$$m = \sum_{x \in V} d(x).$$

따라서 등식

$$\sum_{x \in V} d(x) = 2e$$

를 얻는다. ■

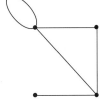

홀수점(odd vertex)
짝수점(even vertex)

차수가 홀수인 꼭지점을 홀수점, 짝수인 꼭지점을 짝수점이라고 한다.

따름정리   홀수점의 개수는 짝수

그래프에서 홀수점의 개수는 짝수이다.

증명:: 그래프 G의 홀수점을 $x_1, \cdots, x_p$, 짝수점을 $x_{p+1}, \cdots, x_{p+q}$ 라 하면,

$$2e = d(x_1) + \cdots + d(x_p) + \boxed{d(x_{p+1}) + \cdots + d(x_{p+q})} .$$

↑   ↑   ↑   ↑

짝수 홀수   홀수   짝수

여기서 $d(x_1) + \cdots + d(x_p)$는 짝수이어야 하므로, 홀수점의 개수 p 는 짝수이다. ■

예제 4.1.1. 어떤 모임에서 홀수 번 악수한 사람의 수는 짝수임을 증명하라.

증명 모임에 참석한 각 사람을 꼭지점으로, 악수를 변으로 대응시켜 생각하면 홀수 번 악수한 사람은 홀수점이므로 그 개수는 짝수이다. ■

예제 4.1.2. 7개 팀이 출전하는 어떤 축구 시합에서 모든 팀이 홀수 번 시합할 수 있게 대진표를 짤 수 있겠는가?

풀이 각 팀을 꼭지점으로, 시합을 변으로 생각하면 대진표는 그래프가 된다. 홀수점의 수가 짝수 개이어야 하므로 7개 팀이 모두 홀수 번 시합하는 것은 불가능하다. ■

차수열

그래프 $G = (V, E)$에서 $V = \{x_1, x_2, \cdots, x_n \}$일 때,
$$(d(x_1), d(x_2), \cdots, d(x_n))$$
을 G의 차수열이라고 한다. 이를테면 오른쪽 그래프의 차수열은 $(4, 2, 3, 1, 0)$이다. $d(x_1), d(x_2), \cdots, d(x_n)$ 중 최소값, 최대값을 각각 δ_G, Δ_G로 나타낸다.

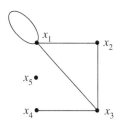

차수열(degree sequence)
동형(isomorphic)

위수가 같고 꼭지점 사이의 인접성이 같은 두 그래프는 서로 동형이라고 한다.

이를테면 다음 그래프

G_1에서는 모든 쌍의 꼭지점끼리 인접하지만 G_3에서는 그렇지 않다.

$G_1 =$ 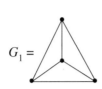 $G_2 =$ 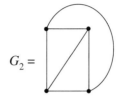 $G_3 =$

동형의 형식적 정의
두 그래프
$G = (V, E), G' = (V', E')$
에 대하여 조건
$[x, y] \in E \Leftrightarrow [f(x), f(y)] \in E'$
을 만족하는 전단사함수
$f : V \to V'$
가 존재할 때, G, G'은 동형이라고 한다.

중 G_1, G_2는 동형이지만 G_1, G_3은 꼭지점 사이의 인접성이 같지 않으므로 동형이 아니다.

두 그래프가 서로 동형이라는 것은 그 두 그래프가 그래프로서 서로 같다는 뜻이다.

동형인 두 그래프의 차수열은 성분 재배열을 허용했을 때 같은 수열이 될 수 있다. 그러나 다음 예에서 알 수 있듯이, 그 역은 일반적으로 성립하지 않는다.

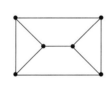   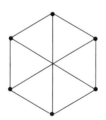

그래프적(graphic)

차수열이 $\mathbf{d} = (d_1, \cdots, d_n)$, $d_1 \geq d_2 \geq \cdots \geq d_n$인 단순그래프가 존재할 때, 수열 $\mathbf{d}$를 그래프적이라고 한다.

이를테면 $(3, 3, 2, 2)$는 그래프적이지만 $(3, 2, 2, 2)$는 그래프적이 아니다.

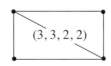

$(3, 3, 2, 2)$

$(3, 2, 2, 2)$

홀수점이 1개

예제 **4.1.3.** 탄소(C) 1개, 수소(H) 3개로 이루어진 분자가 있겠는가?

풀이 탄소, 수소에 붙을 수 있는 변의 개수는 각각 4, 1이므로 탄소 1개, 수소 3개의 근방의 모양이 각각

$$\underset{C}{\vee} \quad \underset{H}{\downarrow} \quad \underset{H}{\downarrow} \quad \underset{H}{\downarrow}$$

와 같다. 따라서, 이 분자의 모양은 차수열이 $(4, 1, 1, 1)$인 단순 그래프이다. 홀수점이 짝수개이어야 하므로 그러한 그래프는 존재하지 않는다. ■

음이 아닌 정수로 된 유한 수열이 그래프적인지 아닌지를 판정하는 방법은 여러 가지 있으나 그 중 간단하고 유용한 것 중의 하나를 다음 정리에서 소개한다.

이제부터 그래프 $G = (V, E)$에 대하여, $W \subset V$라 할 때, W의 꼭지점과, W의 꼭지점에 물려 있는 모든 변을 지운 그래프를 $G - W$로 나타내고, $F \subset E$에 대하여, F의 변을 지운 그래프를 $G - F$로 나타낸다.
또, G의 꼭지점 x에 대하여, x와 인접한 꼭지점 전체의 집합을, $N_G(x)$로, $N_G(x) \cup \{x\}$를 $U_G(x)$로 나타낸다.

$W = \{x\}, F = \{a\}$일 때는 $G - \{x\}, G - \{a\}$를 각각 간단히
$$G - x, \quad G - a$$
와 같이 나타낸다.

$$G =$$

$G - x \qquad\qquad G - a$

정리 4.1.3 그래프적인 수열의 판정법

$k = d_1 \geq d_2 \geq \cdots \geq d_n$인 음이 아닌 정수 $d_1, d_2, \cdots, d_n$에 대하여,
$$\mathbf{d} = (d_1, d_2, \cdots, d_n)$$
가 그래프적일 필요충분조건은
$$\mathbf{d'} = (d_2 - 1, d_3 - 1, \cdots, d_{k+1} - 1, d_{k+2}, \cdots, d_n)$$
이 그래프적일 것이다.

증명 :: (⇐) $\mathbf{d}'$ 이 그래프적이라고 하면, $V' = \{x_2, x_3, \cdots, x_n\}$으로 둘 때, $(d(x_2), d(x_3), \cdots, d(x_n)) = \mathbf{d}'$ 인 단순그래프 $G' = (V', E')$이 존재한다.

G'에 새로운 꼭지점 x_1을 추가하고, x_1과 $x_2, x_3, \cdots, x_{k+1}$을 각각 변으로 이으면 차수열이 $\mathbf{d}$인 단순그래프를 얻는다.

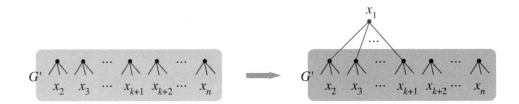

(⇒) $G = (V, E)$를 차수열이 $\mathbf{d}$인 단순그래프라 하고, $V = X \cup Y$, $X = \{x_2, \cdots, x_{k+1}\}$, $Y = \{x_{k+2}, \cdots, x_n\}$, $d_i = d(x_i), (i = 1, 2, \cdots, n)$라 하자.

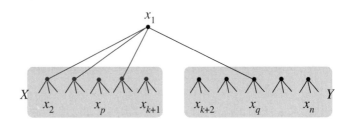

그래프 G는 차수열이 $\mathbf{d}$인 단순그래프 중 $|N_G(x_1) \cap X|$의 값이 최대인 것으로 잡았다고 하자.

이 때, $N_G(x_1) = X$임을 보인다.

$N_G(x_1) \neq X$라고 하면, x_1과 인접한 Y의 점 $x_q, (q \geq k + 2)$가 존재하고, 따라서 x_1과 인접하지 아니한 X의 점 $x_p, (p \leq k + 1)$가 존재한다.

$x_1 \in N_G(x_q) - N_G(x_p)$이므로 $N_G(x_p) \neq N_G(x_q)$이다. 만일 $N_G(x_p) \subset N_G(x_q)$이라면 $d_p < d_q$이고 이것은 $d_1 \geq d_2 \geq \cdots \geq d_n$이라는 가정에 위배된다. 그러므로 x_p와 인접하면서 x_q와는 인접하지 않는 꼭지점 x_r이 존재한다.

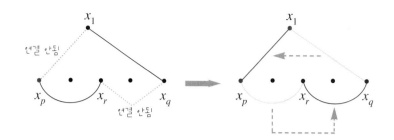

G에서 변 $[x_1, x_q]$, $[x_p, x_r]$를 지우고 변 $[x_1, x_p]$, $[x_r, x_q]$를 추가하여 얻은 그래프를 H라 하면 H의 차수열은 $\mathbf{d}$이고, $N_H(x_1) = N_G(x_1)$ $\cup \{x_p\} - \{x_q\}$이므로 $|N_H(x_1) \cap X| = |N_G(x_1) \cap X| + 1$이 되어 G의 선택에 위배된다. 따라서 $N_G(x_1) = X$가 성립한다.

x_1이 k개의 꼭지점 $x_2, \cdots, x_{k+1}$과 인접하므로, $G - x_1$의 차수열이 $\mathbf{d}'$이고, 따라서 $\mathbf{d}'$은 그래프적이다. ■

예제 **4.1.4.** 차수열이 다음과 같은 단순그래프가 존재하는가?
(1) $(6, 5, 5, 4, 3, 2, 2)$　　　　(2) $(6, 5, 5, 3, 3, 3, 3)$

풀이 (1) 홀수점의 수가 홀수개이므로 이 수열을 차수열로 하는 그래프는 존재하지 않는다.

(2)
6	5	5	3	3	3	3
6	4	4	2	2	2	2
4	3	1	1	1	2
	1	0	0	1

첫째 수 6을 없애고 남는 수 중 제일 큰 수 6개에서 1을 뺀다.
첫째 수 4를 없애고 남는 수 중 제일 큰 수 4개에서 1을 뺀다.
첫째 수 3을 없애고 남는 수 중 제일 큰 수 3개에서 1을 뺀다.

$(1, 0, 0, 1)$은 그래프 「●—● ● ●」의 차수열이다. 그러므로 원래의 수열은 그래프적이다. ■

차수열이 $(6, 5, 5, 3, 3, 3, 3)$인 그래프는 실제로 「●—● ● ●」에서 시작, 예제 4.1.4. (2)의 풀이과정을 역으로 관찰하여 점과 변을 추가해 나감으로써 구할 수 있다.

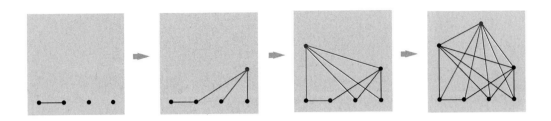

유향그래프

유향(有向)그래프(directed graph)

유향변(有向邊)(arc)

그래프의 각 변 「x●——●y」에 「x●→ ●y」 또는 「x●← ●y」와 같이 방향을 준 것을 유향그래프라 하고, 방향을 가진 변을 유향변이라고 한다.

유향그래프는 의사전달 체계, 고객 이동 추이, 여러 팀이 출전하는 게임의 승부 기록, 일방통행로가 있는 교통망 등 다양한 장면에 직접 응용된다.

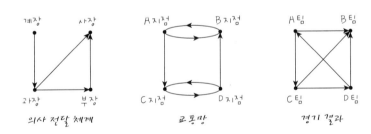

입차수(入次數 indegree)
출차수(出次數 outdegree)

유향그래프에서 꼭지점 x로 들어오는 유향변 「x●← 」의 개수와 x에서 나가는 유향변 「x●→ 」의 개수를 각각 x의 입차수, 출차수라 하고, $id(x)$, $od(x)$로 나타낸다. 이를테면 오른쪽 그림의 유향그래프에서 $id(x) = 1$, $od(x) = 2$이다.

두 유향변이 「 →●→ 」의 꼴로 이어져 있을 때, 이 두 변은 순접한다고 한다.

부분그래프

그래프 또는 유향그래프 G의 꼭지점과 변의 일부 또는 전부로 이루어진 그래프 G'을 G의 부분그래프라 하고, G의 부분그래프 중 G의 모든 꼭지점을 포함하는 것을 G의 생성부분그래프라고 한다. G의 꼭지점 중 일부 또는 전부의 집합 W에 대하여 W와, W의 점을 잇는 모든 변을 가지고 있는 그래프를 W에 의하여 생성되는 유도부분그래프라고 한다.

부분그래프(subgraph)
생성부분그래프(spanning subgraph)
유도부분그래프(induced subgraph)

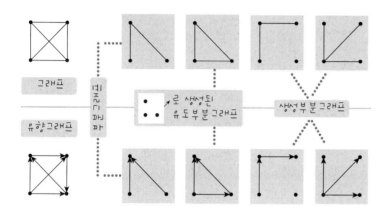

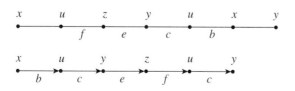

경로와 회로

그래프(유향그래프)에서, 인접(순접)하는 변(유향변)의 열을 경로라 하고, 경로를 이루는 변의 개수를 경로의 길이라고 한다. 이를테면 다음은 각각 오른쪽 그래프와 유향그래프에서 길이 6, 5인 경로이다.

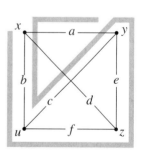

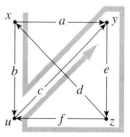

경로(經路 path)
폐로(閉路 closed path)
회로(回路)
바퀴(經路)

이들 경로는 각각 꼭지점 x, y를 잇는 경로, x에서 y로 가는 경로이다. 이와 같은 경로를 (x, y)-경로라고 한다.

양 끝점이 같은 경로를 폐로라 하고, 모든 변이 다른 폐로를 회로라 하며, 양 끝점을 제외하고는 모든 꼭지점이 다른 회로를 바퀴라고 한다.

마지막으로, 양 끝점을 포함한 모든 꼭지점이 다른 경로를 직선경로라고 한다.

단말점(端末点, pendant)

그래프에서 차수가 1인 점을 단말점이라고 한다.

바퀴

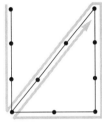

경로

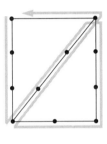

폐로

회로

직선경로

정리 4.1.4   단말점과 회로

단말점이 없는 그래프는 회로를 가진다.

증명 G가 다중변 또는 고리를 가질 경우에는 그 다중변 또는 고리가 곧 회로이다. G가 단순그래프라고 하자. 다음과 같이 꼭지점의 열 $x_1, x_2, x_3, \cdots$ 을 잡는다.

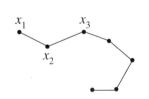

① x_1을 임의로 잡고, x_1과 인접한 점 x_2를 잡는다.

② x_i가 잡혔을 때, x_i와 인접한 점 x_{i+1} $(\neq x_{i-1})$을 잡는다.

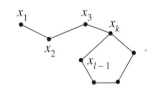

(x_i가 단말점이 아니므로 x_{i-1} 이외에도 x_i와 인접한 점이 있다.)

G의 꼭지점이 유한 개이므로 어떤 k, l, $(k < l)$이 있어서 $x_k = x_l$ 이 성립한다. 이제, x_k에서 출발하여 차례로 x_k, x_{k+1}, $\cdots$, x_l을 거쳐 가는 경로는 G의 회로가 된다. ∎

연습문제

1. 임의의 그래프 G에 대하여 다음을 증명하라.

(1) $\delta_G \leq 2e / v \leq \Delta_G$

(2) v가 홀수라면 모든 꼭지점의 차수가 3인 것은 아니다.

(3) 각 꼭지점의 차수가 k 또는 $k+1$일 때, 차수가 k인 꼭지점의 개수는 $(k+1)v - 2e$이다.

2. 단순그래프 G에 대하여 다음이 존재함을 증명하라.

(1) δ_G 이하의 임의의 자연수 k에 대하여, 길이가 k 이상인 직선경로

(2) $\delta_G \geq 2$일 때, $2 \leq k \leq \delta_G$인 임의의 자연수 k에 대하여, 길이가 $k+1$ 이상인 회로

3. 다음 값을 구하라.

(1) $e_G = 25$, $\delta_G \geq 4$인 그래프 G가 가질 수 있는 v_G의 최대값

(2) $e_G = 50$인 단순그래프 G가 가질 수 있는 v_G의 최소값

4. 10명이 모인 어떤 모임에서 26번의 악수가 행해졌다고 할 때, 6번 이상 악수한 사람이 있음을 증명하라.

5. 9명의 학생들이 여름방학 동안 각자가 3명씩에게 편지를 보내기로 약속을 했다. 다음 물음에 답하라.

(1) 각 학생이 3번 편지를 주고 받는 것이 가능한가?

(2) 각 학생이 3번 편지를 주고 편지를 준 3명의 학생으로부터 편지를 받는 것이 가능한가?

6. 1985명이 참가한 어느 국제 학술회의에서 임의의 3명 중에는 같은 언어로 말하는 사람이 적어도 2명 있다. 각 사람이 기껏해야 5개의 언어를 말할 수 있다고 할 때, 적어도 200명은 같은 언어를 사용한다는 것을 증명하라.

7. 9명 중 3명의 친구의 수는 4명이고, 1명의 친구의 수는 6명이다. 이 9명 중에는 서로 잘 아는 3명이 있음을 증명하라.

8. 10명의 사람들 가운데는 서로 아는 사람이 4명 있거나 서로 모르는 사람이 3명 있음을 증명하라.

9. 다음 두 수열은 그래프적이 아님을 증명하라.
(1) $(7, 5, 5, 5, 3, 2, 1)$ (2) $(6, 6, 5, 4, 2, 2, 1)$

10. 차수열이 $(1, 1, 1, 2, 2, 3)$인 동형이 아닌 3개의 그래프를 찾아라.

11. 오른쪽 그림의 그래프 중 위의 두 그래프는 동형이고, 아래의 두 그래프는 동형이 아님을 증명하라.

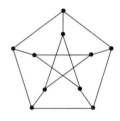

12. n명의 사람이 서로 장기를 두는데 각각의 두 명 사이에는 1국씩 두었다. 어느 날 모두 $n + 1$국을 두었다. 이 때, 적어도 한 명은 3국 이상 장기를 둔 것을 증명하라.

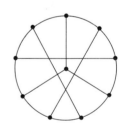

13. 한 무리의 사람들 중에서 각 사람이 모르는 사람은 많아야 3명이다. 이 때, 그들을 두 조로 나누고, 각 조 중에서 각 사람이 모르는 사람이 많아야 한 명이 될 수 있음을 증명하라.

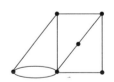

14. 수학경시대회에 참가한 사람 중 어떤 선수는 서로 알고, 서로 모르는 임의의 두 명의 선수는 두 명만의 공통인 친구를 갖고 있다고 한다. 선수 A와 B는 서로 잘 알고 있지만, 그 들 두 명에게는 공통된 친구는 없다고 할 때, 그 두 명의 친구의 수는 같음을 증명하라.

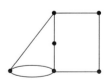

4.2 여러 가지 그래프

위수 4인 다음 그래프에서 첫 번째 그래프와 나머지 그래프와의 차이점은 무엇인가?

완전그래프

어떠한 두 꼭지점도 인접한 단순그래프를 완전그래프라 하고, 위수 n인 완전그래프는 K_n으로 나타낸다.

K_n의 변의 개수는 $\binom{n}{2} = n(n-1)/2$이다.

완전(完全)그래프
(complete graph)

  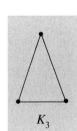 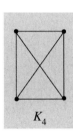 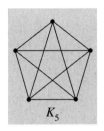

K_1 K_2 K_3 K_4 K_5

모든 꼭지점의 차수가 같은 그래프를 정칙그래프라 하고, 특히 꼭지점의 차수가 r인 정칙그래프를 r-정칙그래프라고 한다.

이를테면 K_n은 $(n-1)$-정칙그래프이고, 임의의 바퀴는 2-정칙그래프이다.

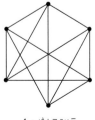

4-정칙 그래프

연결그래프

통신망 또는 도로망에서, 어떤 지점으로부터 다른 지점까지 통신 또는 수송이 가능하려면 그 두 지점 사이에 경로가 있어야 한다. 이와 같은 연결성을 그래프이론에서는 다음과 같이 정의한다.

연결(連結)그래프
(connected graph)
연결성분(連結性分
connected component)

그래프 G의 임의의 두 꼭지점 x, y에 대하여 (x, y)-경로가 있을 때, G를 연결그래프라 하고, 최대의 연결부분그래프를 연결성분이라고 한다.

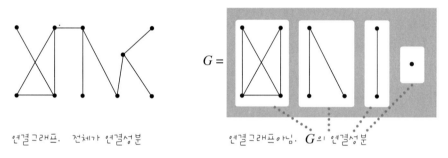

연결그래프. 전체가 연결성분   연결그래프아님. G의 연결성분

유향그래프 D의 임의의 두 꼭지점 x, y에 대하여 (x, y)-경로가 있을 때, D를 강연결그래프라고 한다.

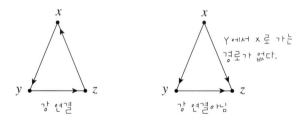

강 연결   강 연결아님

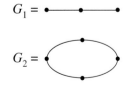

왼쪽 그림의 그래프는 모두 연결그래프이다. G_1은 1개의 꼭지점을 지움으로써 연결성이 없어지지만 G_2는 2개의 꼭지점을 지워야 연결성이 없어진다. 이와 같이 연결그래프에 있어서 연결의 '정도'를 생각할 수 있다.

그래프 G에서, 몇 개의 꼭지점을 지우면 연결성이 깨어지거나 한 점만을 가진 그래프가 되는 경우, 그러한 꼭지점의 최소 개수를 G의 점 연결도라 하고, $\kappa(G)$로 나타낸다. 이를테면 오른쪽 그래프의 점 연결도는 2, 즉 $\kappa(G) = 2$이다.

점 연결도의 정의로부터 다음 사실을 쉽게 알 수 있다.

❶ G가 연결그래프가 아니면 $\kappa(G) = 0$.
❷ G가 완전그래프이면 $\kappa(G) = n - 1$.
❸ G가 완전그래프가 아니라면 $\kappa(G) \leq n - 2$.

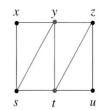

점 연결도(占漣結度 vertex connectivity)

어떠한 한 꼭지점을 지우더라도 연결그래프이므로
$\kappa(G) > 1$
$G - \{y, t\}$는 연결그래프가 아니므로 $\kappa(G) \leq 2$.
∴ $\kappa(G) = 2$.

정리 | 4.2.1 $\kappa(G) \leq \delta_G$

G가 단순 연결그래프일 때,
$$\kappa(G) \leq \delta_G .$$

증명 G의 임의의 꼭지점 x에 대하여 $G - N(x)$는 연결그래프가 아니거나 한 점으로 이루어진 그래프이다. 따라서 $\kappa(G) \leq |N(x)|$. G가 단순그래프이므로 $|N(x)| = d(x)$이다. 그러므로
$$\kappa(G) \leq \min\{d(x) \mid x \in V\} = \delta_G . \ \blacksquare$$

$2e = (차수의 합) \geq v\delta_G$에서 $\delta_G \leq \dfrac{2e}{v}$ 이므로, 다음을 얻는다.

따름정리 κ, v, e 사이의 관계

G가 단순 연결그래프일 때,
$$\kappa(G) \leq \frac{2e}{v} .$$

변 연결도(邊連結度 edge connectivity)

어떠한 한 변을 지우더라도
연결그래프이므로
$\kappa'(G) > 1$
$G - \{a, b\}$는 연결그래프가
아니므로 $\kappa'(G) \leq 2.$
$\therefore \kappa'(G) = 2.$

그래프 G에서, 몇 개의 변을 지우면 연결성이 깨어지거나 한 점만을 가진 그래프가 되는 경우, 그러한 변의 최소 개수를 G의 변 연결도라 하고 $\kappa'(G)$로 나타낸다. 이를테면 왼쪽 그래프의 변 연결도는 2, 즉 $\kappa'(G) = 2$이다.

변 연결도의 정의로부터 다음 사실을 쉽게 알 수 있다.

❶ G가 연결그래프가 아니면 $\kappa'(G) = 0$.
❷ G가 완전그래프이면 $\kappa'(G) = n - 1$.
❸ G가 완전그래프가 아니라면 $\kappa'(G) \leq n - 2$.

다음은 $\kappa, \kappa', \delta_G$ 사이의 관계를 나타내는 정리이다.

정리 4.2.2 $\kappa \leq \kappa' \leq \delta_G$

G가 단순 연결그래프일 때,
$$\kappa(G) \leq \kappa'(G) \leq \delta_G.$$

증명 한 꼭지점에 물려있는 모든 변을 지우면 G는 연결성이 깨어지거나 한 점으로 이루어진 그래프로 바뀌므로
$$\kappa'(G) \leq \delta_G.$$
$\kappa(G) \leq \kappa'(G)$의 증명은 다음의 두 가지 경우로 나누어 한다.

● $\kappa'(G) = 0$인 경우
이 때는 G가 연결그래프가 아니므로 $\kappa(G) = 0$. 따라서
$$\kappa(G) = \kappa'(G).$$

● $\kappa'(G) \geq 1$인 경우
지우면 연결성이 깨어지는 $\kappa' = \kappa'(G)$개의 G의 변을 $a_1, a_2, \cdots, a_{\kappa'}$이라 하고, $a_i = [x_i, y_i], (i = 1, 2, \cdots, \kappa')$라 하면, $G - \{x_1, x_2, \cdots, x_{\kappa'}\}$은 변 $a_1, a_2, \cdots, a_{\kappa'}$을 가지고 있지 않으므로 연결그래프가 아니다. 따라서
$$\kappa(G) \leq \kappa'(G). \blacksquare$$

이분그래프

x_1, x_2, x_3, x_4, x_5 5명의 사람이 5가지 일 y_1, y_2, y_3, y_4, y_5 중 할 수 있는 일은 다음 왼쪽 표와 같다고 한다. 이를 그 오른쪽 그림과 같은 그래프로 나타낼 수 있다.

사람\일	y_1	y_2	y_3	y_4	y_5
x_1	X	X	O	O	X
x_2	X	X	O	X	X
x_3	O	O	X	X	O
x_4	X	X	O	O	X
x_5	X	O	X	X	O

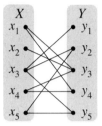

이 그래프에서는 꼭지점이 두 그룹으로 나누어져 같은 그룹의 점끼리는 인접하지 않다.

이와 같이 그래프 G의 꼭지점이 두 개의 부분 X, Y로 나누어져 같은 부분에 속하는 꼭지점끼리는 인접하지 않을 때, G를 이분그래프라고 한다.
이 때, (X, Y)를 V의 이분할이라 하고, G를 $G = (X, E, Y)$와 같이 나타내기도 한다.

이분(二分)그래프(bipartite graph)
이분할(二分割 ipartition)

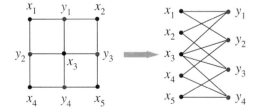

특히 임의의 $x \in X$와 임의의 $y \in Y$가 인접한 이분그래프 $G = (X, E, Y)$를 완전이분그래프라 하고 $|X| = m$, $|Y| = n$인 완전이분그래프를 $K_{m,n}$으로 나타낸다.

$K_{2,3}$

정리 **4.2.3** 이분그래프의 조건

그래프 G가 이분그래프일 필요충분조건은 G의 각 회로의 길이가 짝수일 것이다.

증명 ($\Rightarrow$) G가 이분그래프라 하고, G의 꼭지점의 집합의 이분할을 (X, Y)라고 하면, G의 임의의 회로 C에는 X의 꼭지점과 Y의 꼭지점이 교대로 나타나고, X 또는 Y 중 한 집합의 꼭지점이 중복되어 있지 않다. 따라서 C의 길이는 짝수이다.

($\Leftarrow$) 그래프 G를 연결그래프라고 가정해도 좋다.
G의 한 꼭지점 $u \in V$를 잡고

$$X = \{x \mid \text{홀수 길이의 } (u, x)\text{-경로가 있다.}\},$$
$$Y = \{y \mid \text{짝수 길이의 } (u, y)\text{-경로가 있다.}\}$$

로 두면, $X \cup Y = V$이다.

만약 $X \cap Y \neq \phi$이면, $z \in X \cap Y$가 존재하고, 이 때 홀수 길이의 (u, z)-경로 ㉮가 있고, 짝수 길이의 (u, z)-경로 ㉯가 있다. ㉮, ㉯를 붙이면 홀수 길이의 회로가 되어 모순이다. 그러므로 $X \cap Y = \phi$.

두 꼭지점 $x_1, x_2 \in X$가 인접하다고 하자. x_1, x_2가 모두 X에 속하므로, 홀수 길이의 (u, x_1)-경로와 (u, x_2)-경로 ㉰, ㉱가 있다.
㉰, ㉱ 및 변 $[x_1, x_2]$를 붙이면 홀수 길이의 회로가 되어 모순이다. 따라서 X의 꼭지점끼리는 인접하지 않는다.

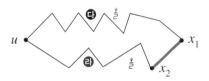

같은 방법으로 Y의 꼭지점끼리도 서로 인접하지 않음을 설명할 수 있다. ■

평면그래프

오른쪽 그림과 같은 3채의 집 각각에서 3개의 우물로 가는 길을 겹치지 않게 낼 수 있는 방법은 없다. 그 이유는 이 절에서 설명된다. 그러나 집이 2채라면 다음 그림과 같이 길을 낼 수 있다.

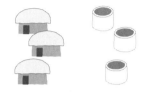

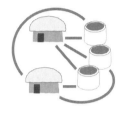 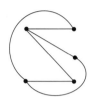

집과 우물 사이에 길을 낸 것을 나타낸 위의 그래프와 같이, 변이 겹치지 않게 평면 위에 그릴 수 있는 그래프를 평면그래프라고 한다.

평면(平面)그래프(planar graph)

평면그래프는 평면을 몇 개의 영역으로 나눈다. 평면그래프 G에 의하여 나누어지는 영역을 G의 면이라 하고 면의 개수를 f_G로 나타낸다.

면(面 face)

평면그래프의 성질을 알아보기 위하여 몇 가지 준비를 해 두자.

다음에 연결 평면그래프의 꼭지점, 변, 면의 개수 사이의 관계를 나타내는 오일러의 정리를 증명한다.

정리 4.2.4 오일러 공식

연결 평면그래프에서는 등식
$$v - e + f = 2$$
가 성립한다.

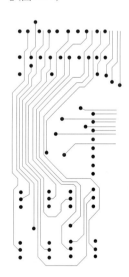

평면그래프는 실리콘 칩과 배전판에 나타나는 전기회로의 디자인과 구성에서도 찾아볼 수 있다

증명 e에 관한 귀납법을 사용하여 증명한다.

$e = 0$일 때는 $G = K_1$이다. 이 때, $v = 1, f = 1$이므로
$$v - e + f = 1 - 0 + 1 = 2$$
가 성립한다.

$e > 0$이라 하고, e보다 작은 개수의 변을 가진 연결 평면그래프에 대해서는 오일러의 공식이 성립한다고 하자.

$G - x$는 G에서 꼭지점 x 와 x에 물린 변을 모두 지운 것

● *G에 단말점이 있는경우* : 단말점 x를 잡고 $H = G - x$라 하면
$$v_H = v_G - 1, \quad e_H = e_G - 1, \quad f_H = f_G$$
이므로 귀납법의 가정에 의하여
$$v_G - e_G + f_G = (v_H + 1) - (e_H + 1) + f_H = v_H - e_H + f_H = 2$$
가 성립한다.

$G - a$는 G에서 변 a만 지운 것

● *G에 단말점이 없는경우* : 정리 4.1.4에 의하여, G내에 하나의 회로가 존재한다. 이 회로에 들어있는 한 변 a를 잡으면, a는 2개의 면의 경계가 된다. $H = G - a$라 하면, H도 연결 평면그래프이고,
$$v_H = v_G, \quad e_H = e_G - 1, \quad f_H = f_G - 1$$
이므로, 귀납법의 가정에 의하여
$$v_G - e_G + f_G = v_H - (e_H + 1) + (f_H + 1) = v_H - e_H + f_H = 2$$
가 성립한다. ■

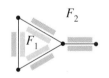

$d(F_1) = 3, d(F_2) = 5$

평면그래프의 면 F의 변 쪽에 있는 가장자리의 수를 F의 차수라 하고, $d(F)$로 나타낸다.

면의 차수와 변의 수 사이에도 다음과 같은 관계식이 성립한다.

> **정리 4.2.5** 　면의 차수의 합과 변의 수 사이의 관계
>
> 평면그래프에서 면의 차수의 합은 변의 수의 2배이다.

날(刀 blade)

증명 면의 변 쪽에 있는 가장자리를 그 면의 날이라 하고 날의 개수 m을 구하여 보자.

각 변마다 2개의 날이 있으므로 $m = 2e$.

각 면 F에 $d(F)$개의 날이 있으므로 $m = \sum_F d(F)$, (단, $\sum$는 모든 면에 관한 합). 따라서 등식

$$\sum_F d(F) = 2e$$

을 얻는다. ∎

오일러의 정리를 이용하여 증명되는 다음 정리는 주어진 그래프의 평면성을 판정하는 중요한 도구의 역할을 한다.

정리 4.2.6 평면성의 판정법

G가 위수 3 이상인 연결 평면 단순그래프이면,

$$v - \frac{e}{3} \geq 2$$

가 성립한다. 더욱이 G가 이분그래프이면

$$v - \frac{e}{2} \geq 2$$

가 성립한다.

증명 ▪▪ G가 $v \geq 3$인 연결 평면 단순그래프이므로 모든 면의 차수는 3 이상이다. 따라서 정리 4.2.5에 의하여

$$2e = \sum_F d(F) \geq 3f$$

즉, $\frac{2e}{3} \geq f$이다. 이 사실과 오일러의 정리로부터

$$2 = v - e + f \leq v - e + \frac{2e}{3} = v - \frac{e}{3}.$$

더욱이 G가 이분그래프라면, 각 회로의 길이가 4 이상이므로 각 면의 차수가 또한 4 이상이고, 따라서 $2e \geq 4f$, 즉 $\frac{e}{2} \geq f$이다.

그러므로

$$2 = v - e + f \leq v - e + \frac{e}{2} = v - \frac{e}{2}. ∎$$

예제 **4.2.1.** 다음 그래프는 평면그래프가 아님을 증명하라.

(1) K_5 (2) $K_{3,3}$

증명 (1) K_5에서 $v = 5$, $e = \binom{5}{2} = 10$이다.

$$v - \frac{e}{3} = 5 - \frac{10}{3} = 1.666 \cdots < 2$$

이므로, 정리4.2.6에 의하여 K_5는 평면그래프가 아니다.

(2) $K_{3,3}$는 $v = 6$, $e = 9$인 이분그래프이다.

$$v - \frac{e}{2} = 6 - \frac{9}{2} = 1.5 < 2$$

이므로 정리4.2.6에 의하여 $K_{3,3}$은 평면그래프가 아니다. ∎

이 예제로부터, 3개의 집 각각에서 3개의 우물로 가는 길을 겹치지 않게 내는 것은 불가능한 일임을 알 수 있다.

다음 정리는 정리 4.2.6으로부터 쉽게 얻을 수 있다.

정리 **4.2.7**

연결 평면그래프에는 차수가 5 이하인 꼭지점이 존재한다.

증명 $G = (V, E)$가 연결 평면 단순그래프라고 하면, 정리 4.2.6 으로부터 $v - \frac{e}{3} > 0$이다.

$$\frac{e}{3} < v, \quad \frac{e}{v} < 3, \quad \frac{2e}{v} < 6 \quad \therefore \frac{1}{v} \sum_{x \in V} d(x) < 6.$$

꼭지점의 차수의 평균이 6 미만이므로 G에는 차수가 6 미만, 즉 5 이하인 꼭지점이 존재한다. ∎

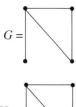

$G = $

$H = $

그래프의 변 위에 몇 개의 꼭지점을 추가한 것을 원래 그래프의 부분분할이라고 한다. 이를테면 왼쪽 그림의 그래프 H는 G의 부분분할이다.

명백히, 어떤 그래프가 평면그래프라는 것과 그 부분분할이 평면 그래프라는 것은 동치이다.

다음 정리는 그래프의 평면성을 판정하는 대표적인 정리이다. 여기에서는 증명 없이 내용만 소개한다.

> **정리 4.2.8** 쿠라토우스키(Kuratowski)의 정리
>
> 그래프 G가 평면그래프일 필요충분조건은 G가 K_5, $K_{3,3}$ 또는 K_5, $K_{3,3}$의 부분분할과 동형인 부분그래프를 가지지 않을 것이다.

오일러 정리를 이용하여 정다면체를 분류하여 보자.

정다면체는 한 면에 구멍을 내어 평면 위에 펼칠 수 있으므로 평면 그래프이다.

정다면체의 면이 정 p각형이고 꼭지점에서 만나는 면의 수(즉, 변의 수)가 k라고 하자. 정리 4.1.2와 정리 4.2.5에 의하여

$$2e = vk, \qquad \text{①}$$
$$2e = fp. \qquad \text{②}$$

오일러 정리의 등식 $v - e + f = 2$의 양변을 e로 나누면

$$\frac{v}{e} - 1 + \frac{f}{e} = \frac{2}{e}$$

를 얻고, 이 식과 ①과 ②로부터 $2/k - 1 + 2/p = 2/e$, 즉

$$\frac{1}{k} + \frac{1}{p} = \frac{1}{e} + \frac{1}{2} \qquad \text{③}$$

을 얻는다. 그러므로

$$\frac{1}{k} + \frac{1}{p} > \frac{1}{2} \qquad \text{④}$$

한편 한 꼭지점에서 p각형이 k개 모이는 다면체를 생각하므로, $k, p \geq 3$이다. 이제, 부등식 ④로부터

$$k = 3 \text{일 때}, \quad p = 3, 4, 5,$$
$$k = 4 \text{일 때}, \quad p = 3,$$
$$k = 5 \text{일 때}, \quad p = 3.$$

③으로부터 이 k, p의 값에 따른 e의 값을 구하고, ①, ②를 써서 v, f의 값을 찾을 수 있다.

k	p	e	v	f	
3	3	6	4	4	정사면체
3	4	12	8	6	정육면체
3	5	30	20	12	정십이면체
4	3	12	6	8	정팔면체
5	3	30	12	20	정이십면체

이상에서, 정다면체는 왼쪽 표와 같이 5종류 밖에 없음을 알 수 있다.

라벨그래프

그래프는 단지 점과 선으로 이루어진 도형이지만 때때로 각 꼭지점에 적당한 이름이 붙여지므로써 의미 있는 표현이 된다.
이를테면 다음 첫째 그래프의 꼭지점에 도시명을 붙임으로써 둘째 그림처럼 서울, 광주, 대구, 부산, 제주 간의 항공 연결망을 나타내는 그래프가 된다. 그러나 셋째 그림처럼 도시명을 붙인 것은 항공 노선이 되지 못한다.

 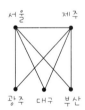 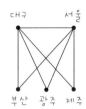

그래프의 각 꼭지점에 이름이 붙은 그래프를 라벨그래프라고 한다. 이 때, 꼭지점의 이름으로 보통 $1, 2, 3, \cdots$ 등을 붙인다.

그래프의 정의로부터 왼쪽 그림의 두 라벨그래프는 서로 같다.

위수가 n이고 변의 수가 k인 임의의 라벨그래프는 다음과 같은 방법으로 모두 찾을 수 있다.

● 위수가 n이고 변의 수가 k인 라벨그래프 찾는 방법

❶ 먼저 꼭지점에 각각 $1, 2, \cdots, n$의 라벨을 붙인다.

❷ 모든 쌍의 꼭지점을 변으로 연결한다.

❸ $\binom{n}{2}$개의 변 중 임의의 k개의 변을 없앤다.

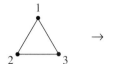 $\rightarrow$

그러므로, 위수가 n이고 변의 수가 k인 라벨그래프의 개수는

$$\binom{\binom{n}{2}}{\binom{n}{2}-k} = \binom{\binom{n}{2}}{k}$$

이고, 따라서 위수가 n인 라벨그래프의 개수는

$$\sum_{k=0}^{\binom{n}{2}} \binom{\binom{n}{2}}{k} = 2^{\binom{n}{2}}$$

이다.

e	0	1	2	3
라벨그래프	(그래프)	(그래프) (그래프) (그래프)	(그래프) (그래프) (그래프)	(그래프)
개수	1	3	3	1

연습문제

1. 변의 수가 20이고 모든 꼭지점의 차수가 같은 그래프를 그려라.

2. 단순그래프 G에 대하여 다음을 증명하라.

    (1) $e < v - 1$이면 G는 연결그래프가 아니다.

    (2) $\delta_G \geq (v-1)/2$이면 G는 연결그래프이다.

    (3) $\delta_G \geq v/2$이면 G는 연결그래프이다.

    (4) $e > \binom{v-1}{2}$이면 G는 연결그래프이다.

3. 다음을 증명하라.

    (1) 그래프 G의 연결성분의 개수가 r일 때, G의 회로의 개수는

       $e - v + r$ 이상이다.

    (2) G가 단순 연결그래프일 때, $\delta_G \geq v/2$이면 $\kappa' = \delta_G$ 이다.

    (3) $e > v^2/4$ 인 단순그래프는 이분그래프가 아니다.

    (4) $e = 3v - 6$인 연결 평면 단순그래프에서 각 면의 경계는 삼각형

       이다.

4. 어느 마을의 모든 사람은 1명 이상의 같은 수의 이성을 알고 있다
고 한다. 이 마을에 있는 남자와 여자의 수가 같음을 증명하라.

5. 다음과 같은 단순 평면그래프는 차수가 4 이하인 꼭지점을 가짐
을 증명하라.

    (1) 변의 수가 30 미만

    (2) 위수가 12 미만

6. 그래프 $G = (V, E)$의 위수 n이 11 이상일 때, G 또는 $K_n - E$는 평
면그래프가 아님을 증명하라.

7. 2개 이상의 꼭지점을 가지는 모든 단순 평면그래프는 차수가 5 이하인 꼭지점을 적어도 2개는 가진다는 것을 증명하라.

8. 그래프 G의 모든 꼭지점의 차수는 5 또는 6이라고 한다. 차수가 5인 꼭지점의 개수가 12개 미만이라고 할 때, G는 평면그래프가 아님을 증명하라.

9. 회로의 길이의 최소값이 k인 연결 평면그래프에서

$$e \leq \frac{(v-2)k}{k-2} - 2$$

가 성립함을 증명하고 이 결과를 이용하여 다음을 증명하라.
(1) $k \geq 6$ 인 연결 평면그래프는 차수가 2 이하인 꼭지점을 가진다.
(2) 오른쪽 그래프는 평면그래프가 아니다.

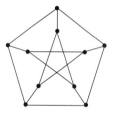

10. 변의 수는 15이고, 꼭지점 중 3개는 차수가 4, 나머지는 모두 차수가 3인 그래프의 꼭지점의 개수를 구하라.

11. 꼭지점의 수가 10이고, 각 꼭지점의 차수가 3인 평면그래프에 의하여 평면은 몇 개의 영역으로 나뉘는가?

12. $2n$명의 사람 중에는 짝수 명의 공통의 친구를 가지는 2명이 존재함을 증명하라.

13. 12개의 면을 가지고 있는 4-정칙 평면그래프의 꼭지점의 개수를 구하라.

4.3 수형도

다음 그래프 중 어떤 꼭지점에서 출발하여 변을 따라 가다가 지나간 변을 다시 거치지 않고 출발점으로 돌아올 수 없는 것을 찾아라.

그러한 그래프의 특징을 말하라.

수형도의 뜻과 성질

수형도(樹形圖 tree)

위의 그림의 세 번째 그래프처럼 회로가 없는 연결그래프를 수형도라고 한다.

수형도는 가장 널리 이용되는 그래프의 형태로서 각 지점을 가능한 한 적은 비용을 가지고 효율적으로 연결하거나 정보를 체계적으로 조직 및 탐색하고, 또 컴퓨터 프로그램에서 자료를 분류하기 위한 강력한 도구로 사용된다.

먼저 수형도의 몇 가지 기본 성질에 대하여 알아보자.

보조정리 4.3.1   단말점을 갖는 그래프

(1) 수형도는 단말점을 가진다.
(2) $e = v - 1$인 그래프는 2개 이상의 단말점을 가진다.

증명 (1) 그래프 G에 단말점이 없다면 모든 꼭지점의 차수는 2

이상이다. 정리 4.1.4에 의하여 G는 회로를 가지게 되므로 수형도가 아니다.

(2) 그래프 G의 단말점의 개수가 k라고 하면, k개의 꼭지점은 차수가 1이고, 나머지는 모두 차수가 2 이상이므로

$$2(v-1) = 2e = \sum_{x \in V} d(x) \geq 2v - k$$

가 성립한다. 여기서 $k \geq 2$를 얻는다. ■

그래프 G에서 어떤 변을 지우면 그 변이 들어 있는 연결성분의 연결성이 깨어질 때, 그 변을 G의 다리라고 한다.

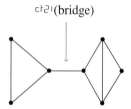

다리(bridge)

이제 어떤 그래프가 수형도가 될 조건에 대하여 알아보자.

정리 4.3.2 수형도의 동치 조건

그래프 G에 대하여 다음은 동치이다.
(1) G는 수형도이다.
(2) $e = v - 1$.
(3) G는 각 변이 다리인 연결그래프이다.
(4) G의 임의의 서로 다른 두 꼭지점 x, y에 대하여 (x, y)-경로가 유일하게 존재한다.

증명 ▓▓ (1) $\Rightarrow$ (2). v에 대한 귀납법으로 증명한다.
$v = 1$일 때는 $e = 0$이므로 등식 (2)가 성립한다.
$v \geq 2$라고 가정하자. G가 수형도이므로 단말점 x를 잡을 수 있다.
$H = G - x$라 하면 $v_H = v - 1$, $e_H = e - 1$ 이다. H는 수형도이므로 귀납법의 가정에 의하여 $e_H = v_H - 1$이 성립하고, 따라서
$$e - 1 = v - 1 - 1, \text{즉 } e = v - 1.$$

(2) $\Rightarrow$ (1). 역시 v에 대한 귀납법으로 증명한다. $v = 1$일 때는 $e = 0$이고, $G = K_1$이므로 G는 수형도이다. $v \geq 2$이라고 가정하자. 보조

단말점과 그 점에 물린 변을 지운 것이 수형도라면, 원래의 그래프도 수형도이다.

정리 4.3.1에 의하여 G의 단말점 x를 택할 수 있다. $H = G - x$로 두면 $v_H = v - 1, e_H = e - 1$이므로 $e_H = v_H - 1$이 성립한다. 따라서 귀납법의 가정에 의하여 H는 수형도이다. 따라서 G도 수형도이다.

(1) ⇒ (3). 다리가 아닌 변 $a = [x, y]$가 있다고 하자. a가 다리가 아니므로 $G - a$에서 (x, y)-경로 P가 존재한다. P에 a를 넣은 것은 G의 회로가 되어 G가 수형도라는 사실에 위배된다.

(3) ⇒ (1). G가 수형도가 아니라고 하면 G에 회로 C가 존재한다. C의 한 변 $a = [x, y]$를 잡고, $G - a$가 여전히 연결그래프가 됨을 보이면 된다.
z가 G의 꼭지점이라고 하자.
G가 연결그래프이므로 G내에 (z, x)-경로 P가 있다.

● a가 P에 포함되어 있지 않는 경우 : P는 $G - a$의 경로이다.
● a가 P에 포함되어 있는 경우 : P의 모양은 다음 그림 1과 같다.

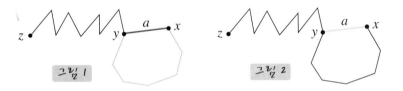

그림 1   그림 2

이 때, 그림 2의 경로는 $G - a$의 (z, x)-경로가 된다.
그러므로 $G - a$는 연결그래프이고, 따라서 a는 다리가 아니다.

(1) ⇒ (4). x, y가 서로 다른 꼭지점이라 하면 우선 G는 연결그래프이므로 (x, y)-경로가 있다. 만약 (x, y)-경로가 2개 있다면 G는 회로를 갖게 되어 G가 수형도라는 사실에 위배된다.

(4) ⇒ (1). 가정에 의해 G는 연결그래프이다. G가 수형도가 아니라고 하면 G내에 회로 C가 존재하고 C에 포함된 임의의 두 점 x, y를 잡으면 두 개의 (x, y)-경로가 존재하게 된다. ■

생성수형도

그래프 G의 생성 부분그래프로서 수형도인 것을 G의 생성수형도 라고 한다.

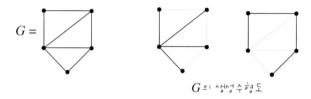

G의 생성수형도

정리 | 4.3.3   생성수형도

연결그래프는 생성수형도를 가진다.

증명 :: G가 연결그래프라고 하고, G의 연결 생성 부분그래프 중 변의 개수가 최소인 그래프를 H라 하면, H는 수형도이다.
왜냐하면 H가 회로를 가진다면, H에서 그 회로에 있는 임의의 한 변을 지운 그래프는 여전히 연결 생성 부분그래프이면서 H보다 변의 개수가 하나 적다. 이것은 H의 선택에 모순이다. ■

연결그래프 $G = (V, E)$의 생성수형도 찾는 알고리즘

과정 ❶ : 임의의 꼭지점 x_1을 잡고
$$V_1 = \{x_1\}, E_1 = \phi, T_1 = (V_1, E_1)$$
으로 둔다.

과정 ❷ : 수형도 $T_i = (V_i, E_i)$가 잡혔을 때, T_i의 어떤 꼭지점 x와 인접한 $x_{i+1} \not\in V_i$를 잡아
$$V_{i+1} = V_i \cup \{x_{i+1}\},$$
$$E_{i+1} = E_i \cup \{a_i\} \text{ (단, } a_i = [x, x_{i+1}]),$$
$$T_{i+1} = (V_{i+1}, E_{i+1})$$
로 둔다.

과정 ❸ : $i = v_G$이면 멈춘다.

●*알고리즘의 정당성*

T_1은 수형도이다. T_i가 수형도라고 가정하면 T_{i+1}는, 연결그래프이면서 회로가 없으므로, 수형도이다.

H가 그래프 $G = (V, E)$의 부분그래프라고 할 때, $a \in E_G - E_H$에 대하여 H에 변 a를 추가한 그래프를 $H + a$로 나타낸다.

정리 4.3.4 *생성수형도의 성질*

그래프 G의 생성수형도 T에 대하여 다음이 성립한다.
(1) 임의의 $a \in E_G - E_T$에 대하여 $T + a$ 내에 유일한 회로 C가 존재하며, C는 a를 품고 있다.
(2) $C - a$의 임의의 변 b에 대하여 $T + a - b$도 G의 생성수형도이다.

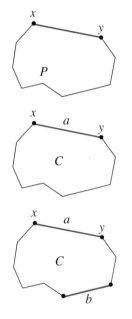

증명 ▪▪ (1) a는 수형도 T의 서로 인접하지 않는 두 꼭지점 x, y를 잇는 변이므로 정리 4.3.2에 의하여, T의 유일한 (x, y)-경로 P가 있다. $C = P + a$로 두면 C는 a를 품는 $T + a$의 회로이다.

$T + a$의 회로 D를 잡으면 D는 a를 품고 있다. $D - a$는 T의 (x, y)-경로이므로 $D - a = P$이고, 따라서 $D = P + a = C$이다. 그러므로 C는 $T + a$의 유일한 회로이다.

(2) $b (\neq a)$가 C의 변이라고 하자.

b는 $T + a$의 회로에 포함되므로 $T + a - b$는 연결그래프이다.

$T + a - b$와 T는 같은 수의 변과 꼭지점을 가지며, $e_T = v_T - 1$이므로, $e_{T+a-b} = v_{T+a-b} - 1$이다. 따라서 정리 4.3.2에 의하여 $T + a - b$는 G의 생성수형도이다. ■

무게그래프(weighted graph)

4개의 지점 가, 나, 다, 라 사이에 통신망 설치 가능성을 나타낸 왼쪽 그래프에서 변 위에 적힌 금액은 그 변으로 이어진 두 지점 사이의 통신망 설치 비용을 나타낸다.

이와 같이 그래프의 변 a에 매긴 수 값을 a의 무게라 하고 $w(a)$로 나타내며, 각 변에 무게를 매긴 그래프를 무게그래프라고 한다.

무게그래프의 부분그래프 H에 대하여, H의 변의 무게의 합을 H의 무게라 하고, $w(H)$로 나타낸다.

연결 무게그래프의 최소 무게 생성수형도는 다양한 응용성을 가지고 있다.

합금판의 균질성 측정에의 응용이 한 예이다.

두 가지 금속을 녹여 만든 합금에 금속 성분이 어느 정도 고르게 혼합되었는지를 판정하기 위하여 합금판에서 몇 개의 표본점을 잡고, 두 표본점 x, y의 동질성 정도에 따라 $[x, y]$에 0과 1 사이의 값을 매긴다. 이렇게 해서 얻어지는 무게그래프의 최소 무게 생성수형도의 무게로써 그 합금판의 동질성 정도를 나타낸다.

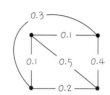

x, y가 완전히 같을 때는 1, 전혀 다를 때는 0을 매긴다.

최소 무게 생성수형도는 다음 알고리즘으로 찾을 수 있다.

$G = (V, E)$의 최소 무게 생성수형도를 찾는 알고리즘

모든 꼭지점은 그대로 둔 채로
❶ : 최소 무게의 변 a_1을 잡는다.
❷ : 변 $a_1, a_2, \cdots, a_i, (i < v - 1)$가 잡혔을 때, 다음 두 조건을 만족하는 변 $a_{i+1} (\neq a_1, a_2, \cdots, a_i)$을 잡는다.
  ● 조건 1 : $a_1, a_2, \cdots, a_{i+1}$에 회로가 없다.
  ● 조건 2 : a_{i+1}는 조건 1을 만족하는 변 중 최소 무게이다.
❸ : $i = v - 1$이면 멈춘다.

● 알고리즘의 정당성

알고리즘의 결과로 생기는 그래프를 S라 하면, S는 $v - 1$개의 변을 가지는 연결그래프이므로 정리 4.3.2에 의하여 수형도이다.

G의 최소 무게 생성수형도 중 S의 변을 가장 많이 포함하고 있는 것을 T라 하고, $S = T$ 임을 보인다.

T가 최소 무게이므로, $S = T$일 때, S도 최소 무게이다.

S, T가 모두 G의 생성수형도이므로 $E_S \subset E_T$이면, $S = T$이다.

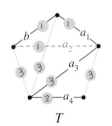

T

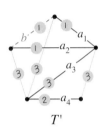

T'

$S \neq T$ 라고 하자. 이 때, $E_S \not\subset E_T$이다.

$a_1, a_2, \cdots, a_{v-1}$ 중 첫 번째로 T에 속하지 않는 변을 a_k라 하면, $T + a_k$내에는 유일한 회로 C가 존재하고 C는 a_k를 품는다.

$E_C \subset \{a_1, a_2, \cdots, a_k\}$라면, C가 S의 회로가 되어 S가 수형도라는 사실에 위배되므로 C는 $a_1, a_2, \cdots, a_k$ 이외의 변 b를 가진다.

$T' = T + a_k - b$라 하면, T가 최소 무게 생성수형도이고 T'이 생성수형도이므로

$$w(T) \leq w(T').$$

한편 a_k의 선택에서 $w(a_k) \leq w(b)$이므로

$$w(T') = w(T) + w(a_k) - w(b) \leq w(T).$$

그러므로 $w(T') \leq w(T)$ 이고, 따라서 T'도 최소 무게 생성수형도이다.

이제 T'은 T보다 S의 변을 하나 더 많이 포함하고 있는 최소 무게 생성수형도가 되어 T의 선택에 위배된다.

그러므로 $S = T$ 이어야 한다.

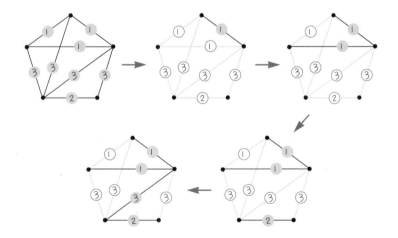

유근수형도

다음 그림과 같이 수형도에서 한 점(★)을 정하고 그 점을 위로 들어 올리면 수형도는 그 오른쪽의 그림과 같이 어떤 집안의 가계도처럼 그릴 수 있다.

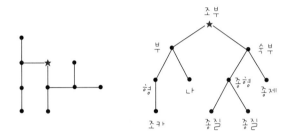

이와 같이 수형도에서 특별히 표나게 정한 한 꼭지점을 뿌리라 하고, 뿌리가 있는 수형도를 유근수형도라고 한다. 유근수형도에서는 상하 관계가 존재한다.

뿌리(root)
유근수형도(有根樹形圖
rooted tree)
m진 수형도(m-進樹形圖
m-ary tree)

수형도의 두 꼭지점 사이에 존재하는 경로의 길이를 그 두 점 사이의 거리라고 한다. 유근수형도의 어떤 꼭지점 x에서 아래로 거리가 i인 점을 x의 i세손이라고 하며, 1세손은 자녀라고도 한다. 유근수형도에서 단말점도 아니고 뿌리도 아닌 점을 중간점이라 하고, 뿌리에서 단말점까지의 거리의 최대값을 그 유근수형도의 높이라고 한다.

단말점이 아닌 각 점이 m개의 자녀를 가지는 수형도를 m진 수형도라고 한다.

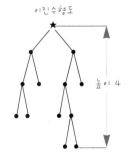

예제 4.3.1. 100명의 사원이 있는 어느 회사의 비상 연락망은 전화를 받은 사람이 3명의 다른 사람에게 전화하도록 되어 있다. 전화를 받고 연락을 해야 하는 사람은 몇 명인가?

풀이 비상연락망은 3진 수형도이며, 중간점의 개수 i를 구하는 것이 문제이다.

중간점 및 뿌리가 전화를 하므로 전화를 하는 사람의 수는 $i + 1$.

그러므로 전화를 받는 사람의 수는 $3(i + 1)$.

뿌리를 제외한 모든 사람이 전화를 받으므로 $3(i + 1) = 99$.

따라서 $i = 99/3 - 1 = 32$이다. ∎

정리 4.3.5 ᵐ⁻진 수형도의 단말점의 수와 높이

단말점의 수가 t, 높이가 h인 m진 수형도에 대하여, 다음이 성립한다.

(1) $$t \le m^h,$$
여기서 등호가 성립할 필요충분조건은 모든 단말점과 뿌리 사이의 거리가 h일 것이다.

(2) $$h \ge \lceil \log_m t \rceil.$$

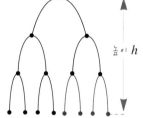

증명 ∷ (1) 왼쪽 그림에서 명백하다.

(2) $m^h \ge t$의 양변에 밑이 m인 로그를 취하면 $h \ge \log_m t$. 여기서 h가 정수이므로 $h \ge \lceil \log_m t \rceil$. ∎

예제 **4.3.2.** $t (\ge 2)$개의 꼭 같은 모양의 동전 중 꼭 1개는 다른 동전보다 가벼운 위조 동전이라고 한다. 양팔저울을 사용하여 위조 동전을 찾으려면 최소한 몇 번 달아야 하겠는가?

풀이 • $t = 3^k$인 경우 : 구하는 횟수는 k임을 보인다.

$k = 1$일 때 : 2개를 달아서 가벼운 것이 있으면 그것이 위조 동전이고 꼭 같으면 나머지 것이 위조 동전이다.

$k > 1$일 때 : 3^{k-1}개씩 세 그룹으로 나눈 다음 두 그룹을 달아서 $k = 1$의 경우와 마찬가지로 위조 동전이 있는 그룹을 찾아낸다. 귀납법에 의하여 이 3^{k-1}개의 동전을 가지고 $k - 1$회 달아서 위조 동전을 찾아낼 수 있다. 그러므로 처음부터 다는 횟수는 k이다.

● 일반적인 경우 : $3^{h-1} < t \le 3^h$를 만족하는 h를 찾으면 저울로 다는 전 과정은 그림과 같은 높이 h인 수형도로 나타낼 수 있다. 이 수형도는 뿌리의 $h-1$세손까지는 단말점의 수가 3^{h-1}인 삼진 수형도이다.

저울로 다는 횟수는 높이와 같으므로 구하는 답은 $h = \lceil \log_3 t \rceil$. ■

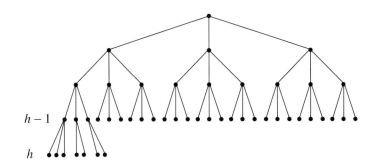

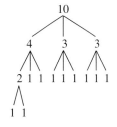

탐색수형도

컴퓨터의 컴파일러에서 사용하는 명령어에는

ADD, DO, FILL, GET, REPLACE, STORE, WAIT, ⋯

등 여러 가지가 있다. 컴퓨터는 명령어를 포함한 모든 낱말을 이진법의 수로 바꾸어 인식하므로 이들 명령어 각각에, 이를테면, 1, 2, 3, ⋯ 의 번호가 매겨져 있다고 가정할 수 있다.

명령어의 개수가 11개라고 하고, 7번 명령어가 무엇인지 알고 싶을 때, 하나씩 번호를 비교해 찾는다면 최악의 경우 10번을 비교하여야 한다. 그러나 다음과 같은 라벨수형도를 이용하면 4회의 비교를 통하여 위치를 찾을 수 있다.

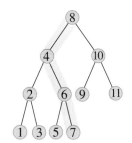

찾고자 하는 위치의 수를 k, 꼭지점에 쓰인 수를 x라고 할 때, 뿌리에서 시작하여 k와 x를 비교,
$k < x$ 이면 왼쪽으로 가고,
$k > x$ 이면 오른쪽으로 가고,
$k = x$ 이면 그 위치가 찾는 위치이다.

그림의 경로는 $k = 7$로써 시작했을 때, 탐색 경로

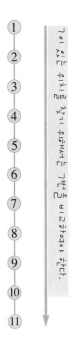

7이 있는 위치를 찾기 위해서는 7번 비교하여야 한다.

어떤 자료 또는 정보의 탐색을 위해서는 꼭지점에 라벨을 붙인 위의 그림과 같은 수형도를 관찰한다. 이와 같이 꼭지점에 라벨을 붙인 유근수형도를 탐색수형도라고 한다.

탐색수형도에서는 높이가 작을수록 탐색이 효과적이다.

> **정리 4.3.6** 이진 수형도의 최소 높이
>
> n개의 꼭지점을 가진 이진 수형도의 높이 h의 최소값은
> $$\lceil \log_2(n+1) \rceil - 1$$
> 이다.

증명 $n \le 1 + 2 + \cdots + 2^h = 2^{h+1} - 1$ 로부터 $2^{h+1} \ge n + 1$, 즉, $h \ge \log_2(n+1) - 1$이 성립한다. 여기서 h가 정수이므로
$$h \ge \lceil \log_2(n+1) \rceil - 1. \qquad ①$$
실제로, 모든 단말점이 뿌리의 h세손인 이진 탐색수형도의 경우 $n = 2^{h+1} - 1$이므로 $\log_2(n+1)$은 정수이고 ①에서 등호가 성립한다. 그러므로 $\lceil \log_2(n+1) \rceil - 1$은 고정된 n에 대한 h의 최소값이다. ■

꼭지점의 수가 2, 3, 4, 5, 6, 7, 8, 13, 17인 탐색수형도는 각각 차례대로 다음과 같은 방법으로 만들 수 있다.

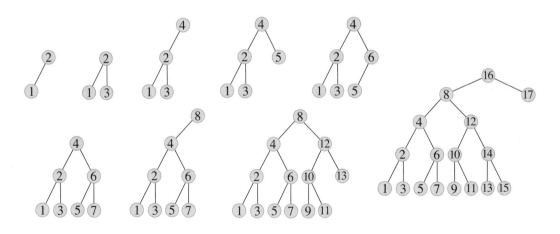

라벨수형도

탄소원자가 k개, 수소 원자가 $2k + 2$개인, 즉 C_kH_{2k+2} 꼴의 포화 탄화수소 화합물을 그래프로 나타내고자 할 때, 탄소 원자와 수소 원자를 꼭지점으로 나타내고 두 원자 사이의 결합을 변으로 나타내면 이 화합물은 그래프로 표현될 수 있다.

이 그래프는 어떤 그래프일까?

탄소 원자와 수소 원자는 원자가가 각각 4, 1이므로 차수가 각각 4, 1인 꼭지점이다.

　　　먼저, 원자의 개수로부터　$v = 3k + 2$.

　　　(꼭지점의 차수의 합) $= 4k + (2k + 2) = 6k + 2$.

　　　$2e = 6k + 2$로부터 $e = 3k + 1 = v - 1$.

따라서 정리 4.3.2에 의하여, 이러한 화합물을 나타내는 그래프는 수형도임을 알 수 있다.

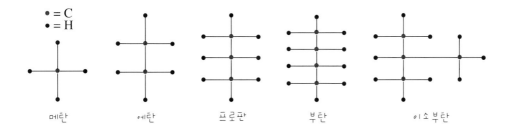

　• = C
　• = H

　　메탄　　　　에탄　　　　프로판　　　　부탄　　　　이소부탄

일정한 개수의 탄소 원자와 수소원자를 가지는 포화탄화수소 화합물의 이성체의 개수는 몇 개일까?

이것은 주어진 꼭지점을 가지는 서로 다른 라벨수형도의 개수를 구하는 문제이다.

위수 n인 라벨그래프의 개수를 헤아리는 것은 다소 쉬운 문제이나 라벨수형도의 개수를 헤아리는 문제는 간단하지 않다.

위수 n인 라벨수형도의 개수를 $T(n)$이라 하자.

1857년 케일리(Arthur Cayley)는 C_kH_{2k+2} 형태의 포화탄화수소 화합물의 이성체(isomer)들을 헤아리기 위해 연구하는 과정에서 수형도를 도입했는데 이것이 화학 또는 생화학에 그래프이론을 도입한 계기가 되었다.

케일리는 각 꼭지점의 차수가 1또는 4인 모든 수형도를 헤아리는 과정에서 그 때까지 알려지지 않은 포화탄화수소화합물이 존재한다는 예상을 했으며 나중에 그러한 화합물이 실제로 발견되었다.

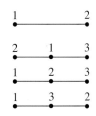

$d(i) = k_i + 1$ 일 때,

$\sum\limits_{i=1}^{n} k_i = n - 2$ 이다.

왼쪽 그림에서 알 수 있듯이 $T(1) = 1, T(2) = 1, T(3) = 3$ 이다.

먼저 준비 단계로, n개의 음이 아닌 정수 $k_1, k_2, \cdots, k_n$에 대하여, $N(k_1, \cdots, k_n)$ 및 $M(k_1, \cdots, k_n)$를 다음과 같이 정의한다.

$$N(k_1, \cdots, k_n) = (\text{꼭지점이 } 1, 2, \cdots, n\text{이고}, d(i) = k_i + 1,$$
$$(i = 1, 2, \cdots, n)\text{인 라벨수형도의 개수})$$

$$M(k_1, \cdots, k_n) = \begin{cases} \dbinom{n-2}{k_1, k_2, \cdots, k_n}, & (\sum\limits_{i=1}^{n} k_i = n - 2 \text{일 때}), \\ 0, & (\text{그렇지 않을 때}). \end{cases}$$

보조정리 4.3.7

$k_1 + \cdots + k_n = n - 2$ 인 음이 아닌 정수 $k_1, \cdots, k_n$에 대하여,
$$N(k_1, \cdots, k_n) = M(k_1, \cdots, k_n)$$
이 성립한다.

증명 :: n에 대한 귀납법으로 증명한다.

● $n = 2$일 때는 $k_1 + k_2 = n - 2 = 0$이므로, $k_1 = k_2 = 0$이다. 꼭지점이 $1, 2$이고, $d(1) = k_1 + 1 = 1, d(2) = k_2 + 1 = 1$ 인 라벨수형도는 「1 ●——● 2」로서 1개뿐이므로 $N(k_1, k_2) = N(0, 0) = 1$.

한편 $M(k_1, k_2) = \binom{0}{0,0} = \frac{0!}{0! \, 0!} = 1$이다.

따라서 $n = 2$일 때는 $N = M$이 성립한다.

● $n \geq 3$이라 하자.

$\sum\limits_{i=1}^{n} k_i = n - 2$이므로 k_i 중 적어도 하나는 0이다. 따라서 $k_n = 0$이라고 가정해도 일반성을 잃지 않는다.

$k_n = 0$이라는 것은 n이 단말점이라는 뜻이다.

$d(i) = k_i + 1, (i = 1, 2, \cdots, n)$인 각 라벨수형도에서 단말점 n을 지운 수형도를 생각하면, 다음 등식이 성립함을 알 수 있다.

$$N(k_1, \cdots, k_{n-1}, 0) = \sum_{i=1}^{n-1} N(k_1, \cdots, k_{i-1}, k_i - 1, k_{i+1}, \cdots, k_{n-1}).$$

단, $k_i = 0$일 때는 우변의 N값은 0이다.

한편, 정리 2.3.5에 의하여

$$M(k_1, \cdots, k_{n-1}, 0) = M(k_1, \cdots, k_{n-1})$$
$$= \sum_{i=1}^{n-1} M(k_1, \cdots, k_{i-1}, k_i - 1, k_{i+1}, \cdots, k_{n-1})$$

이다. 그러므로 귀납법의 가정에 의하여

$N(k_1, \cdots, k_{n-1}, 0) = M(k_1, \cdots, k_{n-1}, 0)$, 즉

$$N(k_1, \cdots, k_n) = M(k_1, \cdots, k_n)$$

이 성립한다. ∎

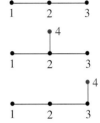

> **정리 4.3.8** 위수 n인 라벨수형도의 개수는 n^{n-2}(케일리)
>
> *위수 $n\,(\geq 2)$ 인 라벨수형도의 개수는 n^{n-2}이다.*

증명 n개의 꼭지점을 갖는 라벨수형도의 개수를 $T(n)$이라 하면

$$T(n) = \sum_{\star} N(k_1, \cdots, k_n) = \sum_{\star} M(k_1, \cdots, k_n),$$

단, $\sum_{\star}$ 는 $\{(k_1, \cdots, k_n) \mid k_i \geq 0, \ k_1 + \cdots + k_n = n - 2\}$상에서 합한 것을 나타낸다.

한편, 다항정리의 등식

$$(x_1 + \cdots + x_n)^{n-2} = \sum_{\star} M(k_1, \cdots, k_n)\, x_1^{k_1} \cdots x_n^{k_n}$$

의 양변에 $x_1 = \cdots = x_n = 1$을 대입하면 $n^{n-2} = \sum_{\star} M(k_1, \cdots, k_n)$이 므로 $T(n) = n^{n-2}$를 얻는다. ∎

연습문제

1. 다음 수형도를 찾으라.
   (1) 위수가 6인 동형이 아닌 모든 수형도
   (2) 차수열이 같으면서 동형이 아닌 두 수형도

2. 다음을 증명하라.
   (1) 꼭지점과 변의 개수가 같은 연결그래프는 꼭 하나의 회로를 가진다.
   (2) 차수열이 $(d_1, d_2, \cdots, d_n)$인 위수 2 이상인 수형도의 단말점의 개수는 $2 + \sum_{d_i \geq 3} (d_i - 2)$이다.

3. K_n의 임의의 변 a에 대하여 $K_n - a$의 생성수형도의 개수를 구하라.

4. n개의 꼭 같은 모양의 동전 중 정확하게 두 개는 다른 것보다 가볍다고 한다. 양팔저울로 최대한 두 번 달아서 가벼운 동전 2개를 모두 찾아내기 위한 n의 최대값을 구하라.

5. 12개의 꼭 같은 모양의 동전 중 한 개는 다른 것보다 가볍거나 무겁다고 한다. 양팔저울로 달아서 가볍거나 무거운 동전을 찾아내려면 최소한 몇 번을 달아야 하겠는가?

6. 2000개의 꼭지점을 가지는 이진 수형도의 최소 높이를 구하라.

7. 꼭지점의 개수가 n인 라벨수형도의 개수가 1296일 때, n의 값을 구하라.

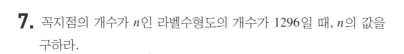

4.4 여러 가지 회로

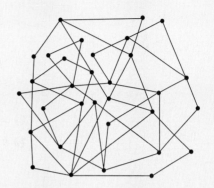

- 왼쪽 그림의 그래프는 연결그래프일까?
- 연결그래프라면 강연결그래프가 되도록 각 변에 방향을 줄 수 있을까?
- 이 그래프에서는 모든 변을 꼭 한 번씩만 지나가는 회로가 존재할까?
- 이 그래프에서는 모든 꼭지점을 꼭 한 번씩만 지나가는 회로가 존재할까?

그래프이론에 있어서 가장 기본적인 존재성 문제로 다음 네 가지를 들 수 있다.

❶ 주어진 그래프가 연결그래프인가?

❷ 주어진 연결그래프가 강연결그래프가 되도록 변에 방향을 줄 수 있을까?

❸ 주어진 그래프에는 모든 변을 꼭 한 번씩만 지나가는 회로가 존재하는가?

❹ 주어진 그래프에는 모든 꼭지점을 꼭 한 번씩만 지나가는 회로가 존재하는가?

이들은 모두 그래프가 연결그래프일 때에 한해서 생각할 수 있는 문제이다. 먼저 연결성의 판정법에 대하여 알아보자.

연결성의 판정

교통망 또는 통신망을 나타낸 그래프처럼 복잡한 그래프가 주어졌을 때, 그것이 연결그래프인지 아닌지를 판단하는 것은 간단한 문제가 아니다. 이를 판정하는 다음과 같은 방법이 있다.

● *연결성의 판정법*

위수가 n인 그래프의 각 꼭지점에 다음 과정을 따라 1에서 n까지의 번호를 붙인다.

❶ 임의로 하나의 꼭지점을 잡아 번호 1을 붙인다.

❷ k까지의 번호가 붙여진 상태에서, 꼭지점 x에 번호 k가 붙었다고 하자.

$N(x)$의 꼭지점 중 번호가 붙지 않은 임의의 꼭지점 y를 잡아 $k+1$을 붙인다. 이 때, y를 x^+, x를 y^-라고 하자.

$N(x)$에 번호가 붙지 않은 꼭지점이 없는 경우, x^-로 올라간다.

❸ 과정 ❷를 반복하다가 다음 두 가지의 경우 멈춘다.

경우 1 : $k = n$

경우 2 : $N(x)$의 모든 꼭지점에 번호가 붙여졌고, x^-의 번호가
1이다.

$N(x)$: x와 인접한 꼭지점
전체의 집합

명백히, 위수가 n인 그래프가 연결그래프일 필요충분조건은 위의 '번호 붙이기' 과정이 $k = n$으로써 끝날 것이다.

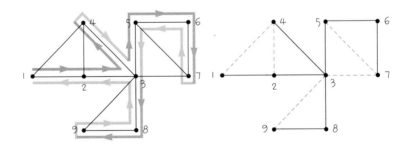

깊이 우선(優先) 검색(Depth
First Search)

이와 같이 각 꼭지점 x에 인접한 꼭지점 중 번호가 붙지 않은 것을 찾아 x^+를 정하는 탐색을 깊이 우선 검색(DFS)이라고 한다.

깊이 우선 검색 과정을 통하여, 위수 n인 연결그래프 G의 각 꼭지점에 번호를 붙여나가면서 지나간 변과 모든 꼭지점으로 이루어진 G의 부분그래프는 변의 개수가 $n-1$이므로 G의 생성수형도이다. 이 생성수형도를 DFS 생성수형도라고 한다.

강연결화 가능성의 판정

다음 그래프 G_1의 각 변에 방향을 준 유향그래프 D_1은 강연결 유향그래프이다. 그러나 G_2는 변에 어떻게 방향을 주더라도 다리의 한쪽 끝 점에서 다른쪽 끝 점으로 가는 경로가 없으므로 강연결 유향그래프로 만들 수 없다.

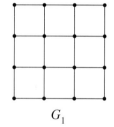
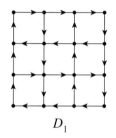
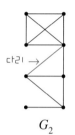

G_1 D_1 G_2

도시 도로망에서 차량통행의 증가로 인한 교통혼잡과 대기오염을 줄이기 위하여 모든 도로를 일방통행으로 전환할 때는 임의의 두 지점 사이에 왕래가 가능하도록 해야 한다. 그러므로 모든 도로의 일방통행로화 문제는 도로망을 나타내는 그래프가 강연결 그래프가 되도록 각 변에 방향을 주는 문제와 같다.

각 변에 방향을 주어 강연결 유향그래프로 만들 수 있는 그래프를 강연결화 가능그래프라고 하자.
명백히 강연결화 가능그래프는 연결그래프이다.

다음 정리는 주어진 그래프의 강연결화 가능성의 판정 조건과 아울러 실제로 각 변에 방향을 주는 방법을 제시해 주고 있다.

정리 4.4.1　로빈스(Robbins)의 정리

연결그래프 G가 강연결화 가능일 필요충분조건은 G가 다리를 가지지 않을 것이다.

증명 ▦ 필요성은 당연하다.

충분성을 증명하기 위하여, G가 다리를 가지지 않는 연결그래프라 하자.

G의 강연결화 가능 부분그래프의 열 $G_1, G_2, G_3, \cdots$ 을 다음과 같이 구성한다.

G가 다리를 가지지 않으므로 단말점을 갖지 않고, 따라서 회로 C를 가진다.

$G_1 = C$로 둔다. G_1은 회로이므로 강연결화 가능하다.

강연결화 가능그래프 G_i가 잡혔다고 할 때, G_i가 G의 생성부분그래프이면 G가 강연결화 가능그래프이다.

G_i가 G의 생성 부분그래프가 아니라면 G_i의 꼭지점이 아닌 G의 꼭지점 x가 존재한다. G가 다리를 가지지 않으므로 x와 G_i의 서로 다른 두 꼭지점 y, z를 각각 잇는 경로 ㉮, ㉯가 존재한다.

G_i에 ㉮, ㉯ 및 그 상에 있는 모든 꼭지점을 추가한 것을 G_{i+1}로 둔다. G_{i+1}에서 G_i부분을 강연결화하고 경로 ㉮, ㉯에 왼쪽 그림과 같이 방향을 주면 G_{i+1}은 강연결 유향그래프로 바뀐다.

G의 위수가 유한이므로 어떤 k가 있어서 G_k는 G의 생성 부분그래프가 된다. 따라서 G는 강연결화 가능그래프이다. ■

단말점에 물린 변은 다리이다.

강연결화 가능인 생성부분그래프 H를 가지는 그래프 G는 강연결화 가능 그래프이다. (H를 강연결화한 다음 H에 속하지 않는 변에는 임의로 방향을 준다.)

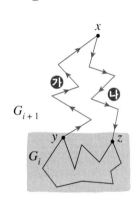

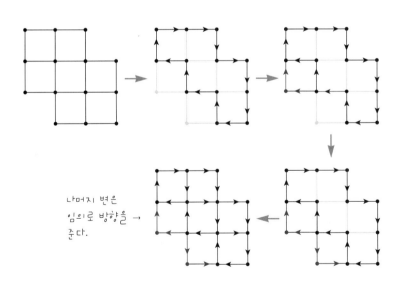

나머지 변은 임의로 방향을 준다. →

오일러 회로

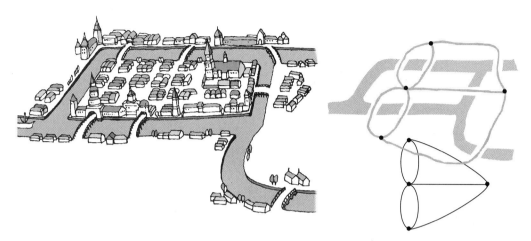

독일의 쾨니히스베르크시에 위치한 프레겔 강에는 두 개의 섬이 있고 이들 섬과 육지가 7개의 다리로 연결되어 있다.

육지의 한 지점에서 출발하여 7개의 다리를 정확하게 한 번만 건너서 원래의 출발점으로 돌아올 수 있겠는가?

이 문제는 18세기 초 쾨니히스베르크시에 살았던 사람들이 해결이 불가능하다고 생각했다. 그러나 1736년에 오일러(Euler)는 이 문제를 주어진 그래프의 모든 변으로 이루어진 회로의 존재성 여부에 대한 문제로 일반화하여 해결하였다.

다음 그래프 G의 각 변에 $\vec{G}$와 같이 방향을 주면 아래 오른쪽 그림과 같이 각 변을 꼭 한 번씩만 지나는 $\vec{G}$의 회로를 얻을 수 있다.

G

$\vec{G}$

이와 같은 회로를 G의 오일러 회로라 하고, 오일러 회로를 가지는 그래프를 오일러 그래프라고 한다. 이 때, 특히 유향그래프 $\vec{G}$를 G의 오일러 유향화라고 한다.

하나의 회로를 이루는 그래프 또는 완전그래프 K_1, K_3, K_5 등은 오일러 그래프이다.

오일러 회로는 유향그래프이다.

그래프가 오일러 그래프가 되는 경우에 대하여 알아보자.

> ### 정리 4.4.2 ┃ 오일러(Euler)
>
> 연결그래프가 오일러 그래프일 필요충분조건은 모든 꼭지점이 짝수점일 것이다.

증명 ● 필요성 : G가 오일러 회로 C를 가진다고 하자. C의 한 꼭지점에서 출발하여 그 꼭지점에 돌아갈 때까지 C를 따라 가면, 각 꼭지점 x에 대하여 x로 들어 가는 횟수와 x에서 나가는 횟수가 같다. 그러므로 G에서 x에 물린 변의 수, 즉 x의 차수는 짝수이다.

● 충분성 : G의 변의 수 e에 관한 귀납법으로 증명한다.

$e \le 1$일 때는 정리가 성립한다.

$e \ge 2$이라 하자.

G의 각 꼭지점의 차수가 짝수이므로 회로 C를 가진다. 명백히 C는 오일러 그래프이다.

$G = C$이면 G는 오일러 그래프이다.

$G \ne C$라 하자. G에서 C의 모든 변을 지운 그래프의 연결 성분 중 1개 이상의 변을 가진 것을 $G_1, G_2, \cdots, G_k$라 하면, 각 $i = 1, 2, \cdots, k$에 대하여 G_i의 모든 꼭지점은 짝수점이고 변의 수는 e보다 작으므로 귀납법의 가정에 의하여 G_i는 오일러 그래프이다.

각 G_i는 C와 1개 이상의 꼭지점을 공유한다. 그 중 하나를 x_i라 하면, $x_1, x_2, \cdots, x_k$가 이 순서대로 C상에 놓여 있다고 가정할 수 있다. x_i에서 x_{i+1}까지 가는 C의 경로를 C_i라 하고 (단, $x_{k+1} = x_1$), x_i에서 출발하여 x_i로 돌아오는 G_i의 오일러 회로를 D_i라 하면

$$x_1 \to D_1 \to C_1 \to D_2 \to C_2 \to \cdots \to D_k \to C_k$$

는 G의 오일러 회로가 된다. ∎

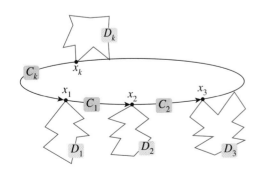

예제 **4.4.1.** 위수가 홀수인 완전그래프는 오일러 그래프임을 보이고 오일러 회로를 찾으라.

풀이 n이 홀수일 때, K_n의 모든 꼭지점은 짝수점이다. 그러므로 K_n은 오일러그래프이다.

오른쪽 그림의 회로는 K_3의 오일러 회로이다.

K_n의 오일러 회로 Ω를 찾았을 때, K_{n+2}의 오일러 회로를 다음과 같이 구성한다.

K_{n+2}의 각 꼭지점에 $1, 2, \cdots, n+2$의 번호를 붙인다.

꼭지점 $1, 2, \cdots, n$으로 생성되는 K_{n+2}의 생성 부분그래프의 오일러 회로를 Ω라 하자.

오른쪽 그림과 같은 유향회로를 C라 하면 꼭지점 1에서 출발하여 Ω를 한 바퀴 돌고 난 다음 C를 한바퀴 도는 회로는 K_{n+2}의 오일러회로가 된다. ▮

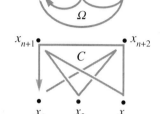
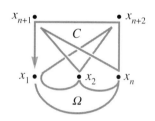

그래프 G를 유향화한 어떤 유향그래프에서 모든 변을 꼭 한 번씩만 지나는 경로가 있을 때, 그러한 경로를 G의 오일러 경로라고 한다. 이를테면 다음 그래프는 오일러 경로를 가진다.

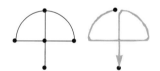

어떤 마을 전 가구에 우체부가 편지를 배달하려 할 때, 도로망이 오일러 그래프인 경우에는 갔던 길을 다시 돌아 가지 않고 배달을 끝내고 우체국으로 돌아 갈 수있다.

우체국에서 나와 모든 길을 거쳐 배달을 끝내고 자기 집으로 퇴근할 수 있으려면 도로망의 그래프가 오일러 경로를 가져야 한다.

정리 4.4.3 오일러 경로의 존재 조건

연결그래프가 오일러 경로를 가질 필요충분조건은 홀수점이 꼭 2개일 것이다. 이 때, 그 두 홀수점이 오일러 경로의 양 끝점이 된다.

증명 (⇒) 연결그래프 G가 두 꼭지점 x에서 y로 가는 오일러 경로 P를 가진다고 하자.

G에서 x, y를 잇는 변 a를 추가한 그래프를 G^*라 하면, x에서 P를 따라 y로 간 다음 a를 따라 x로 가는 회로는 G^*의 오일러 회로가 된다. 따라서 G^*에서 모든 꼭지점이 짝수점이다. 그러므로 G에서 x, y는 홀수점이고 나머지 꼭지점은 모두 짝수점이다.

($\Leftarrow$) 2개의 홀수점을 x, y라 하자.
G에서 x, y를 잇는 변 a를 추가한 그래프를 G^*라 하면, G^*는 홀수점을 가지지 않게 되므로 오일러 회로 C를 가진다. C의 중간에 변 a가 「$x \rightarrow y$」와 같이 방향이 주어졌다고 할 수 있다. 이제 C에서 유향변 $a = [x \rightarrow y]$를 지우면 y에서 x로 가는 G의 오일러 경로를 얻는다. ■

● 오일러 회로의 응용

드 부루인 수열(de Bruijn sequence)

p개의 문자의 집합 $\Sigma_p = \{0, 1, 2, \cdots, p-1\}$의 어떤 중복순열 $a_1 a_2 \cdots a_n$이 있어서 이를 원형으로 배열했을 때, $0, 1, 2, \cdots, p-1$의 모든 r-중복순열이 그 원순열의 연속된 한 부분으로 꼭 한 번 나타날 때, $a_1 a_2 \cdots a_n$을 Σ_p상의 (p, r) 드 부루인 수열이라고 한다. 이를테면 $\Sigma_2 = \{0, 1\}$의 중복순열 01110100을 원형으로 배열해 놓고 첫 0부터 3개의 숫자씩 차례대로 읽으면

$$011, 111, 110, 101, 010, 100, 000, 001$$

과 같이 Σ_2의 모든 3-중복순열이 꼭 한 번씩 나타나므로,
01110100은 Σ_2상의 $(2, 3)$ 드 부루인 수열이다.

01110100011 ⋯
01110100011 ⋯
01110100011 ⋯
01110100011 ⋯
01110100011 ⋯
01110100011 ⋯
01110100011 ⋯
01110100011 ⋯

드 부루인 수열은 정보를 효율적으로 코드화할 수 있는 도구로서 정보이론에서 대단한 중요성을 가지고 있다.

한 예로, 컴퓨터가 8개의 섹터로 나누어진 회전 자기 드럼을 3개의 섹터에 접촉하는 터미널로써 각 섹터가 서로 다른 것으로 인식하도록 하려면 8개의 섹터에 순서대로 길이 8인 드 부루인 수열을 기록하면 된다.

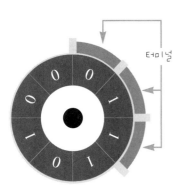

터미널

만약 Σ_p상의 (p, r) 드 부루인 수열 $a_1 a_2 \cdots a_n$이 존재한다면 명백히 $n = p^r$이다.

임의의 p, r에 대하여, (p, r) 드 부루인 수열이 존재한다. 이에 대하여 알아보자.

먼저 위수가 p^{r-1}인 유향그래프 $D_{p,r}$을 다음과 같이 구성한다.

- 꼭지점 : Σ_p의 모든 $(r-1)$-중복순열
- 유향변 : $x = b_1 b_2 b_3 \cdots b_{r-1}$, $y = b_2 b_3 \cdots b_{r-1}b_r$과 같이, 꼭지점 x의 끝 $r-2$개의 항과 꼭지점 y의 첫 $r-2$개의 항이 일치할 때, x에서 y로 가는 유향변을 준다.
  (이 변에 $b_1 b_2 b_3 \cdots b_{r-1}b_r$이라는 이름을 붙인다.)

$D_{p,r}$의 임의의 두 꼭지점 $x = b_1 b_2 \cdots b_{r-1}$, $y = c_1 c_2 \cdots c_{r-1}$에 대하여 경로

$$b_1 b_2 \cdots b_{r-1} \to b_2 \cdots b_{r-1} c_1 \to b_3 \cdots b_{r-1} c_1 c_2 \to \cdots$$
$$\to b_{r-1} c_1 c_2 \cdots c_{r-2} \to c_1 c_2 \cdots c_{r-1}$$

이 존재하므로 $D_{p,r}$는 강연결그래프이다.

$D_{p,r}$의 임의의 꼭지점 $x = b_1 b_2 \cdots b_{r-1}$에 대하여,
「$\star\, b_1 b_2 \cdots b_{r-2}$」꼴의 모든 꼭지점에서 x로 들어가는 유향변이 있으므로 $id(x) = p$, x에서 「$b_2 b_3 \cdots b_{r-2} \star$」꼴의 모든 꼭지점으로 나가는 유향변이 있으므로 $od(x) = p$이다. 따라서 $id(x) = od(x)$이고, 그러므로 $D_{p,r}$은 오일러 회로를 가진다.

다음의 $(p, r) = (2, 3)$인 경우의 예에서 알 수 있듯이 (p, r) 드 부루인 수열은 $D_{p,r}$의 오일러 회로와 일대일로 대응된다.

$id(x) : x$의 입차수
$od(x) : x$의 출차수

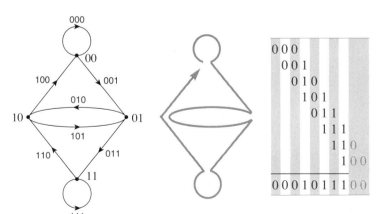

해밀턴 회로

12면체를 나타내는 그래프의 한 꼭지점을 출발, 변을 따라 모든 꼭지점을 한 번씩만 지나서 원래의 출발점으로 돌아오는 회로가 존재하겠는가?

해밀턴(Sir William Rowan Halmilton)에 의하여 제시된 이 퍼즐로부터 해밀턴 회로가 등장하였다.

다음 그래프 G를 적당히 유향화한 그래프에서는 각 꼭지점을 꼭 한 번씩만 지나는 유향회로를 얻을 수 있다.
이와 같은 회로를 G의 해밀턴 회로라 하고, 해밀턴 회로를 가지는 그래프를 해밀턴 그래프라고 한다.

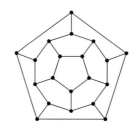 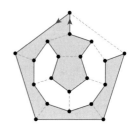

완전이분그래프 $K_{m,n}$이 해밀턴 회로를 가질 필요충분 조건은 $m = n$일 것이다.

이를테면 완전그래프 또는 완전이분그래프 $K_{n,\,n}$은 해밀턴 그래프이다.

한편 꼭지점을 꼭 한 번씩만 지나는 유향경로를 해밀턴 경로라고 한다.

회사 본부에서 출발하여 여러 도시의 지사를 방문한 후에 본사로 돌아와야 하는 세일즈맨이 세우는 방문 경로는 해밀턴 회로이다.

해밀턴 그래프에서도 오일러 그래프의 경우와 같이 간단하면서도 유용한 필요충분조건이 존재할 것으로 추측할 수 있지만 이것은 아직까지도 미해결 과제이다.

다음에는 그래프가 해밀턴 그래프이기 위한 몇 가지 충분조건을 소개한다.

이 절에서는 이제부터 위수가 n인 그래프에서 $d(x) + d(y) \geq n$인 한 쌍의 인접하지 아니한 꼭지점 x, y를 「눈 맞는 쌍」이라고 하자.

보조정리 4.4.4

위수 $n\ (\geq 3)$인 그래프 G에서 꼭지점 x, y를 눈 맞는 쌍이라 하고, x, y를 잇는 변을 a라 하면 그래프 G가 해밀턴 그래프일 필요충분조건은 $G + a$가 해밀턴 그래프일 것이다.

증명 필요성은 명백하다. 충분성을 증명한다.

$G + a$가 해밀턴 그래프임에도 불구하고 G가 해밀턴 그래프가 아니라고 가정하자. 다음과 같은 $G + a$의 해밀턴 회로 C를 잡으면 C는 변 a를 포함한다.

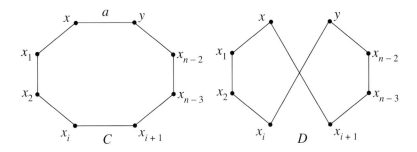

어떤 i에 대하여 $x_i \in N(y)$이고 $x_{i+1} \in N(x)$이라면, 위의 회로 D는 G의 해밀턴 회로가 되므로, 각 $i = 1, \cdots, n-3$에 대하여 $x_i \in N(y)$이면 $x_{i+1} \notin N(x)$가 성립한다.

$$N(y) = \{x_{i_1}, \cdots, x_{i_p}, x_{n-2}\},\ 1 \leq i_1 < \cdots < i_p \leq n-3$$

이라 하면

$$N(x) \subset V - \{x, y, x_{i_1+1}, \cdots, x_{i_p+1}\}$$

이므로, $d(y) = p + 1,\ d(x) \leq n - p - 2$이다.

따라서 $d(x) + d(y) \leq n - 1 < n$. 그러므로 x, y는 눈 맞는 쌍이 아니며 이것은 가정에 모순이다. ∎

그래프 G에서, $G_0 = G$라 하고, 각 $i = 1, 2, \cdots$에 대하여, G_i에서 눈 맞는 한 쌍의 꼭지점을 변으로 이은 것을 G_{i+1}이라 하면 어떤 k에 대하여 G_k에는 눈 맞는 쌍이 존재하지 아니한다. 이 그래프를 G의 폐포라 하고, $c(G)$와 같이 나타낸다.

G의 폐포(閉包 closure of G)는 G에 의하여 유일하게 정해진다.(연습문제 9참조)

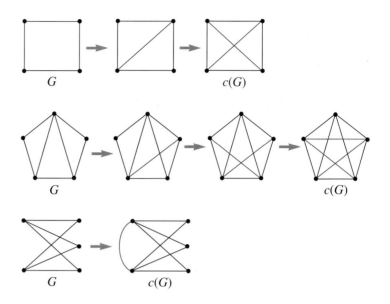

> **따름정리**
>
> 그래프 G가 해밀턴 그래프일 필요충분조건은 $c(G)$가 해밀턴 그래프일 것이다.

> **정리 4.4.5**   오어(Ore)
>
> 임의의 이웃하지 않는 두 꼭지점이 눈 맞는 쌍인 위수 3 이상인 그래프는 해밀턴 그래프이다.

증명. 그래프 G가 위수 3 이상이고, 임의의 이웃하지 않는 두 꼭지점이 눈 맞는 쌍이라고 하면, $c(G) = K_n$이다. ■

> **따름정리**
>
> 각 꼭지점의 차수가 $v/2$ 이상인 그래프는 해밀턴 그래프이다.

지금까지 해밀턴 회로가 존재하기 위한 충분조건에 대하여 알아
보았다.

다음 정리는 평면그래프가 해밀턴 회로를 가지기 위한 한 필요조
건이다.

정리 4.4.6 평면 해밀턴 그래프의 필요조건

평면그래프 G가 해밀턴 회로 C를 가진다고 하고, C의 내부에
있는 차수 i인 면의 수를 r_i', C의 외부에 있는 차수 i인 면의 수
를 r_i''라 하면 $\sum_i (i-2)(r_i' - r_i'') = 0$이 성립한다.

증명 G의 위수를 v라 하고, G의 해밀턴 회로 C의 내부에 있는
변의 수를 e'이라 하면, 내부에 있는 면의 수는 $e'+1$이다. 따라서
$\sum_i r_i' = e'+1$, 즉

$$e' = \sum_i r_i' - 1. \qquad ①$$

C의 내부에 있는 날의 수를 b라 하면, C의 내부에 있는 변은 2개
의 날(刀)을 제공하고, C상의 변은 1개의 날을 제공하므로

$$b = 2e' + v.$$

한편, C의 내부에 있는 차수 i인 면의 가장자리에 r_i'개의 날이 있
으므로

$$b = \sum_i i\, r_i'.$$

따라서

$$\sum_i i\, r_i' = 2e' + v. \qquad ②$$

①, ②로부터

$$\sum_i (i-2)\, r_i' = v - 2. \qquad ③$$

C의 외부에 대하여 같은 방식으로 생각하면

$$\sum_i (i-2)\, r_i'' = v - 2 \qquad ④$$

를 얻는다.

그러므로 정리의 등식이 성립한다. ■

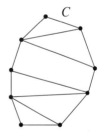

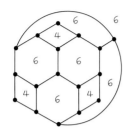

예제 **4.4.2.** 왼쪽 그림과 같은 평면그래프는 해밀턴 그래프가 아님을 보여라.

풀이 평면그래프 G가 해밀턴 회로를 갖는다고 가정하면,

$$r_4 = r_4' + r_4'' = 3, \ r_6 = r_6' + r_6'' = 6$$

이고, 정리 4.4.6에 의해서

$$(4-2)(r_4' - r_4'') + (6-2)(r_6' - r_6'') = 0$$

이 성립한다.

이 때, 등식

$$|r_4' - r_4''| = 2|r_6' - r_6''|$$

을 얻는다. $r_4' + r_4'' = 3$이므로 이 등식의 좌변은 홀수이고, 우변은 짝수이므로 모순이다. ∎

$r_4' + r_4'' = 3$이면,

$r_4' - r_4'' = 3 - 2r_4''$

$\qquad \equiv 1 \ (\mathrm{mod}.2).$

해밀턴 회로가 존재하는 적당한 크기의 그래프에서는 그 회로를 발견하는 일은 어렵지 않겠지만, 주어진 그래프가 해밀턴 회로를 가지지 않는다는 것을 보이는 것은 어려운 문제이다.

다음 해밀턴 회로의 성질은 주어진 그래프가 해밀턴 회로를 가지지 않는다는 것을 보이는 중요한 도구가 될 수 있다.

● 해밀턴 회로의 성질
 ❶ 차수가 2인 꼭지점에 물려있는 두 변은 해밀턴 회로에 포함된다.
 ❷ 한 점에 물려있는 두 개의 변이 해밀턴 회로에 포함되면 그 점에 물려있는 다른 모든 변은 그 회로에 포함되지 않는다.
 ❸ 해밀턴 회로는 그 회로의 길이보다 짧은 부분회로를 포함하지 않는다.

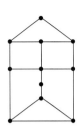

예제 **4.4.3.** 오른쪽 그림의 그래프는 해밀턴 그래프가 아님을
보여라.

풀이 다음 과정에 따라 이 그래프는 해밀턴 회로를 가질 수 없음
을 알 수 있다. ∎

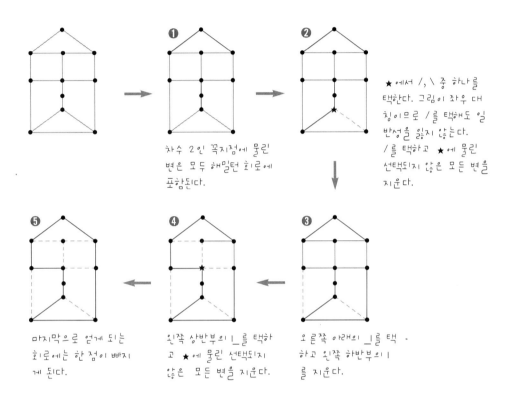

차수 2인 꼭지점에 물린
변은 모두 해밀턴 회로에
포함된다.

★ 에서 /, \ 중 하나를
택한다. 그림이 좌우 대
칭이므로 / 를 택해도 일
반성을 잃지 않는다.
/ 를 택하고 ★ 에 물린
선택되지 않은 모든 변을
지운다.

오른쪽 아래의 ⌐를 택
하고 왼쪽 하반부의 ⌐
를 지운다.

왼쪽 상반부의 ⌐를 택하
고 ★ 에 물린 선택되지
않은 모든 변을 지운다.

마지막으로 얻게 되는
회로에는 한 점이 빠지
게 된다.

● 해밀턴 회로의 응용

완전그래프의 각 변에 방향을 준 유향그래프를 토너먼트라고 한
다.

어떤 시합의 승부 관계를 나타내는 토너먼트에서 출전 선수들의
등수를 매기거나 일렬로 세울 때, 해밀턴 경로를 이용할 수 있다.

토너먼트 (tournamemt)

정리 4.4.6   평면 해밀턴 그래프의 필요조건

토너먼트에는 해밀턴 경로가 있다.

증명 ▪▪ 토너먼트 T의 위수 v에 대한 귀납법으로 증명한다.

$v = 2$일 때는 명백히 정리가 성립한다.

$v \geq 3$이라 하자.

T의 임의의 한 꼭지점 y를 택하면 $T - y$는 토너먼트이다.
따라서 귀납법의 가정에 의해 $T - y$는 해밀턴 경로

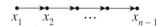

을 가진다. T에서 유향변 「$y \longmapsto\bullet x_1$」 또는 「$x_{n-1} \bullet\!\longmapsto y$」가 존재한다
면 T는 해밀턴 경로를 가지게 된다.

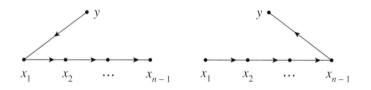

「$y \longmapsto\bullet x_1$」과 「$x_{n-1} \bullet\!\longmapsto y$」 중 어느 것도 T의 유향변이 아니라면, T
가 토너먼트이므로, 「$x_1 \bullet\!\longmapsto y$」 와 「$y \longmapsto\bullet x_{n-1}$」이 T의 유향변이다.
「$x_i \bullet\!\longmapsto y$」가 T의 유향변인 가장 큰 $i, (1 \leq i \leq n-2)$ 를 택하면 T에
는 「$x_{i+1} \bullet\!\longmapsto y$」가 존재하지 않으므로 「$y \longmapsto\bullet x_{i+1}$」이 T의 유향변이
다. 이 때,

$x_1 \rightarrow y$가 T의 유향변이므
로 $x_i \rightarrow y$가 T의 유향변인
i가 존재한다.

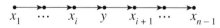

이 T의 해밀턴 경로가 된다. ▪

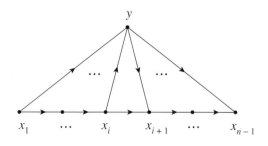

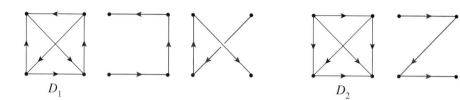

경기 결과가 위의 토너먼트 D_1과 같은 경우에는 해밀턴 경로가 2개 이상이므로 순위를 정할 때 다른 요인을 고려해야 할 것이다. 그러나 D_2와 같을 때는 해밀턴 경로가 꼭 하나뿐이므로 이에 따라 순위를 바로 정할 수 있다.

D_2에서는 「$x \longmapsto y$」, 「$y \longmapsto z$」가 유향변일 때, 「$x \longmapsto z$」도 유향변이다. 이와 같은 성질을 가진 유향그래프를 전이 유향그래프라 한다. 전이 유향그래프인 토너먼트를 전이 토너먼트라고 하고, 일반적으로 전이 토너먼트에는 해밀턴 경로가 오직 1개뿐이다.

전이(轉移)유향그래프
(transitive digraph)

정리 4.4.7

전이 토너먼트는 유일한 해밀턴 경로를 가진다.

증명 :: 토너먼트 T가 위수 v인 전이 토너먼트라고 하면, T는 해밀턴 경로

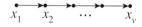

를 가진다.

T가 다른 해밀턴 경로를 가지기 위해서는 「$x_j \longmapsto x_i$」가 T의 유향변이 되는 어떤 $i, j, (1 \leq i < j \leq v)$가 존재한다. 이 때, 「$x_{j-1} \longmapsto x_j$」가 T의 유향변이므로 $i \leq j - 2$가 성립한다.

j를 고정시키고 i를 이 성질을 만족하는 최대의 수로 잡으면 「$x_j \longmapsto x_{i+1}$」은 T의 유향변이 아니다.

이것은 T가 전이 토너먼트라는 사실에 위배된다. ■

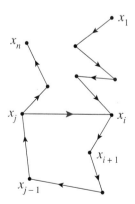

자연수 n에 대하여 그래프 $\mathbf{Z}_2^n$ 을 다음과 같이 정의하자.

- 꼭지점 : 0, 1로 이루어진 2^n 개의 n자리의 수 전체
- 인접성 : 한 자리의 숫자만 서로 다른 두 수는 인접하다

그래프 $\mathbf{Z}_2^n$ 의 해밀턴 회로는, 이를테면, $n = 3$인 경우의

$$000 \rightarrow 100 \rightarrow 110 \rightarrow 010 \rightarrow 011 \rightarrow 111 \rightarrow 101 \rightarrow 001$$

과 같이, 한 자리의 숫자만 다른 이진법의 수의 경로이다.
이와 같은 회로는 원거리 화상 송신의 코드화 도구로 사용된다.

우주탐사선이 지구로 화상을 전송할 때 하나의 긴 수열로 전송하는데, 이 수열에서 각 블럭의 수는 사진의 각 점에 대한 명암의 농도를 코드화한 것이다.
이를테면 명암의 농도가 1에서 8까지라고 할 때, 이 각각의 수를 이진법의 수로 나타내어 코드화하는 것이 한 방법일 것이다.

수	1	2	3	4	5	6	7	8
코드	001	010	110	100	101	110	111	000

그러나 연속한 두 수는 한 자리의 숫자만 다른 두 개의 이진법의 수로 코드화하면, 한 자리의 숫자가 잘못 전송될 경우라도 원래 화상과 크게 차이가 나지 않는 화상을 수신할 수 있을 것이다.
이와 같이 코드화하는 한 가지 방법이 $\mathbf{Z}_2^n$ 의 해밀턴 회로 상에 있는 이진법의 수를 순서대로 1, 2, 3, … 의 코드로 하는 것이다.
이러한 코드를 그레이 코드라고 한다.

그레이 코드(Gray code)

수	1	2	3	4	5	6	7	8
코드	000	100	110	010	011	111	101	001

연습문제

1. 다음 조건을 만족하는 단순그래프를 그려라.
   (1) 오일러 회로와 해밀턴 회로를 가진다.
   (2) 오일러 회로는 가지지만 해밀턴 회로를 가지지 않는다.
   (3) 해밀턴 회로는 가지지만 오일러 회로는 가지지 않는다.
   (4) 오일러 회로와 해밀턴 회로를 가지지 않는다.

2. 위수 2 이상인 연결그래프 G가 오일러 그래프일 때, 필요충분조건은 G의 모든 변이 홀수개의 회로 상에 놓여 있을 것임을 증명하라.

3. 꼭지점이 $x_1, x_2, \cdots, x_n$이고 x_i, x_j가 인접할 필요충분조건이 $|i - j| \geq 3$인 그래프는 해밀턴 회로를 가지는가?

4. 위수가 3 이상인 단순 연결그래프 G의 서로 인접하지 않은 임의의 두 꼭지점 x, y에 대하여, $d(x) + d(y) \geq k$라고 하자. $k < n$이라면 G는 길이 k인 직선경로를 가지고 있음을 증명하라.

5. $v > 2\delta_G$인 단순 연결그래프 G의 가장 긴 직선경로의 길이는 $2\delta_G$ 이상임을 증명하라.

6. 위수 n인 연결그래프 G의 차수열이 $d_1 \leq d_2 \leq \cdots \leq d_n$이라고 하자. 각 $k = 1, 2, \cdots, n$에 대하여, $d_k \leq k < \frac{n}{2}$이고 $d_{n-k} < n - k$인 k가 존재하지 않으면, G는 해밀턴 그래프임을 증명하라.

7. 완전그래프 K_n에서 변을 공유하지 않는 해밀턴 회로의 최대 개수를 구하라.

8. 교실에 25명의 학생이 5행 5열로 배열된 자리에 앉아 있을 때, 각 학생이 현재 앉아 있는 자리와 서로 인접한 자리로 옮기는 것이 불가능함을 증명하라. (단, 인접한 자리란 앞, 뒤, 왼쪽, 오른쪽 자리를 의미한다.)

9. 그래프 G의 폐포는 G에 의하여 유일하게 결정됨을 증명하라.

10. 다음 그래프는 해밀턴 회로를 가지고 있지 않음을 증명하라.

(1)

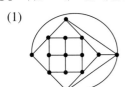

(2)

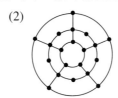

4.5 그래프 채색

오른쪽 그림과 같은 4개 나라 간의 경계를 나타낸 지도가 있다고 하자. 인접한 나라끼리는 서로 다른 색을 사용하여 채색한다고 할 때, 최소한 몇 가지 색이 필요하겠는가?

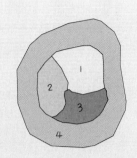

채색수와 채색다항식

위의 지도는 나라를 꼭지점으로 보고 나라끼리의 인접성을 꼭지점끼리 인접성으로 보면 오른쪽 그림의 그래프로 나타낼 수 있다. 지도의 채색 문제는 이 그래프의 꼭지점의 채색 문제로 바뀐다.

지금부터 주어진 그래프의 꼭지점을 채색한다는 것은 인접한 꼭지점들끼리는 서로 다른 색이 칠해지도록 채색하는 것을 뜻하는 것으로 한다.

그래프 G의 꼭지점을 k개의 색으로 채색할 수 있을 때, G는 k-채색가능이라고 한다. 이를테면 왼쪽 그래프는 4-채색가능이다.

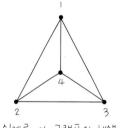

실제로 이 그래프의 채색을 위해서는 최소한 4개의 색이 필요하다.

임의의 평면그래프가 k-채색가능이기 위한 최소의 k값은 얼마인가?

이 문제는 1850년 경, 당시 대학원 학생이었던 구드리에 의하여 제시되었으며,

「임의의 평면그래프는 4-채색가능일 것이다.」

라는, 이른바 사색문제라는 예상문제로서 오랜 기간 동안 많은 학자들의 관심의 대상이 되었다.

사색문제(四色問題
4 color problem)

아펠(Appel)과 하켄 (Haken)의 증명은 100억 개 이상의 논리적 결정과정을 요하는 컴퓨터 계산에 의존하였다. 이 컴퓨터 계산에 1200시간 이상이 소요되었다.

아펠-하켄의 증명은 최근 로벗슨 등(Robertson *et. al.*)에 의하여 다소 단순화 되었다.

사색문제에 대해서는 1976년 아펠과 하켄이 컴퓨터를 이용한 증명을 얻었다.

사색문제에 근원을 둔 그래프의 채색문제는 컴퓨터공학, 경영분석, 디자인 등 다양한 분야에 응용되어지고 있다.

꼭지점 채색에 필요한 색의 개수의 최소값을 결정하는 방법과 그 최소값의 의미를 알아보자.

채색수(彩色數 Chromatic Number)

위수 v인 그래프는 v-채색가능이다. 그래프 G가 k-채색가능이기 위한 최소의 k값을 G의 채색수라 하고, $\chi(G)$로 나타낸다. 이를테면 $\chi(K_n) = n$이다.

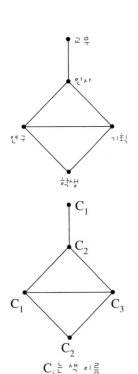

C_i는 색 이름

예제 4.5.1. 가, 나, 다, 라, 마 5사람은 어느 대학의 다음 표와 같은 다섯 개의 소속위원회의 회의 때마다 꼭 참석해야 하는 위원들이다. 전체 위원회의 회의에 필요한 시간대의 개수는 최소한 몇 개이어야 하겠는가?

	가	나	다	라	마
교무위	√				
인사위	√	√	√		
연구위		√			√
기획위				√	√
학생위				√	√

풀이 먼저 각 위원회를 꼭지점으로 하고 공통으로 소속된 위원이 있는 두 위원회에 해당하는 꼭지점을 변으로 이으면 하나의 그래프 G를 얻는다. 회의 시간을 잡는 것을 꼭지점을 채색하는 것으로 생각하면, 같은 위원이 소속된 두 위원회는 동시에 회의 시간을 잡을 수 없으므로 인접한 꼭지점은 서로 다른 색으로 채색하여야 한다.

이 그래프는 3-채색 가능하며, K_3을 부분그래프로 품고 있으므로 2-채색은 불가능하다. 그러므로 $\chi(G) = 3$이고, 따라서 필요한 회의 시간대 수의 최소값은 3이다. ▮

그래프 G의 꼭지점을 x개 이하의 색으로 채색할 수 있는 방법의 수를 $P(G, x)$라고 하면 $P(G, x)$는 x의 다항식이 된다. 이 다항식을 G의 채색다항식이라고 한다. 이를테면

- $P(K_3, x) = x(x-1)(x-2)$
- $P(K_n, x) = x(x-1) \cdots (x-n+1) = [x]_n$
- $P(K_{1,5}, x) = x(x-1)^5$

G의 채색수 $\chi(G)$는 $P(G, x) \neq 0$인 x의 최소값이다.

채색다항식(彩色多項式 chromatic polynomial)은 버코프(Birkhof)가 사색 문제를 풀기 위해 도입하였다.

예제 **4.5.2.** 다음 그래프의 채색다항식과 채색수를 구하라.

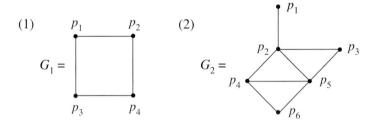

(1) $G_1 =$ p_1 p_2 p_3 p_4

(2) $G_2 =$ p_1 p_2 p_3 p_4 p_5 p_6

풀이 먼저 각 꼭지점에 위의 그림과 같이 이름을 부친다.

(1) 다음 두 가지로 나누어 생각한다.

경우 1 : p_2, p_3을 같은 색으로 칠할 경우
p_1에 색칠하는 방법 수는 x,
그 다음, p_2, p_3에 색칠하는 방법 수는 $(x-1)$,
그 다음, p_4에 색칠하는 방법 수는 $(x-1)$.

경우 2 : p_2, p_3을 서로 다른 색으로 칠할 경우
p_1에 색칠하는 방법 수는 x,
그 다음, p_2, p_3에 색칠하는 방법 수는 $(x-1)(x-2)$,
그 다음, p_4에 색칠하는 방법 수는 $(x-2)$.

따라서 $P(G_1, x) = x(x-1)^3 + x(x-1)(x-2)^2$.

$P(G_1, x) \neq 0$되는 최소의 x값은 2이므로 $\chi(G_1) = 2$.

(2) p_4에 색칠하는 방법 수는 x.

그 다음, p_2에 색칠하는 방법 수는 $x - 1$,

그 다음, p_5에 색칠하는 방법 수는 $x - 2$,

그 다음, p_3에 색칠하는 방법 수는 $x - 2$,

그 다음, p_6에 색칠하는 방법 수는 $x - 2$,

그 다음, p_1에 색칠하는 방법 수는 $x - 1$.

따라서 $P(G_2, x) = x(x - 1)^2 (x - 2)^3$.

$P(G_2, x) \neq 0$되는 최소의 x값은 3이므로 $\chi(G_2) = 3$. ▮

$^ap_1$, p_2, p_5를 먼저 칠하면 p_3, p_4를 칠할 때, 같은 색 유무의 경우를 분류해야 하므로 번거롭다.

채색다항식을 효율적으로 구하는 방법에 대하여 알아보자.

G가 꼭지점을 공유하지 않는 두 부분그래프 G_1, G_2로 나뉠 때,
$$P(G, x) = P(G_1, x)P(G_2, x)$$
이다. 이를테면 왼쪽 그림의 그래프 G에 대하여
$$P(G, x) = P(G_1, x)P(G_2, x) = [x(x - 1)(x - 2)]^2.$$

그래프 G의 한 변 a를 택하여 $G_a{}' = G - a$라 하고 $G_a{}'$에서 변 a에 물려있는 두 꼭지점을 동일시 한 것을 $G_a{}''$이라 하자.

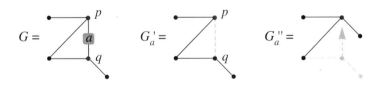

여기서 $G_a{}'$은 G보다 변의 수가 작고 $G_a{}''$은 G보다 변의 수와 꼭지점의 수가 작다. 이 사실로부터, 그래프의 채색다항식은 작은 크기의 그래프의 채색다항식으로부터 귀납적으로 구할 수 있음을 알 수 있다.

$G, G_a^{\,\prime}, G_a^{\,\prime\prime}$ 의 채색다항식 사이에는 다음과 같은 등식이 성립한다.

정리 **4.5.1** 축약정리

a가 그래프 G의 한 변이라 할 때,
$$P(G, x) = P(G_a^{\,\prime}, x) - P(G_a^{\,\prime\prime}, x).$$

증명 $a = [p, q]$라 하자.

x개의 색으로 그래프 $G_a^{\,\prime}$의 꼭지점을 채색하는 방법 수는

- p, q가 서로 다른 색일 경우는 x개의 색으로 G의 꼭지점을 채색하는 방법 수 $P(G, x)$와 같고,

- p, q가 같은 색일 경우는 x개의 색으로 $G_a^{\,\prime\prime}$의 꼭지점을 채색하는 방법 수 $P(G_a^{\,\prime\prime}, x)$와 같다.

그러므로

$$P(G_a^{\,\prime}, x) = P(G, x) + P(G_a^{\,\prime\prime}, x)$$

가 성립하고, 따라서 정리의 등식을 얻는다. ■

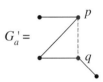

축약정리를 써서 다음과 같이 채색다항식을 구할 수 있다.

$$\bullet\!-\!\bullet \;=\; \bullet\quad\bullet \;-\; \bullet \;=\; x^2 - x = x(x-1)$$

$$\underline{\rule{0.8em}{0pt}}\rceil \;=\; \rceil\,,\;\;-\;\rceil \;=\; \rceil \times \bullet \;-\; \rceil \;=\; x^2(x-1) - x(x-1)$$
$$= x(x-1)^2$$

$$\triangle \;=\; \llcorner\!\!\urcorner \;-\; \rceil \;=\; x(x-1)^2 - x(x-1)$$
$$= x(x-1)(x-2)$$

$$\Diamond \;=\; \boxtimes \;-\; \triangleright \;=\; \triangleright \;-\; \triangleright \;-\; \triangleleft$$

$$=\; \triangleleft \times \bullet \;-\; 2\,\triangleleft \;=\; x(x-1)(x-2)x$$
$$- 2x(x-1)(x-2)$$
$$= x(x-1)(x-2)^2$$

영(零)그래프(null graph) 변을 가지지 않는 그래프를 영그래프라 하고, 위수 n인 영그래프를 N_n 으로 나타낸다.

정리 4.5.2 채색다항식의 성질

그래프 G의 위수가 n일 때, 다음이 성립한다.

(1) 양의 정수 $k\ (\leq n), a_{n-1}, a_{n-2}, \cdots, a_k$ 가 존재하여 $P(G, x)$는
$$P(G, x) = x^n - a_{n-1}x^{n-1} + a_{n-2}x^{n-2} - \cdots + (-1)^{n-k}a_k x^k.$$
와 같은 꼴을 가진다.

(2) 위의 (1)에서, $a_{n-1} = e$ 이다.

(3) $G \neq N_n$ 이면, $P(G, x)$의 계수의 합은 0 이다.

증명 그래프의 변의 수 e에 관한 귀납법으로 증명한다.

● $e = 0, e = 1$일 때는 각각 $P(G, x) = x^n, P(G, x) = x^n - x^{n-1}$이므로 (1), (2), (3)이 성립한다.

● $e > 1$라 하자. a를 G의 한 변이라 하면, G_a', G_a''의 차수는 각각 $n, n-1$이다. G_a', G_a''의 변의 수가 G의 변의 수보다 작으므로, 귀납법의 가정에 의하여
$$P(G_a', x) = x^n - b_{n-1}x^{n-1} + b_{n-2}x^{n-2} - \cdots + (-1)^{n-p}b_p x^p,$$
$$P(G_a'', x) = \qquad x^{n-1} - c_{n-2}x^{n-2} + \cdots + (-1)^{n-1-q}c_q x^q$$
을 만족하는 양의 정수
$$p\ (\leq n), q\ (\leq n-1), b_i\ (p \leq i \leq n-1), c_j\ (q \leq j \leq n-2)$$
가 존재한다.

$P(G, x) = P(G_a', x) - P(G_a'', x)$이므로 (1)이 성립한다. 그런데 귀납법에 의하여 $b_{n-1} = (G_a'$의 변의 수)이고, $e = (G_a'$의 변의 수) + 1,
$$P(G, x) = P(G_a', x) - P(G_a'', x) = x^n - (b_{n-1} + 1)x^{n-1} + \cdots$$
이므로 (2)가 성립한다.

x에 관한 다항식 $f(x)$의 계수의 합은 $f(1)$과 같다.

마지막으로, 귀납법에 의하여 $P(G_a', 1) = 0, P(G_a'', 1) = 0$이므로,
$$P(G, 1) = P(G_a', 1) - P(G_a'', 1) = 0 - 0 = 0$$
이고, 따라서 (3)이 성립한다. ■

정리4.5.2의 (1), (3)을 만족하는 다항식이라고 해서 반드시 어떤 그래프의 채색다항식이 되는 것은 아니다. 이를테면

$$f(x) = x^4 - 4x^3 + 3x^2$$

은 정리4.5.2의 (1), (3)을 만족하지만 $f(x)$를 채색다항식으로 갖는 그래프 G는 존재하지 않는다. 왜냐하면 $P(G, x) = f(x)$라면 $v = e = 4$이므로 그래프 G는 수형도가 아니다. 따라서 G는

$$G_1 = \qquad\qquad G_2 =$$

중 하나이다. 그런데 이 그래프의 채색다항식

$$P(G_1, x) = x(x-1)^2(x-2),$$
$$P(G_2, x) = x(x-1)(x-2)^2 + x(x-1)^3$$

는 모두 $f(x)$와 다르다.

G가 완전그래프 K_r을 부분그래프로 품고 있을 때, $[x]_r \mid P(G, x)$가 성립한다. 특히 $G - K_r$이 연결그래프가 아닐 때는 다음 정리에 의하여 $P(G, x)$를 구할 수 있다.

정리 4.5.3 | K_r을 품는 그래프의 채색다항식

그래프 G가 완전그래프 K_r을 부분그래프로 품고 있다고 하자. $G - K_r$의 연결성분을 $G_1, \cdots, G_k$라 하고 $H_i = G_i + K_r$라 두면
$$P(G, x) = \prod_{i=1}^{k} P(H_i, x) / [x]_r^{k-1}$$ 이 성립한다.

증명 x개의 색으로 K_r의 꼭지점을 채색하는 방법 수는 $[x]_r$이다.

x개의 색으로 H_i의 꼭지점을 칠할 때, K_r의 꼭지점이 채색된 상태에서 G_i의 꼭지점을 채색하는 방법 수를 m_i라 하면

$$P(H_i, x) = [x]_r m_i$$

이다.

x개의 색으로 G의 꼭지점을 칠할 때, K_r의 꼭지점을 먼저 칠하고 난 다음, 차례로 $G_1, G_2, \cdots, G_r$의 꼭지점을 칠하면 되므로

$$P(G, x) = [x]_r\, m_1\, m_2 \cdots m_k = [x]_r \prod_{i=1}^{k} (P(H_i, x) / [x]_r)$$

$$= \prod_{i=1}^{k} P(H_i, x) / [x]_r^{\,k-1}. \quad \blacksquare$$

꼭지점 채색의 노랭이 알고리즘

G의 꼭지점에 $x_1, x_2, \cdots, x_n$의 이름을 붙이고 사용하는 색에 1, 2, $\cdots$의 값을 붙인 다음, 다음 과정에 따라 채색한다.

❶ : 꼭지점 x_1에 색 1을 칠한다.

$N(x)$: x와 인접한 꼭지점 전체의 집합

❷ : $x_1, \cdots, x_{i-1}$이 칠해졌을 때, $N(x_i) \cap \{x_1, \cdots, x_{i-1}\}$의 점에 칠해지지 않은 가장 작은 값의 색을 x_i에 칠한다.

노랭이 알고리즘은 인접한 꼭지점에 서로 다른 색을 칠한다. 따라서 이 알고리즘에 의하여 색칠한 것은 꼭지점 채색이 된다. 그러므로 노랭이 알고리즘에 의하여 그래프 G의 꼭지점을 채색했을 경우 사용된 색의 개수를 k라 하면 $\chi(G) \leq k$가 성립한다.

그래프에 의하여 하나로 정해지는 수 값으로는 이외에도 여러 개 있다. 다음에 이러한 수 값과 채색수와의 관계에 대하여 알아보자.

정리 4.5.4 채색수와 최대 차수

Δ_G : G의 꼭지점의 차수의 최대값

G가 연결그래프이면, $\chi(G) \leq \Delta_G + 1$이 성립한다.

증명 색, 1, 2, $\cdots \Delta_G$, $\Delta_G + 1$을 가지고 노랭이 알고리즘으로 G의 꼭지점을 채색할 수 있음을 보인다.

각 $i = 1, 2, \cdots, v$에 대하여 $x_1, \cdots, x_{i-1}$이 칠해졌을 때,

$$|N(x_i) \cap \{x_1, \cdots, x_{i-1}\}| \leq |N(x_i)| \leq \Delta_G$$

이므로 $1, 2, \cdots \Delta_G, \Delta_G + 1$중에는 $N(x_i) \cap \{x_1, \cdots, x_{i-1}\}$에 칠해지지 지 않은 색이 있다. 따라서 노랭이 알고리즘으로 채색을 완료할 수 있다. ■

그래프 $G = (V, E)$에서 인접하지 않은 한 쌍의 꼭지점을 서로 독립적이라 하고 $U (\subset V)$의 임의의 한 쌍의 점이 서로 독립적일 때, U를 G의 독립집합이라고 한다. U가 독립집합일 때 U로 생성되는 G의 생성부분그래프는 영그래프이다.

G의 독립집합의 꼭지점의 최대 개수를 독립수라 하고, $\alpha(G)$로 나타낸다. 이를테면

$$\alpha(N_n) = n, \ \alpha(K_n) = 1, \ \alpha(K_{m,n}) = \max\{m, n\}$$

이고, 다음 그림의 그래프 G_1, G_2에 대하여 $\alpha(G_1) = 2, \alpha(G_2) = 3$ 이다.

이제부터, 집합 X의 부분집합 $X_1, X_2, \cdots, X_k$ 중 임의의 두 집합이 서로소일 때, $X_1 \cup X_2 \cup \cdots \cup X_k$를 $X_1 \uplus X_2 \uplus \cdots \uplus X_k$와 같이 나타내기로 한다.

$G = (V, E)$가 k개의 색으로 채색되었다고 하자, 각 $i = 1, 2, \cdots, k$에 대하여 $V_i = \{x \in V \mid x$의 색이 $i\}$ 라고 할 때, $V = V_1 \uplus V_2 \uplus \cdots \uplus V_k$ 을 V의 색분해라고 한다.

한편, 각 $i = 1, 2, \cdots, k$에 대하여, V_i로 생성되는 G의 부분그래프 G_i는 영그래프가 된다. 이 때,

$$G = G_1 + G_2 + \cdots + G_k$$

가 되는데, 이를 G의 영그래프분해라고 한다.

독립집합(獨立集合 independent set)

독립수(獨立數 independent number)

일단의 사람들을 몇 개의 그룹으로 가르는데, 그룹의 사람 중 아는 사람이 있으면 담합의 우려가 있으므로 같은 그룹에는 서로 아는 사람이 없도록 하려 한다. 이들을 이와 같은 조건을 만족하도록 임의로 가르고, 각 그룹마다 회의실을 배정하려 할 때, 가장 큰 회의실의 좌석수는 이들의 서로 알고 모름을 나타내는 그래프의 독립수 이상이 되어야 한다.

색분해 (色分解 color decomposition)

영그래프분해 (null graph decomposition)

명백히, G가 $G = G_1 + G_2 + \cdots + G_k$꼴로 영그래프분해 되는 최소의 k값이 $\chi(G)$이다.

정리 4.5.5 채색수와 독립수

$$\chi(G) \geq \frac{v}{\alpha(G)}.$$

증명 G의 꼭지점을 $\chi(G)$개의 색으로 채색했을 때, G의 영그래프분해가 $G = G_1 + G_2 + \cdots + G_{\chi(G)}$라고 하고, 각 $i = 1, 2, \cdots, \chi(G)$에 대하여 G_i의 위수를 v_i라 하면 $v_i \leq \alpha(G)$이다.

그러므로 $v = v_1 + v_2 + \cdots + v_{\chi(G)} \leq \chi(G)\, \alpha(G)$가 성립하고, 따라서 정리의 부등식을 얻는다. ■

예제 4.5.3. 다음 그래프의 채색수를 구하라.

(1)
$G_1 = $

(2)
$G_2 = $

풀이 (1) 먼저 G_1은 3-채색가능이다(오른쪽 그림). $\therefore \chi(G) \leq 3$.

한편, $\alpha(G) = 2$, $v = 5$이므로 $\chi(G) \geq 5/2 = 2.5$. $\therefore \chi(G) \geq 3$.
그러므로 $\chi(G) = 3$이다.

(2) 정리 4.5.4에 의하여, $\chi(G_2) \leq \Delta_G + 1 = 3$.
한편, $\alpha(G) = 4$, $v = 9$이므로 $\chi(G) \geq 9/4 = 2.25$. $\therefore \chi(G) \geq 3$.
그러므로 $\chi(G) = 3$이다. ■

오색정리

사색문제가 출현한 지 약 30년 후인 1879년에, 켐페는 이 문제에 대한 증명을 발표하기에 이른다. 그러나 1890년 히우드는 켐페의 증명에 오류가 있음을 발견하고, 모든 평면그래프의 채색수는 5 이하란 사실에 대한 증명을 발표하였다. 켐페의 증명은 오류를 가지고 있었지만 히우드의 "오색정리"의 증명의 주된 아이디어 역할을 하였다.

먼저 모든 평면그래프의 채색수는 6 이하란 사실은 쉽게 증명할 수 있다.

$\chi(G) \geq 7$되는 그래프가 있다면 그러한 그래프 중 꼭지점의 수가 가장 작은 것을 G라 하자. 정리 4.2.7에 의하여 G에는 차수가 5 이하인 꼭지점 x가 존재한다. $G' = G - x$라 하면 $V_{G'} \subsetneq V_G$이므로, G의 선택에 의하여 $\chi(G') \leq 6$이다. 6가지 색으로 G'의 꼭지점을 칠했다 하자. G에서 x와 인접한 점을 $x_1, \cdots, x_p, (1 \leq p \leq 5)$라 하면 G'의 채색에 사용된 6가지 색 중 $x_1, \cdots, x_p$에 칠해진 색 이외의 색이 적어도 하나 있다. 그 색을 x에 칠하면 G의 6-채색을 얻게 되어 $\chi(G) \geq 7$이라는 사실에 모순이다.

이제 오색정리를 증명하여 보자.

정리 4.5.6 　오색정리

임의의 연결 평면그래프는 5-채색가능이다.

증명 ▪▪ 꼭지점의 수에 관한 귀납법을 사용한다.
꼭지점의 수가 작은 것에 대해서는 명백하다.
$d(x) \leq 5$인 G의 꼭지점 x를 잡으면, 귀납법의 가정에 의하여 $G - x$는 5-채색가능이다.
5 가지 색 $1, 2, 3, 4, 5$로써 $G - x$를 채색했다고 하자.

$N_G(x)$: x와 인접한 G의
꼭지점 전체의 집합

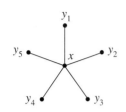

- $d(x) = 4$일 경우 : 색 1, 2, 3, 4, 5 중 $N_G(x)$의 꼭지점에 칠해지지 않은 색이 있다. 그 색을 x에 칠하면 G의 5-채색을 얻는다.

- $d(x) = 5$일 경우 : $N_G(x) = \{y_1, y_2, y_3, y_4, y_5\}$라 하자. $y_1, y_2, y_3, y_4,$ y_5에 4개의 색이 칠해져 있다면 나머지 색으로 x를 칠하면 된다. y_1, y_2, y_3, y_4, y_5에 각각 색 1, 2, 3, 4, 5가 칠해져 있고 이들 꼭지점의 상대적 위치가 왼쪽 그림과 같다고 하자.

$G - x$의 5-채색에서 색 1, 3이 칠해진 꼭지점 전체로 생성되는 G의 부분그래프를 $G_{1,3}$이라 하고, 색 2, 4가 칠해진 꼭지점 전체로 생성되는 부분그래프를 $G_{2,4}$라 하자.

$G_{1,3}$내에서 (y_1, y_3)-경로가 있다면, 이 경로에 변 $[y_1, x]$, $[y_3, x]$를 추가한 것은 G의 회로가 되고, y_2, y_4는 각각 이 회로의 내부와 외부에 있으므로 $G_{2,4}$내에서 (y_2, y_4)-경로는 존재하지 않는다. 이 때, $G_{2,4}$내의 y_2를 품는 연결성분에서 색 2, 4를 서로 바꾸어 놓아도 $G - x$의 5-채색이 되며 y_1, y_2, y_3, y_4, y_5에 각각 색 1, 4, 3, 4, 5가 칠해지게 된다. 남은 색 2를 x에 칠하면 G의 5-채색을 얻는다.

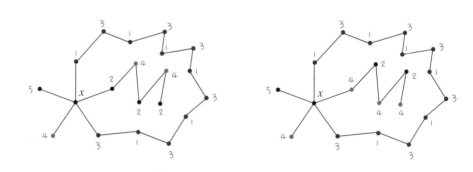

만약 $G_{1,3}$내에서 (y_1, y_3)-경로가 없다면, $G_{1,3}$내의 y_1을 품는 연결성분에서 색 1, 3을 서로 바꾼 다음, 색 1을 x에 칠하므로써 G의 5-채색을 얻을 수 있다. ■

연습문제 4.5 exercise

1. 다음 그래프의 채색수를 구하라.

(1)

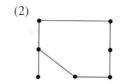
(2)

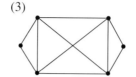
(3)

2. 오른쪽 지도의 국가간 인접성을 나타내는 그래프를 그리고, 그 그 래프의 채색수와 채색다항식을 구하라.

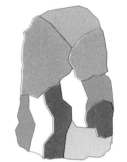

3. 그래프 G에서 다음을 증명하라.

(1) $v/\alpha(G) \le \chi(G) \le v - \alpha(G) + 1$이다.

(2) G가 길이 n인 회로이면 $P(G, x) = (x - 1)^n + (-1)^n (x - 1)$.

(3) G가 홀수 길이의 회로를 정확하게 1개만 가진다면 $\chi(G) = 3$.

(4) G가 이분그래프일 필요충분조건은 $\chi(G) = 2$.

4. 어느 학교에는 A, B, C, D, E 5개의 동아리가 있고, 이들 동아리 의 간부들은 오른쪽 표와 같다. 모든 간부들이 동아리 회의에 참 석할 수 있도록 회의 시간을 잡을 때, 시간대 수의 최소값을 구하 라.

	갑	을	병	정	무
A	√	√			
B			√	√	
C		√		√	√
D		√		√	
E	√		√		

5. $\chi(G) < 1 + \Delta_G$가 성립하는 그래프를 찾으라.

6. 그래프 G의 임의의 두 홀수 길이의 회로가 공통인 꼭지점을 가지 고 있다면 $\chi(G) \le 5$가 성립함을 증명하라.

7. 다음 그래프의 채색다항식을 구하라.

(1)   (2) 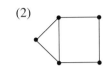   (3)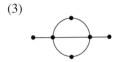

8. 단순그래프 G에 대하여 다음을 증명하라.

(1) G가 k-정칙이면, $\chi(G) \geq v/(v - k)$.

(2) $\chi(G) \leq 1 + (G$의 직선경로의 길이의 최대값$)$.

(3) 차수열이 $(d_1, d_2, \cdots, d_n)$일 때, $\chi(G) \leq \max_i \min\{d_i + 1, i\}$.

9. 연결그래프 G의 채색다항식을 $P(G, x)$라 하면, 임의의 자연수 k에 대하여 부등식

$$P(G, k) \leq k(k - 1)^{v - 1}$$

이 성립하고, 등호는 G가 수형도일 때에 성립함을 증명하라.

10. 평면그래프 G에 대하여 다음을 증명하라.

(1) G가 오일러 그래프이면 G의 영역은 2-채색 가능이다.

(2) G가 해밀턴 그래프이면 G의 영역은 4-채색 가능이다.

4.6 그래프와 행렬

오른쪽 그래프와 행렬을 관찰해 보자.
행렬의 (1, 1)-성분과 (1,2)-성분은 모두 1이다. (1, 1)-성분이 1이란 것은
그래프의 꼭지점 x_1이 자신과 인접해 있음을 나타내고, (1, 2)-성분이 1이
란 것은 x_1이 x_2와 인접해 있음을 나타낸다. x_1, x_3은 인접하지 않으므로 행
렬의 (1, 3)-성분은 0이다.
이와 같은 방법으로 이 행렬을 완성하라.

	x_1	x_2	x_3	x_4
x_1	1	1	0	0
x_2				
x_3				
x_4				

때때로 그래프는 행렬로 표현하여 관찰하면 그 구조를 보다 쉽게
이해할 수 있는 경우가 흔히 있다. 더욱이 그래프를 컴퓨터에 입
력하기 위해서는 행렬로 표현하여야 한다. 이 절에서는 그래프를
여러 가지 행렬로 표현하여 관찰하는 방법에 대하여 알아본다.

인접행렬

● 그래프의 인접행렬

그래프 G의 꼭지점이 $x_1, x_2, \cdots, x_n$이라 할 때,

$$a_{ij} = (x_i, x_j \text{를 잇는 변의 수}), (i, j = 1, 2, \cdots, n)$$

로 정의되는 $a_{ij}, (i, j = 1, 2, \cdots, n)$를 (i, j)-성분으로 하는 $n \times n$행렬
을 G의 인접행렬이라 하고, $A(G)$와 같이 나타낸다.

인접행렬(adjacency matrix)

$$G = \qquad A(G) = \begin{array}{c} 1 \\ 2 \\ 3 \\ 4 \end{array}\begin{matrix} & 1 & 2 & 3 & 4 \\ & \begin{bmatrix} 0 & 1 & 1 & 1 \\ 1 & 0 & 0 & 2 \\ 1 & 0 & 0 & 1 \\ 1 & 2 & 1 & 0 \end{bmatrix} \end{matrix}$$

그래프 G의 인접행렬 $A(G)$는 다음과 같은 성질을 가진다.

● 그래프의 인접행렬의 성질

❶ $A(G)$는 대칭행렬이고 각 성분은 음이 아닌 정수이다.

❷ $A(G)$의 흔적 $\mathrm{tr}(A(G))$는 G의 고리의 개수이다.

❸ $A(G)$의 제 i행 또는 제 i열의 성분의 합은 꼭지점 x_i의 차수이다.

정사각 행렬 $A = [a_{ij}]$의 흔적(trace) $\mathrm{tr}(A)$는 A의 대각 성분의 합

$$a_{11} + a_{22} + \cdots + a_{nn}$$

을 나타낸다.

이제부터 G는 $1, 2, \cdots, n$을 꼭지점으로 가지는 그래프를 나타내는 것으로 한다.

정리 **4.6.1**   인접행렬과 경로

그래프 G에 대하여 $A(G)^k$의 (i, j)-성분은 G에서 길이 k인 (i, j)-경로의 개수와 같다.

증명 ▒▒ G내의 길이 k인 (i, j)-경로의 개수를 $p_{ij}^{(k)}$, $A(G)^k$의 (i, j)-성분을 $a_{ij}^{(k)}$이라 하고, k에 대한 귀납법으로 $p_{ij}^{(k)} = a_{ij}^{(k)}$임을 증명한다.

길이 1인 (i, j)-경로는 곧 i, j를 잇는 변이다. 그러므로 인접행렬의 정의에 의하여 $k = 1$인 경우 정리가 성립한다.

$k > 1$이라 하고 $p_{ij}^{(k-1)} = a_{ij}^{(k-1)}$이 성립한다고 하자.

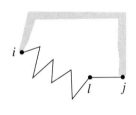

길이 k인 (i, j)-경로는 길이 $k - 1$인 (i, l)-경로의 끝에 변 $[l, j]$가 달린 것이다. 단, $l = 1, 2, \cdots, n$.
따라서

$$p_{ij}^{(k)} = \sum_{l=1}^{n} p_{il}^{(k-1)} \times (l, j를\ 잇는\ 변의\ 개수)$$

이다.
귀납법의 가정에 의하여, 각 $l = 1, 2, \cdots, n$에 대하여,
$p_{il}^{(k-1)} = a_{il}^{(k-1)}$이고, 또 $(l, j$를 잇는 변의 개수$) = a_{lj}$이므로

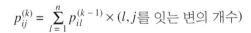

$$p_{ij}^{(k)} = \sum_{l=1}^{n} a_{il}^{(k-1)} a_{lj} = a_{ij}^{(k)}. \quad \blacksquare$$

따름정리

그래프 G의 인접행렬 $A(G)$에 대하여 다음이 성립한다.

(1) G가 단순그래프이면, 각 $i = 1, 2, \cdots, n$에 대하여,
$$d(i) = (A(G)^2의 \ (i, i)\text{-성분}).$$

(2) G에 고리가 없으면,
$$(G의 \ 삼각형의 \ 개수) = \frac{1}{6} \operatorname{tr}(A(G)^3).$$

증명:: (1) 길이 2인 (i, i)-경로는 정확히 i에 물린 변의 수만큼 있으므로 $d(i) = (A(G)^2의 \ (i, i)$-성분)이 성립한다.

(2) G의 삼각형은 각 $i = 1, 2, \cdots, n$에 대하여 길이 3인 (i, i)-경로이다 $(i = 1, 2, \cdots, n)$. 이를테면 1, 2, 3을 꼭지점으로 하는 삼각형은 $A(G)^3$의 $(1, 1)$-성분, $(2, 2)$-성분, $(3, 3)$-성분에 각각 2번씩 계산되어 $\operatorname{tr}(A(G)^3)$에는 정확히 6번 헤아려져 있다.

그러므로
$$(G의 \ 삼각형의 \ 개수) = \frac{1}{6} \operatorname{tr}(A(G)^3)$$

가 성립한다. ■

예제 4.6.1. 오른쪽 그림의 그래프에서 다음을 구하라.

(1) 길이 3인 $(2, 4)$-경로의 개수

(2) 삼각형의 개수

$$G =$$

풀이 그래프 G의 인접행렬 $A(G)$와 그 세제곱은 다음과 같다.

$$A(G) = \begin{bmatrix} 0 & 1 & 1 & 1 \\ 1 & 0 & 0 & 2 \\ 1 & 0 & 0 & 1 \\ 1 & 2 & 1 & 0 \end{bmatrix}, \quad A(G)^3 = \begin{bmatrix} 6 & 9 & 6 & 8 \\ 9 & 4 & 3 & 15 \\ 6 & 3 & 2 & 9 \\ 8 & 15 & 9 & 6 \end{bmatrix}.$$

(1) $A(G)^3$의 $(2, 4)$-성분이 15이므로 G의 길이 3인 $(2, 4)$-경로의 개수는 15이다.

(2) $\operatorname{tr}(A(G)^3) = 6 + 4 + 2 + 6 = 18$ $\therefore \frac{1}{6} \operatorname{tr}(A(G)^3) = \frac{18}{6} = 3$.

따라서 G의 삼각형의 개수는 3이다. ■

그래프 G의 최대 완전 부분그래프를 G의 패거리라고 한다. 이를
테면 다음 그래프는 3개의 패거리를 가진다.

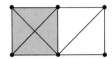 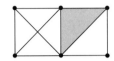 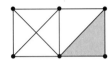

G의 꼭지점 i가 위수 3 이상인 어떤 패거리의 꼭지점이면 G에는
길이 3인 (i, i)-경로가 존재하므로 $(A(G))^3$의 (i, i)-성분 > 0이다.

한편 $(A(G))^3$의 (i, i)-성분 > 0이면 G에는 길이 3인 (i, i)-경로, 즉 i
를 품는 위수 3인 완전부분그래프가 존재하고 따라서 i를 품는 G
의 패거리가 존재한다. 그러므로 다음을 얻는다.

따름정리

그래프 G의 꼭지점 i가 위수 3 이상인 패거리의 꼭지점일 필요
충분조건은 $(A(G))^3$의 (i, i)-성분 > 0일 것이다.

예제 4.6.2. 인접행렬이

$$A(G) = \begin{bmatrix} 0 & 0 & 1 & 0 \\ 0 & 0 & 1 & 1 \\ 1 & 1 & 0 & 1 \\ 0 & 1 & 1 & 0 \end{bmatrix}$$

인 그래프에서 하나의 패거리에 속하는 꼭지점을 모두 찾으라.

풀이
$$A(G)^3 = \begin{bmatrix} 0 & 1 & 3 & 1 \\ 1 & 2 & 4 & 3 \\ 3 & 4 & 2 & 4 \\ 1 & 3 & 4 & 2 \end{bmatrix}$$

의 대각성분 중, $(2, 2)$-성분, $(3, 3)$-성분, $(4, 4)$-성분이 0이 아니다.
따라서 2, 3, 4가 패거리에 속하는 꼭지점이다. ∎

모든 성분이 양수인 행렬을 양행렬이라 하고, 행렬 A가 양행렬인 것을 $A > O$과 같이 나타낸다.

정리 4.6.2

위수 n인 그래프 G가 연결그래프일 필요충분조건은
$(A(G) + I_n)^{n-1} > O$일 것이다.

증명 G의 각 꼭지점에 고리를 하나씩 추가한 것을 G'이라 하면 $A(G') = A(G) + I_n$이다.

꼭지점 i, j에 대하여, G 내에서 (i, j)-경로가 존재하면 길이 $n-1$ 이하인 (i, j)-경로가 존재한다. 그러므로 G'에서는 i(또는 j)의 고리를 이용하면 길이 $n-1$인 (i, j)-경로가 존재한다. 따라서 G가 연결그래프이면 $A(G')^{n-1}$, 즉 $(A(G) + I_n)^{n-1}$의 모든 성분은 양이다.

역으로 $(A(G) + I_n)^{n-1} > O$, 즉, $A(G')^{n-1}$의 모든 성분이 양수라고 하면 모든 i, j에 대하여 G' 내에서 길이 $n-1$인 (i, j)-경로가 존재한다. 그러므로 G내에서 (i, j)-경로가 존재하고, 따라서 G는 연결그래프이다. ■

● 유향그래프의 인접행렬

유향그래프 D의 꼭지점이 $x_1, x_2, \cdots, x_n$이라 할 때,
$$a_{ij} = (x_i \text{에서 } x_j \text{로 가는 유향변의 수}), (i, j = 1, 2, \cdots, n)$$
로 정의되는 $a_{ij}, (i, j = 1, 2, \cdots, n)$를 (i, j)-성분으로 하는 $n \times n$행렬을 D의 인접행렬이라 하고, $A(D)$와 같이 나타낸다.

그래프의 인접행렬은 대칭행렬이지만 유향그래프의 인접행렬은 일반적으로 대칭행렬이 아니다.

$$D = \qquad A(D) = \begin{array}{c} \\ 1 \\ 2 \\ 3 \\ 4 \end{array} \begin{array}{cccc} 1 & 2 & 3 & 4 \\ \end{array} \begin{bmatrix} 0 & 1 & 0 & 1 \\ 0 & 0 & 0 & 0 \\ 1 & 0 & 0 & 0 \\ 0 & 1 & 1 & 0 \end{bmatrix}$$

1, 2, $\cdots$, n을 꼭지점으로 하는 유향그래프 D에 대하여, $A(G)$의 제 i행의 합은 꼭지점 i의 출차수이고 제 j열의 합은 꼭지점 j의 입차수이다.

지금부터 D는 1, 2, $\cdots$, n을 꼭지점으로 가지는 유향그래프를 나타내는 것으로 한다.

유향그래프에서도 다음 정리가 성립한다.
증명은 정리 4.6.1, 정리 4.6.2의 증명과 거의 같으므로 생략한다.

정리 4.6.3 인접행렬과 유향경로

유향그래프 D에 대하여 다음이 성립한다.
(1) $A(D)^k$의 (i, j)-성분은 길이 k인 (i, j)-경로의 개수와 같다.
(2) D의 위수가 n일 때, D가 강연결그래프일 필요충분조건은 $(A(G) + I_n)^{n-1} > O$일 것이다.

예제 4.6.3. 왼쪽 그림의 유향그래프 D에서 길이 3인 $(1, 4)$-경로의 개수를 구하라.

풀이 유향그래프 D의 인접행렬 $A(D)$와 그 세제곱은 다음과 같다.

$$A(D) = \begin{bmatrix} 1 & 0 & 1 & 0 \\ 1 & 0 & 0 & 0 \\ 0 & 1 & 0 & 1 \\ 0 & 1 & 0 & 1 \end{bmatrix}, \quad A(D)^3 = \begin{bmatrix} 2 & 2 & 1 & 2 \\ 1 & 1 & 1 & 1 \\ 2 & 1 & 1 & 1 \\ 2 & 1 & 1 & 1 \end{bmatrix}.$$

$A(G)^3$의 $(1, 4)$-성분이 2이므로 D의 길이 3인 $(1, 4)$-경로의 개수는 2이다. ∎

토너먼트의 꼭지점 x에서 y로 가는 유향변이 있을 때, y를 x의 직접후위, x에서 y로 가는 길이 2인 경로가 있을 때, y를 x의 간접후위라 하고, 직접후위, 간접후위를 통틀어서 후위라고 하자.

토너먼트에서 자기 자신 이외의 모든 꼭지점을 후위로 가지는 꼭지점을 강한 꼭지점이라 한다. 이를테면 다음 각 토너먼트의 꼭지점 ★는 강한 꼭지점이다.

경기 결과를 나타내는 토너먼트를 가지고 팀별 순위를 결정하고자 할 때, 후위 또는 강한 꼭지점의 개념은 중요한 요소로 사용될 수 있다.

후위를 가장 많이 가지는 꼭지점을 x라 하자.
x가 강한 꼭지점이 아니라면 x의 후위가 아닌 꼭지점 z가 존재한다. x의 모든 직접후위는 z를 직접후위로 가질수 없으므로 z의 직접후위이다. 더욱이 이 사실로부터 x의 모든 간접후위는 z의 간접후위임을 또한 알 수 있다. 그러므로 z의 후위의 개수는 x의 후위의 개수 이상이다. 한편 z는 x의 직접후위가 아니므로 x가 z의 직접후위이다. 따라서 z가 x보다 더 많은 수의 후위를 가지게 되고, 이것은 x의 선택에 위배된다. 그러므로 토너먼트에는 적어도 하나의 강한 꼭지점이 존재함을 알 수 있다.

예제 **4.6.4.** 오른쪽 그래프는 다섯 개 야구팀의 대전 결과를 나타내는 토너먼트이다. 이에 대하여 다음 물음에 답하라.
(1) 강한 꼭지점을 모두 찾으라.
(2) 두 개의 팀 x, y에 대하여, x가 y를 이겼을 때, x는 y를 직접적

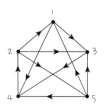

으로 이겼다고 하고, x에게 진팀이 y를 이겼을 경우 x는 y를 간접
적으로 이겼다고 하자. 직접 또는 간접적으로 이긴 횟수가 많은
순서대로 순위를 정한다고 할 때, 이 대전 결과에 대한 팀별 순위
를 결정하라.

풀이 주어진 토너먼트를 T라 하자.

(1) 꼭지점 i, j에 대하여 j가 i의 후위일 필요충분조건은 $A(T) + A(T)^2$의 (i, j)-성분이 양수일 것이다. 따라서 꼭지점 i가 강한 꼭지점일 필요충분조건은 $A(T) + A(T)^2$의 제 i행의 (i, i)-성분 이외의 모든 성분이 양수일 것이다.

$$A(D) + A(D)^2 = \begin{bmatrix} 0 & 0 & 1 & 1 & 0 \\ 1 & 0 & 1 & 0 & 1 \\ 0 & 0 & 0 & 1 & 0 \\ 0 & 1 & 0 & 0 & 0 \\ 1 & 0 & 1 & 1 & 0 \end{bmatrix} + \begin{bmatrix} 0 & 1 & 0 & 1 & 0 \\ 1 & 0 & 2 & 3 & 0 \\ 0 & 1 & 0 & 0 & 0 \\ 1 & 0 & 1 & 0 & 1 \\ 0 & 1 & 1 & 2 & 0 \end{bmatrix}$$

$$= \begin{bmatrix} 0 & 1 & 1 & 2 & 0 \\ 2 & 0 & 3 & 3 & 1 \\ 0 & 1 & 0 & 1 & 0 \\ 1 & 1 & 1 & 0 & 1 \\ 1 & 1 & 2 & 3 & 0 \end{bmatrix}.$$

이므로 강한 꼭지점은 $2, 4, 5$이다.

(2) $A(T) + A(T)^2$의 제 i행의 합을 r_i라 하면 r_i는 꼭지점 i가 나타내는 팀이 직접 또는 간접적으로 이긴 횟수이다.

$$r_1 = 4, r_2 = 9, r_3 = 2, r_4 = 4, r_5 = 7$$

이므로, 이 수값의 순서대로 제 2팀, 제 5팀, 제 1팀, 제 4팀, 제 3팀과 같이 순위를 매길 수 있다. ∎

● 이분그래프의 축소인접행렬
그래프 G가 이분그래프일 때, 꼭지점의 집합 V의 이분할을

$$X = \{x_1, x_2, \cdots, x_m\}, Y = \{y_1, y_2, \cdots, y_n\}$$

라 하면 $A(G)$의 모양은 다음과 같다.

$$A(G) = \begin{array}{c} \\ x_1 \\ \vdots \\ x_m \\ y_1 \\ \vdots \\ x_n \end{array} \begin{array}{c} \overset{x_1 \ \cdots \ x_m \ \ y_1 \ \cdots \ y_n}{} \\ \left[\begin{array}{ccc|ccc} 0 & \cdots & 0 & & & \\ \vdots & & \vdots & & A_1 & \\ 0 & \cdots & 0 & & & \\ \hline & & & 0 & \cdots & 0 \\ & A_1^{\mathrm{T}} & & \vdots & & \vdots \\ & & & 0 & \cdots & 0 \end{array} \right] \end{array}.$$

여기서 $A(G)$의 부분행렬 A_1을 이분그래프 G의 축소인접행렬이라고 한다.

축소인접행렬(reduced adjacency matrix)

이분그래프

$$G = (X, E, Y), X = \{x_1, x_2, \cdots, x_m\}, Y = \{y_1, y_2, \cdots, y_n\}$$

의 축소인접행렬 $A'(G) = [a_{ij}]$는

$$a_{ij} = (x_i \text{와 } y_j \text{를 잇는 변의 개수})$$

로써 바로 구할 수 있다.

매칭과 1-인자

그래프 G의 모든 꼭지점의 차수가 1이하인 생성 부분그래프를 G의 매칭이라 하고, 모든 꼭지점의 차수가 1인 생성 부분그래프를 G의 1-인자 또는 완전매칭이라고 한다. 이를테면 다음 M_1, M_2, M_3, M_4는 모두 G의 매칭이고 그 중 M_3, M_4는 G의 1-인자이다.

매칭(matching)
1-인자(1-因子 one factor)
완전매칭(perfect matching)

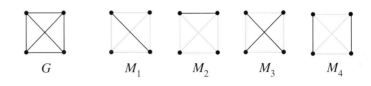

$$G \quad M_1 \quad M_2 \quad M_3 \quad M_4$$

$x_j\backslash y_i$	y_1	y_2	y_3	y_4	y_5
x_1	X	X	O	O	X
x_2	X	X	O	X	X
x_3	O	O	X	X	O
x_4	X	X	O	O	O
x_5	X	O	X	X	O

이분그래프 $G = (X, E, Y)$가 1-인자를 가지면 명백히 $|X| = |Y|$이다. 이분그래프의 매칭과 1-인자는 축소인접행렬로써 보다 쉽게 관찰할 수 있다.

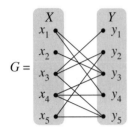

다음 이분그래프 G는 2개의 1-인자 H_1, H_2를 가지고 있고, H_1, H_2의 축소인접행렬은 각각 P_1, P_2이다.

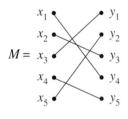

$$A'(G) = \begin{bmatrix} 0 & 1 & 1 \\ 1 & 0 & 1 \\ 1 & 1 & 0 \end{bmatrix} \quad P_1 = \begin{bmatrix} 0 & 1 & 0 \\ 0 & 0 & 1 \\ 1 & 0 & 0 \end{bmatrix} \quad P_2 = \begin{bmatrix} 0 & 0 & 1 \\ 1 & 0 & 0 \\ 0 & 1 & 0 \end{bmatrix}$$

위의 행렬 P_i, $(i = 1, 2)$의 각 성분은 행렬 $A'(G)$의 대응하는 성분 이하이다. 이를 $P_i \leq A'(G)$와 같이 나타낸다. 더욱이 P_i는 치환행렬이다.

모든 성분이 0 또는 1인 행렬을 (0, 1)-행렬이라고 한다. 단순그래프의 인접행렬은 (0, 1)-행렬이다.

n차 (0, 1)-행렬 A에 대하여 $P \leq A$를 만족하는 치환행렬의 개수를 $r_n(A)$와 같이 나타내기로 하자.
이를테면

$$r_3(\begin{bmatrix} 0 & 1 & 1 \\ 1 & 0 & 1 \\ 1 & 1 & 0 \end{bmatrix}) = 2, \, r_3(\begin{bmatrix} 1 & 0 & 0 \\ 1 & 0 & 0 \\ 1 & 1 & 1 \end{bmatrix}) = 0$$

이다.

다음을 쉽게 알 수 있다.

$r_n(A) = $ (A에 대응하는 $n \times n$ 체스판의 1이 있는 위치에 n개의
루크를 서로 잡지 못하도록 놓는 방법 수)
= (A를 축소인접행렬로 가지는 이분그래프의 1-인자의 개수)

행렬

$$A = \begin{bmatrix} 0 & 1 & 0 \\ 1 & 1 & 1 \\ 0 & 1 & 0 \end{bmatrix}$$

에 대하여 $r_3(A) = 0$이므로 A를 축소인접행렬로 가지는 이분그래
프는 1-인자를 가지지 않는다. 어떤 경우에 이분그래프가 1-인자
를 가지는지에 대하여 알아보자.

행렬 A의 2행, 3행을 서로 바꾼 다음, 1열, 2열을 서로 바꾸면 다
음 행렬 B를 얻는다.

$$A = \begin{bmatrix} 0 & 1 & 0 \\ 1 & 1 & 1 \\ 0 & 1 & 0 \end{bmatrix} \rightarrow \begin{bmatrix} 0 & 1 & 0 \\ 0 & 1 & 0 \\ 1 & 1 & 1 \end{bmatrix} \rightarrow B = \begin{bmatrix} 1 & 0 & 0 \\ 1 & 0 & 0 \\ 1 & 1 & 1 \end{bmatrix}.$$

이와 같이 행렬의 행끼리 서로 바꾸는 것을 행치환이라 하고, 열끼
리 서로 바꾸는 것을 열치환이라고 하며, 행치환, 열치환을 통틀어
서 줄치환이라고 한다.
위의 행렬 B의 오른쪽 위의 코너에 있는 2×2 영 부분행렬은 그
왼쪽 아래 코너의 0성분이 대각선 위에 있다. 이와 같이 행렬 A에
대하여, 줄치환에 의하여 0성분을 오른쪽 위로 모았을 때, 그 왼쪽
아래 코너의 0성분이 대각선 위에 있는 영 부분행렬을 A의 영화
영블락이라고 한다.

이제부터, n차 $(0, 1)$-행렬 A에 대하여, $P \leq A$를 만족하는 n차 치
환행렬 P 전체의 집합을 $\mathbf{P}(A)$로 나타내기로 한다.

> **정리 4.6.4** 쾨닉-프로베니우스(König-Frobenius)의 정리
>
> n차 $(0, 1)$-행렬 A에 대하여 $r_n(A) = 0$일 필요충분조건은 A가 영화영블락을 가질 것이다.

증명 ▦ ($\Leftarrow$) A가 영화영블락을 가진다고 하면, 줄치환을 통하여 A는 다음과 같은 꼴을 하고 있다고 해도 좋다.

$$A = \begin{bmatrix} B & O \\ X & C \end{bmatrix}.$$

여기서 O는 왼쪽 아래의 0성분이 대각선 위에 있는 행렬이고, 따라서 B는 $s \times (s - 1)$행렬이다. 단, s는 O의 행의 개수이다.

$\mathbf{P}(A) \neq \phi$라면, $P \in \mathbf{P}(A)$가 존재한다. P의 1행에서 s행까지에 들어 있는 s개의 1은 P의 1열에서 $(s - 1)$열까지 $(s - 1)$개의 열에 들어 있어야 한다. 이는 P의 각 열이 꼭 하나씩의 1을 가진다는 사실에 위배된다.

그러므로 $\mathbf{P}(A) = \phi$이고 따라서 $r_n(A) = 0$이다.

($\Rightarrow$) $r_n(A) = 0$이라 하고, n에 관한 귀납법으로 영화영블락의 존재성을 밝힌다.

• $n = 1$일 때 : $r_1(A) = 0$이 되려면 $A = [0]$이어야 한다. 이 때, A자신이 영화영블락이다.

• $n > 1$일 때 : $A = [a_{ij}]$라 하자. $A \neq 0$이면 줄치환을 통하여 $a_{n1} \neq 0$라 가정할 수 있다. A에서 n행 1열을 없앤 행렬을 B라 하자. $Q \in \mathbf{P}(B)$이면

$$\begin{bmatrix} 0 & Q \\ 1 & 0 \end{bmatrix} \in \mathbf{P}(A)$$

이므로 $\mathbf{P}(B) = \phi$이고 따라서 귀납법의 가정에 의하여 B는 영화영블락을 가진다.

그러므로 줄치환을 통하여 A는 다음과 같은 꼴을 하고 있다고 할 수 있다.

$$A = \begin{bmatrix} X & O \\ Z & Y \end{bmatrix}.$$

여기서 X, Y는 $n-1$차 이하의 정사각행렬이다.

$\mathbf{P}(A)$의 행렬은

$$\begin{bmatrix} P_1 & O \\ O & P_2 \end{bmatrix}, (P_1 \in \mathbf{P}(X), P_2 \in \mathbf{P}(Y))$$

의 꼴이므로 일반성을 잃지 않고 $\mathbf{P}(X) = \phi$이라고 할 수 있다.

귀납법에 의하여 X는 영화영블락을 가지므로 줄치환을 통하여 A는 다음과 같은 모양의 행렬로 바뀔 수 있다.

$$C = \begin{bmatrix} X_1 & O_1 & O_2 \\ \star & X_2 & O_3 \\ \star & \star & Y \end{bmatrix}.$$

C내의 영행렬 O_1의 왼쪽 아래의 0성분이 C의 대각선 상에 있으므로, 영행렬 $[O_1 \, O_2]$의 왼쪽 아래의 0성분이 C의 대각선 상에 있다. 따라서 $[O_1 \, O_2]$는 A의 영화영블락이다. ■

이분그래프 $G = (X, E, Y)$의 매칭 M에 대하여, X의 각 꼭지점이 M의 한 변을 물고 있을 때, M을 X-매칭이라고 한다. $|X| = |Y|$일 때, X-매칭은 G의 1-인자가 된다.

명백히 $|X| > |Y|$인 이분그래프 $G = (X, E, Y)$는 X-매칭을 가지지 않는다. $|X| \leq |Y|$인 경우 G가 X-매칭을 가질 조건에 대하여 알아보자.

$|X| < |Y|$일 때, 이분그래프 $G = (X, E, Y)$의 X에 $|Y| - |X|$개의 꼭지점을 추가하고 추가한 각 꼭지점과 Y의 모든 꼭지점을 변으로 이은 이분그래프를 G^+라 하면 G의 X-매칭은 정확히 G^+의 1-인자에서 추가한 꼭지점을 모두 뺀 것이다.

따라서 G가 X-매칭을 가질 필요충분조건은 G^+가 1-인자를 가질 것이다.

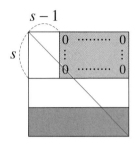

G^+의 축소인접행렬의 영화영블락은 G의 $s \times (|Y| - s + 1)$영 부분행렬이다. 단, $s \in \{1, 2, \cdots, |X|\}$.

$S \subset X$에 대하여 S의 꼭지점과 인접한 Y의 꼭지점 전체의 집합을 Y_S라 하자. 어떤 $S \subset X$에 대하여 $|S| > |Y_S|$라고 하면 G의 축소인접행렬은 $|S| \times (|Y| - |S| + 1)$영 부분행렬을 가지게 된다.

그러므로 쾨닉-프로베니우스의 정리에 의하여 다음 홀의 정리를 얻는다.

정리 4.6.5   홀(Hall)의 정리

이분그래프 $G = (X, Y, E)$가 X-매칭을 가질 필요충분조건은 임의의 $S \subset X$에 대하여 $|S| \leq |Y_S|$일 것이다.

예제 4.6.5. $n \geq k$를 자연수라 하자. n명의 사람 $x_1, x_2, \cdots, x_n$과 n가지의 일 $y_1, y_2, \cdots, y_n$이 있다. 각 x_i는 k가지의 일을 할 수 있고 각 y_i를 할 수 있는 사람의 수는 k이다. 각 사람에게 할 수 있는 한 가지씩의 일을 배당하는 것이 가능한가?

풀이 $X = \{x_1, x_2, \cdots, x_n\}$, $Y = \{y_1, y_2, \cdots, y_n\}$라 하자. $X \cup Y$를 꼭지점의 집합으로 하고, x_i가 일 y_j를 할 수 있을 때 x_i, y_j를 변으로 이으면 이분그래프 $G = (X, E, Y)$를 얻는다. G의 각 꼭지점의 차수는 k이므로 임의의 $S \subset X$에 대하여

$$(S의 꼭지점에 물린 변의 수) = k|S|,$$
$$(Y_S의 꼭지점에 물린 변의 수) = k|Y_S|$$

이다. 한편, 일반적으로 왼쪽 그림에서 알 수 있듯이

$$(S의 꼭지점에 물린 변의 수) \leq (Y_S의 꼭지점에 물린 변의 수)$$

이므로 $k|S| \leq k|Y_S|$, 즉 $|S| \leq |Y_S|$를 얻고 따라서 홀의 정리에 의하여 G는 X-매칭을 가진다. 그러므로 각 사람에게 한 가지씩의 일을 배당할 수 있다. ∎

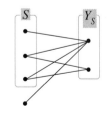

S의 모든 점이 Y_S의 어떤 점과 인접

유향그래프 D의 각 꼭지점의 입차수와 출차수가 모두 1인 생성부
분그래프를 D의 1-인자라고 한다. 유향그래프의 1-인자는 꼭지점
을 공유하지 않는 회로 또는 고리들로 이루어져 있다.
이를테면 다음 H_1, H_2는 D의 1-인자이다.

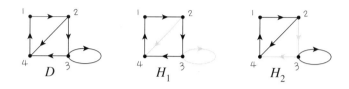

D, H_1, H_2의 인접행렬은 각각

$$A = \begin{bmatrix} 0 & 1 & 0 & 0 \\ 0 & 0 & 1 & 1 \\ 0 & 0 & 1 & 1 \\ 1 & 0 & 0 & 0 \end{bmatrix}, \ P_1 = \begin{bmatrix} 0 & 1 & 0 & 0 \\ 0 & 0 & 1 & 0 \\ 0 & 0 & 0 & 1 \\ 1 & 0 & 0 & 0 \end{bmatrix}, \ P_2 = \begin{bmatrix} 0 & 1 & 0 & 0 \\ 0 & 0 & 0 & 1 \\ 0 & 0 & 1 & 0 \\ 1 & 0 & 0 & 0 \end{bmatrix}$$

이다. $\mathbf{P}(A) = \{P_1, P_2\}$이고, P_1, P_2에 대응되는 치환
$$\sigma_1 = (1 \ 2 \ 3 \ 4), \ \sigma_2 = (1 \ 2 \ 4)(3)$$
의 부호는 각각 $-1, +1$이므로 $\det A = (-1) + (+1) = 0$이다.

이와 같이 유향그래프 D의 1-인자 H에 대하여 $A(H) \in \mathbf{P}(A(D))$이
고, 함수 $H \rightarrow A(H)$는 D의 1-인자 전체의 집합과 $\mathbf{P}(A(D))$ 사이의
일대일 대응관계임을 알 수 있다.
D의 1-인자 H에 대하여 $A(H) = P$라 하고, P에 대응되는
$\{1, 2, \cdots, n\}$의 치환을 σ_P라 하자.
H가 h개의 회로 $C_1, C_2, \cdots, C_h$로 이루어져 있으면 σ_P는 대응하는
h개의 서로소인 사이클 $\gamma_1, \gamma_2, \cdots, \gamma_h$의 곱이다. 각 $i = 1, 2, \cdots, h$
에 대하여 사이클 γ_i의 길이를 $|\gamma_i|$로 나타내면
$$\mathrm{sgn}(\gamma_i) = (-1)^{|\gamma_i| - 1}$$
이므로
$$\mathrm{sgn}(\sigma_P) = \mathrm{sgn}(\gamma_1) \cdots \mathrm{sgn}(\gamma_h) = (-1)^{|\gamma_1| - 1} \cdots (-1)^{|\gamma_h| - 1}$$
$$= (-1)^{|\gamma_1| + \cdots + |\gamma_h| - h} = (-1)^{n - h} = (-1)^{n + h}.$$

이 사실로부터 인접행렬의 행렬식은 1-인자를 이용하여 다음과 같이 구할 수 있다.

> ### 정리 4.6.6 　1-인자와 행렬식
>
> 위수 n인 유향그래프 D의 모든 1-인자를 $H_1, H_2, \cdots, H_p$라 하고, H_i를 이루는 회로의 개수를 h_i라고 하면,
> $$\det A(D) = (-1)^n \sum_{i=1}^{p} (-1)^{h_i}.$$

증명 $A = A(D) = [a_{ij}]$라 하면 행렬식의 정의에 의하여

$$\det A = \sum_{P=[p_{ij}] \in \mathbf{P}(A)} \mathrm{sgn}(\sigma_P) \prod_{p_{ij} \neq 0} a_{ij} = \sum_{P \in \mathbf{P}(A)} \mathrm{sgn}(\sigma_P)$$

$$= \sum_{i=1}^{p} \mathrm{sgn}(\sigma_{A(H_i)}) = \sum_{i=1}^{p} (-1)^{n+h_i} = (-1)^n \sum_{i=1}^{p} (-1)^{h_i}. \quad \blacksquare$$

입사행렬

꼭지점이 $x_1, x_2, \cdots, x_n$이고 변이 $a_1, a_2, \cdots, a_m$인 그래프 G에 대하여

$$b_{ij} = \begin{cases} 1, & (x_i \text{에 } a_j \text{가 물려 있을 때}), \\ 0, & (\text{그렇지 않을 때}) \end{cases}$$

입사행렬 (incidence matrix)

로 정의되는 $b_{ij}, (1 \leq i \leq n, 1 \leq j \leq m)$를 (i, j)-성분으로 하는 $n \times m$ 행렬을 G의 입사행렬이라 하고, $B(G)$와 같이 나타낸다.

$$G = \begin{array}{c} \\ x_1 \end{array} \quad\quad B(G) = \begin{array}{c} \\ x_1 \\ x_2 \\ x_3 \\ x_4 \end{array} \begin{array}{cccccc} a_1 & a_2 & a_3 & a_4 & a_5 & a_6 \end{array} \left[\begin{array}{cccccc} 1 & 1 & 1 & 1 & 0 & 0 \\ 0 & 1 & 1 & 0 & 1 & 1 \\ 1 & 0 & 0 & 0 & 1 & 0 \\ 0 & 0 & 0 & 1 & 0 & 1 \end{array} \right]$$

그래프 G의 입사행렬 $A(G)$는 다음과 같은 성질을 가진다.

- 그래프의 입사행렬의 성질
❶ $A(G)$의 제 i행의 합은 꼭지점 x_i의 차수이다.
❷ $A(G)$의 각 열의 성분의 합은 2이다.

꼭지점이 $x_1, x_2, \cdots, x_n$이고 유향변이 $a_1, a_2, \cdots, a_m$인 유향그래프 D에 대하여

$$b_{ij} = \begin{cases} 1, & (a_j \text{가 } x_i \text{에서 나갈 때}), \\ -1, & (a_j \text{가 } x_i \text{로 들어갈 때}), \\ 0, & (\text{그렇지 않을 때}) \end{cases}$$

로 정의되는 $b_{ij}, (1 \le i \le n, 1 \le j \le m)$를 (i, j)-성분으로 하는 $n \times m$ 행렬을 D의 입사행렬이라 하고, $B(D)$와 같이 나타낸다.

$$D = x_1 \qquad B(D) = \begin{array}{c} \\ x_1 \\ x_2 \\ x_3 \\ x_4 \end{array} \begin{array}{ccccc} a_1 & a_2 & a_3 & a_4 & a_5 \\ \left[\begin{array}{ccccc} -1 & -1 & 1 & 1 & 0 \\ 0 & 1 & -1 & 0 & 1 \\ 1 & 0 & 0 & 0 & -1 \\ 0 & 0 & 0 & -1 & 0 \end{array}\right] \end{array}$$

유향그래프의 입사행렬의 성분의 합은 0이다.

- 오일러 유향화의 개수
다음 그래프 G는 오일러 그래프이다. G의 변을 유향화한 유향그래프 D_1은 오일러 유향그래프이지만 D_2는 오일러 유향그래프가 아니다.

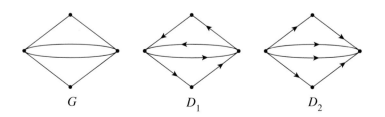

G 　　　 D_1 　　　 D_2

오일러 그래프를 오일러 유향화하는 방법 수를 알아보자.

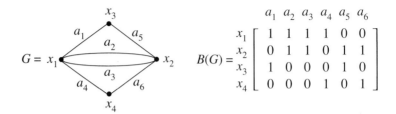

그래프 G의 입사행렬에서 1행, 2행, 3행, 4행을 각각 $d(x_1)/2$, $d(x_2)/2, d(x_3)/2, d(x_4)/2$회 반복하여 쓰면 행렬

$$
B^*(G) = \begin{array}{c} x_1 \\ x_1 \\ x_2 \\ x_2 \\ x_3 \\ x_4 \end{array}
\begin{array}{cccccc} a_1 & a_2 & a_3 & a_4 & a_5 & a_6 \end{array}
\left[\begin{array}{cccccc}
1 & 1 & 1 & 1 & 0 & 0 \\
1 & 1 & 1 & 1 & 0 & 0 \\
0 & 1 & 1 & 0 & 1 & 1 \\
0 & 1 & 1 & 0 & 1 & 1 \\
1 & 0 & 0 & 0 & 1 & 0 \\
0 & 0 & 0 & 1 & 0 & 1
\end{array} \right]
$$

를 얻는다.

$$d(x_1) + d(x_2) + d(x_3) + d(x_4) = 2 \times (\text{변의 수})$$

이므로, 위와 같이 만든 행렬 $B^*(G)$는 정사각행렬이 된다.

$P = [p_{ij}] \in \mathbf{P}(B^*(G))$를 하나 잡고, 각 $j = 1, 2, \cdots, 6$에 대하여 변 a_j 가 $p_{ij} = 1$이 되는 i에 해당하는 꼭지점을 향하도록 방향을 주면 G 의 오일러 유향화를 얻는다.

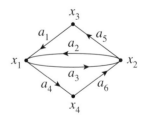

그런데 이 오일러 유향화에 대응하는 치환행렬은

$$\begin{bmatrix} 1 & 1 & 1 & 1 & 0 & 0 \\ 1 & 1 & 1 & 1 & 0 & 0 \\ 0 & 1 & 1 & 0 & 1 & 1 \\ 0 & 1 & 1 & 0 & 1 & 1 \\ 1 & 0 & 0 & 0 & 1 & 0 \\ 0 & 0 & 0 & 1 & 0 & 1 \end{bmatrix}, \begin{bmatrix} 1 & 1 & 1 & 1 & 0 & 0 \\ 1 & 1 & 1 & 1 & 0 & 0 \\ 0 & 1 & 1 & 0 & 1 & 1 \\ 0 & 1 & 1 & 0 & 1 & 1 \\ 1 & 0 & 0 & 0 & 1 & 0 \\ 0 & 0 & 0 & 1 & 0 & 1 \end{bmatrix},$$

$$\begin{bmatrix} 0 & 1 & 1 & 1 & 0 & 0 \\ 1 & 0 & 1 & 1 & 0 & 0 \\ 0 & 1 & 1 & 0 & 1 & 1 \\ 0 & 1 & 1 & 0 & 1 & 1 \\ 1 & 0 & 0 & 0 & 1 & 0 \\ 0 & 0 & 0 & 1 & 0 & 1 \end{bmatrix}, \begin{bmatrix} 1 & 1 & 1 & 1 & 0 & 0 \\ 1 & 1 & 1 & 1 & 0 & 0 \\ 0 & 1 & 1 & 0 & 1 & 1 \\ 0 & 1 & 1 & 0 & 1 & 1 \\ 1 & 0 & 0 & 0 & 1 & 0 \\ 0 & 0 & 0 & 1 & 0 & 1 \end{bmatrix},$$

와 같이 $\left(\frac{d(x_1)}{2}!\right)\left(\frac{d(x_2)}{2}!\right)\left(\frac{d(x_3)}{2}!\right)\left(\frac{d(x_4)}{2}!\right)$개 만큼 존재한다.

따라서 G의 오일러 유향화의 방법 수는

$$|\mathbf{P}(B^*(G))|/\prod_{i=1}^{4}\frac{d(x_i)}{2}! = r_6(B^*(G))/\prod_{i=1}^{4}\frac{d(x_i)}{2}! = \frac{24}{2!\,2!\,1!\,1!} = 6$$

이다.

꼭지점이 $x_1, x_2, \cdots, x_n$이고 변이 $a_1, a_2, \cdots, a_m$인 그래프 G의 입사행렬 $B(G)$에서 각 $i = 1, 2, \cdots, n$에 대하여 제 i행을 $d(x_i)/2$회 반복하여 쓴 행렬을 $B^*(G)$라고 하면, 위와 같이 생각하여 다음 정리가 성립함을 알 수 있다.

정리 4.6.7 오일러 유향화의 개수

위수가 n이고 변의 개수가 m인 오일러 그래프 G의 오일러 유향화의 개수는

$$r_m(B^*(G))/\prod_{i=1}^{n}\frac{d(x_i)}{2}!$$

이다.

● 오일러 유향그래프의 응용

각 성분이 음이 아닌 정수인 n-벡터와 $n \times n$ 행렬

$$\mathbf{u} = \begin{bmatrix} s_1 \\ s_2 \\ \vdots \\ s_n \end{bmatrix}, \quad A = \begin{bmatrix} a_{11} & a_{12} & \cdots & a_{1n} \\ a_{21} & a_{22} & \cdots & a_{2n} \\ \vdots & \vdots & & \vdots \\ a_{n1} & a_{n2} & \cdots & a_{nn} \end{bmatrix}$$

에 대하여, n개의 문자 $X_1, X_2, \cdots, X_n$로 이루어진 단어로서, 조건

❶ 각 $i = 1, 2, \cdots, n$에 대하여 X_i가 s_i개 들어 있다.

❷ 각 $i, j = 1, 2, \cdots, n$에 대하여 X_i바로 다음에 X_j가 따라 붙는 것이 a_{ij}개 있다.

를 만족하는 것 전체의 집합을 $W(A, \mathbf{u})$라 하자. 이를테면, $n = 3$ 인 경우, 사용하는 문자를 차례로 A, B, C라고 하면,

$$\mathbf{u} = \begin{bmatrix} 2 \\ 1 \\ 1 \end{bmatrix}, \quad A = \begin{bmatrix} 0 & 1 & 0 \\ 0 & 0 & 1 \\ 1 & 0 & 0 \end{bmatrix} \tag{1}$$

일 때, $W(A, \mathbf{u})$는

$$ABCA$$

와 같이, A가 2개, B가 1개, C가 1개 있고, AB가 1회, BC가 1 회, CA가 1회 나타나는 단어 전체의 집합이고,

$$\mathbf{u} = \begin{bmatrix} 2 \\ 4 \\ 3 \end{bmatrix}, \quad A = \begin{bmatrix} 0 & 0 & 2 \\ 2 & 1 & 1 \\ 0 & 2 & 0 \end{bmatrix} \tag{2}$$

일 때,

$$BBCBACBAC$$

는 $W(A, \mathbf{u})$의 원소 중 하나이다.

여기에서 다음 문제를 생각해 보자.

● 어떤 경우에 $W(A, \mathbf{u}) \neq \phi$ 이겠는가?

● $W(A, \mathbf{u}) \neq \phi$ 일 때, $W(A, \mathbf{u})$의 원소는 무엇이겠는가?

이 문제를 풀기 위하여 $X_1, X_2, \cdots, X_n$을 꼭지점으로 하고 행렬 A를 인접행렬로 하는 유향그래프 D를 생각한다. 이를테면 앞의 (1), (2)의 경우에 해당하는 유향그래프는 각각 오른쪽 그래프 D_1, D_2와 같다.

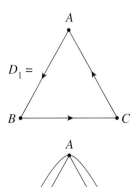

$W(A, \mathbf{u}) \neq \phi$ 이라 하고, $w = Y_1 Y_2 \cdots Y_m \in W(A, \mathbf{u})$라 하면 명백히 w는 D의 한 오일러 경로 $w^* = \ulcorner Y_1 \to Y_2 \to \cdots \to Y_m \lrcorner$을 정의한다. $Y_1 = X_p, Y_m = X_q$라 하자.

● 경우 1 : $X_p \neq X_q$.

$$\begin{cases} od(X_p) = id(X_p) + 1, \\ od(X_q) = id(X_q) - 1, \\ od(X_i) = id(X_i), (i \neq p, q일 때). \end{cases} \quad (3)$$

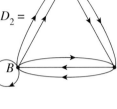

$$\begin{bmatrix} 0 & 0 & 2 \\ 2 & 1 & 1 \\ 0 & 2 & 0 \end{bmatrix}$$

그러므로 행렬 A의 행합 $r_1, r_2, \cdots, r_n$과 열합 $c_1, c_2, \cdots, c_n$는

$$r_p = c_p + 1, \quad r_q = c_q - 1, \quad r_i = c_i, (i \neq p, q일 때) \quad (4)$$

를 만족하여야 한다.

또한 $i \neq p$일 때, w에서 X_i는 c_i회 나타나고, X_p는 출발하는 지점의 X_p를 제외하고 c_p회 나타나므로 행렬 A는

$$v_i = c_i \ (i \neq p일 때), \quad s_p = c_p + 1 \quad (5)$$

을 또한 만족하여야 한다.

● 경우 2 : $X_p = X_q$.

모든 i에 대하여, $od(X_i) = id(X_i)$이고 따라서 A는

$$모든 \ i에 \ 대하여, \quad r_i = c_i. \quad (4)'$$

를 만족하여야 하며, (5)는 그대로 만족하여야 한다.

그러므로 주어진 행렬 A와 벡터 $\mathbf{u}$가 (4)와 (5) 또는 (4)'과 (5)를 만족하지 않으면 $W(A, \mathbf{u}) = \phi$이다.

행렬 A와 벡터 $\mathbf{u}$가 (4), (5)를 만족하면, 유향그래프 D는 (3)을 만족하고, 따라서 오일러 경로 $w^* = \ulcorner X_p \to \bullet \to \cdots \to \bullet \to X_q \lrcorner$를 가진다. 여기에서 화살표를 모두 따내고 얻은 단어 $w = X_p \bullet \cdots \bullet X_q$는 문제의 조건 ❶, ❷를 만족하고, 따라서 $w \in W(A, \mathbf{u})$이다.

한편, 행렬 A와 $\mathbf{u}$가 (4)'과 (5)를 만족하면, 유향그래프 D는 오일러 회로 $w^* = \ulcorner X_p \to \bullet \to \cdots \to \bullet \to X_p \lrcorner$를 가지고, $w = X_p \bullet \cdots \bullet X_p$는 역시 ❶, ❷를 만족하게 되므로 $w \in W(A, \mathbf{u})$이다.

마지막으로, 인접행렬과 입사행렬 사이의 관계에 대하여 알아보자. 여기에서는 $x_1, x_2, \cdots, x_n$을 꼭지점으로 하는 그래프 G에 대하여 $d(x_1), d(x_2), \cdots, d(x_n)$을 대각성분으로 하는 대각행렬을 D_G로 나타낸다.

정리 4.6.8 인접행렬과 입사행렬 사이의 관계

> 고리가 없으며 위수 n인 그래프 G의 인접행렬과 입사행렬을 각각 A, B라고 하면 $BB^T = D_G + A$가 성립한다.

증명 $A = [a_{ij}], B = [b_{ij}]$라 하고 G의 변이 $a_1, a_2, \cdots, a_m$이라 하자.

B의 제 i행을 $\mathbf{r}_i$라 하면 BB^T의 (i, j)-성분은 $\mathbf{r}_i, \mathbf{r}_j$의 내적 $\mathbf{r}_i \bullet \mathbf{r}_j$이다.

각 $i = 1, 2, \cdots, n$에 대하여, $\mathbf{r}_i \bullet \mathbf{r}_i = b_{i1}^2 + b_{i2}^2 + \cdots + b_{in}^2$는 꼭지점 x_i에 물려 있는 변의 수이므로 $\mathbf{r}_i \bullet \mathbf{r}_i = d(x_i)$.

$i \neq j$인 i, j에 대하여, $\mathbf{r}_i \bullet \mathbf{r}_j = b_{i1} b_{j1} + b_{i2} b_{j2} + \cdots + b_{im} b_{jm}$인데, 각 $k = 1, 2, \cdots, m$에 대하여,

$$b_{ik} b_{jk} = \begin{cases} 1, & (a_k \text{가 } x_i, x_j \text{를 잇는 변일 때}), \\ 0, & (\text{그렇지 않을 때}) \end{cases}$$

이므로 $b_{i1} b_{j1} + b_{i2} b_{j2} + \cdots + b_{im} b_{jm}$은 x_i, x_j를 잇는 변의 수이고, 따라서 $\mathbf{r}_i \bullet \mathbf{r}_j = a_{ij}$이다. 그러므로 $BB^T = D_G + A$가 성립한다. ∎

연습문제

1. 오른쪽 유향그래프 D에 대하여 다음 물음에 답하라.

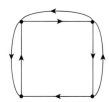

(1) 인접행렬을 이용하여 길이가 각각 2, 3, 4인 경로를 구하라.

(2) 모든 회로의 길이가 짝수임을 증명하라.

2. 인접행렬이 다음과 같은 그래프의 연결성을 판정하라.

$$(1) \begin{bmatrix} 0 & 1 & 0 & 0 \\ 1 & 0 & 0 & 0 \\ 0 & 0 & 0 & 1 \\ 0 & 0 & 1 & 0 \end{bmatrix} \quad (2) \begin{bmatrix} 0 & 1 & 1 & 1 \\ 1 & 0 & 0 & 0 \\ 1 & 0 & 0 & 0 \\ 1 & 0 & 0 & 0 \end{bmatrix}$$

3. 인접행렬이 다음과 같은 유향그래프의 강연결성을 판정하라.

$$(1) \begin{bmatrix} 0 & 1 & 0 & 1 \\ 1 & 0 & 1 & 0 \\ 0 & 1 & 0 & 0 \\ 1 & 0 & 0 & 0 \end{bmatrix} \quad (2) \begin{bmatrix} 1 & 0 & 0 & 1 \\ 1 & 0 & 1 & 0 \\ 0 & 1 & 0 & 1 \\ 1 & 0 & 0 & 1 \end{bmatrix}$$

4. 토너먼트 T가 전이 유향그래프일 필요충분조건은 $\mathrm{tr}A(T)^3 = 0$일 것임을 증명하라.

5. $x_1, x_2, \cdots, x_n$을 꼭지점으로 하는 유향그래프 D에 대하여,

$$a_{ij} = \begin{cases} 1, ((x_i, x_j)\text{-경로가 있을 때}), \\ 0, (\text{그렇지 않을 때}) \end{cases}$$

로 정의되는 $a_{ij}, (i, j = 1, 2, \cdots, n)$,를 (i, j)-성분으로 하는 $n \times n$행렬을 $R(D)$로 나타낼 때, 다음 물음에 답하라.

(1) 오른쪽 유향그래프 D에 대하여 $R(D)$를 구하라.

(2) D가 강연결일 필요충분조건은 $R(D)$의 모든 성분이 1임을 증명하라.

(3) $R(D)$의 제 j열합이 나타내는 것은 무엇인가?

(4) 각 성분이 음이 아닌 행렬 $M = [m_{ij}]$에 대하여,

$$m_{ij}^* = \begin{cases} 1, & (m_{ij} > 0 \text{일 때}), \\ 0, & (m_{ij} = 0 \text{일 때}) \end{cases}$$

로 정의되는 m_{ij}^*를 (i, j)-성분으로 하는 행렬을 $\text{sign}(M)$이라고 하자. A가 위수 n인 유향그래프 D의 인접행렬이라고 할 때, 행렬

$$R(D), \text{sign}((I_n + A)^{n-1}), \text{sign}(I_n + A + A^2 + \cdots + A^{n-1})$$

은 서로 같음을 증명하라.

6. 같은 입사행렬을 가지는 동형이 아닌 두 그래프가 존재하는지 하지 않는지를 말하고, 그 이유를 설명하라.

7. $x_1, x_2, \cdots, x_n$을 꼭지점으로 하는 유향그래프 D에 대하여

$$d(x_i) = id(x_i) + od(x_i), \ (i = 1, 2, \cdots, n)$$

이라 하고 $d(x_1), d(x_2), \cdots, d(x_n)$을 차례로 대각성분으로 가지는 대각행렬을 D_D라 하자. D의 인접행렬과 입사행렬을 각각 A, B라고 하면 $BB^T = D_D - A$가 성립함을 증명하라.

8. (i, j)-성분 a_{ij}가

$$a_{ij} = \begin{cases} 1, & (i \geq j \text{일 때}), \\ 0, & (i < j \text{일 때}) \end{cases}$$

와 같이 정의된 1999×1999 행렬 A의 성분 중에서 1998개의 1을 뽑되 어느 두 개도 같은 행 또는 같은 열에 있지 않도록 뽑는 방법의 수를 구하라. (제 12회 한국수학올림피아드, 1998)

9. 8×8 체스보드 위에 8개의 말이 각 행 및 각 열에 하나씩 배열되어 있다. 체스보드의 검은 칸 위에 놓여진 말의 개수는 짝수 개임을 증명하라. (제 23회 소련수학올림피아드, 1989)

5. 점화식과 생성함수

5-1 알고리즘

5-2 점화식

5-3 생성함수

어떤 문제를 풀기 위한 프로그램을 작성할 때는 주어진 문제를 충분히 이해하고 분석하여 문제 해결의 순서를 구성하여야 한다. 이와 같은 문제 해결의 처리 순서를 알고리즘이라고 한다.

각 단계별로 어떤 수를 구하는 문제, 이를테면 수열의 문제는 점화식으로 주어지는 경우가 대부분이다. 점화식도 알고리즘의 일종이다. 점화식을 풀기 위한 고유한 테크닉이 있지만 생성함수가 큰 역할을 하기도 한다.

이 단원에서는 점화식과 생성함수에 대하여 알아본다.

5.1 알고리즘

다음 과정에 의하여 결정되는 수는 어떤 수인가?

과정 1. 두 수 a, b를 읽는다.
과정 2. a와 b의 합을 구한다.
과정 3. 과정 2에서 구한 합을 2로 나눈다.

여러 가지 알고리즘

어떤 문제를 해결하기 위한 계획을 프로그램이라고 한다. 특히 컴퓨터로 어떤 문제를 풀기 위한 프로그램을 작성할 때는 주어진 문제를 충분히 이해하고 분석하여 문제 해결의 순서를 구성하여야 한다. 이와 같은 문제해결의 처리 순서를 알고리즘이라고 한다.

알고리즘은 다음과 같이 구성되어야 한다.

> 1. 유한 회의 과정을 통하여 답을 얻을 수 있어야 한다.
> 2. 단계가 분명하게 정의되어 있어야 한다.
> 3. 한 단계가 끝나면 다음 단계가 명확해야 한다.
> 4. 유한 회의 과정 안에 끝나야 한다.

알고리즘은 그 수행방법에 따라 다음의 세 가지 종류로 나눌 수 있다.

■ 직접 계산하는 알고리즘 : 항상 같은 순서로 고정된 횟수의 절차를 수행한다.

알고리즘(algorithm)이란 말은 9세기경의 아라비아 수학자인 알콰리즈미(al-Khowarizmi)의 이름에서 유래되었다. 원래 알고리즘은 십진기수법에 의한 산술의 규칙을 일컫는 말이었으나 컴퓨터에 대한 관심이 높아지면서 산술의 규칙뿐만 아니라 문제를 풀기 위한 정해진 절차를 포함하는 일반적인 용어로 쓰이게 되었다. 알고리즘은 algorism으로 사용되다가 18세기에 algorithm으로 변화하였다.

이 알고리즘의 한 예로서 x가 특정한 값을 취할 때, 다항식

$$f(x) = a_0 x^n + a_1 x^{n-1} + \cdots + a_{n-1} x + a_n$$

의 값을 효과적으로 계산하는 다음과 같은 알고리즘이 있다.

● 다항식의 값을 계산하는 알고리즘(호너(Horner)의 방법)

❶ $f_0 = a_0$으로 둔다.

❷ f_i가 구해졌을 때, $f_i \times x + a_{i+1} = f_{i+1}$로 둔다.

❸ $i = n - 1$이 될 때까지 과정 ❷를 반복한다.

위의 알고리즘의 결과로 구해지는 수는

$$f_n = (\cdots (a_0 x + a_1) x + \cdots + a_{n-1}) x + a_n$$

이며, 이 알고리즘은 n번의 곱셈과 n번의 덧셈에 의해 효과적으로 다항식의 값을 구할 수 있는 방법이다.

2 헤아리기 알고리즘 : 문제에 대한 모든 가능한 답을 일일이 체크하는 방법으로 사람이 수행하기에는 불가능한 알고리즘이지만 컴퓨터로는 가능할 수가 있다.

이 알고리즘의 한 예로는 외판원 문제가 있다.

이 문제는 외판원이 한 도시에서 출발하여, 다른 $(n - 1)$개의 도시를 방문한 후 다시 출발한 도시로 돌아오는 경로 중 가장 경제적인 경로를 찾는 문제이다.

외판원의 경로는 n개의 도시를 꼭지점으로 하고, 임의의 두 도시를 변으로 연결한 완전그래프 K_n의 해밀턴 회로에 대응된다.

따라서 외판원의 경로는 $(n - 1)!$가지가 있고, 그 각각의 경로에 대한 비용을 비교하여 최소 비용을 찾는 것이다.

3 반복 또는 순환알고리즘 : 주어진 문제를 구성하는 일련의 작은 문제들을 해결하는 것으로, 효과적일 수는 있어도 보통의 헤아리기 알고리즘보다 훨씬 복잡하다.

외판원 문제(Traveling Salesperson Problem)

$n = 25$인 경우만 하더라도 경로의 방법 수는 $24! = 6.2 \times 10^{23}$이다. 이 방법으로 구하고자 하는 답을 얻기 위해서는 초당 백만 가지의 경우를 체크할 수 있는 슈퍼컴퓨터로 약 200억 년의 시간이 소요된다. 이 문제를 풀기 위한 효과적인 알고리즘을 발견하는 것은 불가능하다는 사실이 알려져 있다.

반복 또는 순환알고리즘의 예로는 정수에 관한 많은 재미있는 알고리즘이 존재한다.

- 두 자연수 n, k의 최대공약수(gcd)를 구하는 유클리드 알고리즘

  n, k를 입력한다. $(0 < k \leq n)$

  ❶ $n = kq + r, (0 \leq r < k)$을 만족하는 r을 구한다.

  ❷ $r = 0$이면 gcd $= k$를 출력하고 멈춘다.

  $r \neq 0$이면 k_{old}를 n_{new}로, r_{old}를 k_{new}로 바꾼 다음 단계 ❶로 돌아간다.

이 알고리즘은 매 단계마다 k값이 감소하므로 유한 번의 단계 후에 끝난다.

- 자연수 n을 b진법의 수로 나타내는 알고리즘

  ❶ $n = bq_0 + a_0, (0 \leq a_0 < b)$를 만족하는 q_0, a_0를 구하고 a_0를 기록한다.

  ❷ q_i, a_i가 구해졌을 때, $q_i = 0$이면 멈추고 $q_i \neq 0$이면 다음을 수행한다.

  $q_i = b\, q_{i+1} + a_{i+1}, (0 \leq a_{i+1} < b)$을 만족하는 q_{i+1}, a_{i+1}을 구하고 a_{i+1}을 a_i의 바로 왼쪽에 기록한다.

다음 알고리즘은 임의의 합성수 n은 $1 < d \leq \sqrt{n}$인 약수 d를 가진다는 사실에 바탕을 두고 있다.

- 자연수 n의 최소의 소인수 찾는 알고리즘

  n이 주어졌다고 하자.

  ❶ 2가 n을 나누면 2를 출력하고 멈춘다.

  ❷ $d = 1$로 둔다.

  ❸ $d_{new} = d_{old} + 2$로 둔다.

  ❹ $d^2 > n$이면 n을 출력하고 멈춘다.

  ❺ d가 n을 나누면 d를 출력한 후 멈추고, d가 n을 나누지 않으면, 단계 ❸으로 간다.

효율적인 알고리즘

알고리즘의 효율성 또는 실행 가능성을 판단하는 주된 기준은 그 알고리즘을 실행하는 데 소요되는 시간이다. 따라서 알고리즘을 구성할 때는 수행 소요시간, 즉 계산 횟수를 가급적 최소화하는 방안을 강구해야 한다.

n개의 수 $x_1, x_2, \cdots, x_n$을 크기순으로 배열하는 다음 두 가지의 방법을 비교해 보자.

● **방법** *1.* 먼저 다음 알고리즘에 의하여 $x_1, x_2, \cdots, x_n$의 최대값 $\max\{x_1, x_2, \cdots, x_n\}$을 찾을 수 있다.

    1. x_1과 x_2를 비교하여 $\max\{x_1, x_2\}$를 찾는다.
    2. $\max\{x_1, x_2\}$와 x_3을 비교하여 $\max\{x_1, x_2, x_3\}$을 찾는다.
    $\vdots$
  $n - 1$. $\max\{x_1, x_2, \cdots, x_{n-1}\}$과 x_n을 비교하여 $\max\{x_1, x_2, \cdots, x_n\}$
       을 찾는다.

n개의 수 $x_1, x_2, \cdots, x_n$이 주어졌을 때, 위의 알고리즘에 의하여 $n - 1$번의 비교를 통하여 가장 큰 수를 찾고 나머지 $n - 1$개의 수를 가지고 $n - 2$번의 비교를 통하여 두 번째로 큰 수를 찾는다. 이와 같은 과정을 반복하면,
$$(n - 1) + (n - 2) + \cdots + 2 + 1 = n(n - 1)/2$$
회의 비교를 통하여 $x_1, x_2, \cdots, x_n$을 크기 순으로 나열할 수 있다.

● **방법** *2.* $x_1, x_2, \cdots, x_n$ 중 임의로 하나의 수 y를 선택하여 분리자라고 하자.
y를 제외한 $(n - 1)$개 각각의 수 x_i를 y와 비교해서 $x_i < y$이면 x_i를 y의 앞에, $x_i > y$이면 x_i를 y의 뒤에 둠으로써 $x_1, x_2, \cdots, x_n$을 두 개의 그룹으로 분리한다.

만약 $y = x_i$이었고, 앞과 뒤의 수의 집합이 각각

$$X_1 = \{x_1, x_2, \cdots, x_{i-1}\}, X_2 = \{x_{i+1}, \cdots, x_n\}$$

이었다면, X_1, X_2 각각을 독립적으로 분류하고 크기순으로 나열해서 합치면 원하는 배열을 얻을 수 있다.

*방법 2*가 *방법 1*보다 효율적이지만 최악의 경우 두 가지 방법에 있어서 비교 횟수가 같을 수가 있다.

알고리즘의 구성 원칙과 효율성을 감안한 여러 가지 알고리즘은 이 책의 적합한 곳곳에 배치하였다.

연습문제

1. 다음의 알고리즘을 작성하라.

(1) 주어진 정수 $x_1, x_2, \cdots, x_n$이 모두 다르면 1을, 아니라면 0을 출력하는 알고리즘

(2) 길이 n인 두 이진법의 수의 덧셈과 곱셈을 각각 계산하는 알고리즘

(3) $x_1 < x_2 < \cdots < x_m, y_1 < y_2 < \cdots < y_n$이라 할 때,

$$\{x_1, x_2, \cdots, x_m\} \cup \{y_1, y_2, \cdots, y_n\}$$

의 원소들을 작은 수부터 차례로 배열하는 알고리즘

(4) 9개의 동전 가운데 다른 것들보다 가볍거나 무거운 한 개의 위조동전이 있다고 하자. 양팔저울로 최대한 3회까지 달아서 위조동전을 찾아내는 알고리즘

(5) $\{1, 2, \cdots, n\}$의 k-순열을 사전식으로 나열할 때, 임의의 k-순열이 정해졌을 때, 바로 다음 k-순열을 출력하는 알고리즘

(6) 피보나치 수열의 제 100항의 값을 계산하는 알고리즘

2. 2차 정사각행렬의 곱

$$\begin{bmatrix} a & b \\ c & d \end{bmatrix} \begin{bmatrix} x & z \\ y & u \end{bmatrix} = \begin{bmatrix} ax + by & az + bu \\ cx + dy & cz + du \end{bmatrix}$$

은 8회의 곱과 4회의 합으로써 계산될 수 있다. 이 곱은 7회의 곱으로 계산될 수 있음을 보여라.

3. 양의 정수 n과 실수 $a_0, \cdots, a_n$이 주어졌을 때, 다항식

$$P(x) = a_n x^n + a_{n-1} x^{n-1} + \cdots + a_1 x + a_0$$

의 값을 계산하는 알고리즘을 작성하라.

4. 2^n개의 서로 다른 수를 크기순으로 배열하는 데는 $n2^n$회의 비교로써 충분함을 증명하라.

5.2 점화식

다음 초기값과 점화식으로 정의되는 수열 $a_0, a_1, a_2, \cdots$ 의 제 n항을 n에 관한 식으로 나타내어라.

(1) $a_0 = a_1 = 1,\ a_n = 3a_{n-1} - 2a_{n-2}$

(2) $a_0 = a_1 = 1,\ a_n = a_{n-1} + a_{n-2}$

k가 고정된 자연수라고 할 때, 수열 $a_0, a_1, a_2, \cdots$ 에 대하여 어떤 수량 $c_1, c_2, \cdots, c_k$와 n에 관한 식 $b(n)$이 있어서

$$a_n = c_1 a_{n-1} + c_2 a_{n-2} + \cdots + c_k a_{n-k} + b(n),\ (n \geq k) \qquad (1)$$

점화식(recurrence relation)

이 성립할 때, 등식 (1)을 이 수열의 점화식이라고 한다.

이를테면 공차가 d인 등차수열 $\{a_n\}$은 점화식

$$a_n = a_{n-1} + d$$

를 만족하고, 공비가 r인 등비수열 $\{g_n\}$은 점화식

$$g_n = r\,g_{n-1}$$

을 만족한다.

선형점화식(linear recurrence relation)

$c_1, \cdots, c_k$가 상수일 때, (1)을 선형점화식이라고 한다.

이 절에서는 선형점화식의 일반적인 해법을 다루고자 한다.

선형동차점화식

선형동차점화식(linear homogeneous recurrence relation)

$b(n) = 0$일 때 점화식 (1)은

$$a_n = c_1 a_{n-1} + c_2 a_{n-2} + \cdots + c_k a_{n-k} \qquad (2)$$

의 꼴이 된다. 이러한 선형점화식을 선형동차점화식이라 한다.

이를테면 등비수열의 점화식 $g_n = rg_{n-1}$ 은 선형동차점화식이다. 초기값으로 $g_0 = k$ 가 주어지면 이 점화식으로부터 $g_n = kr^n$ 을 얻을 수 있다.

이 예와 같이 많은 선형동차점화식의 해는 지수함수들의 일차결합으로 나타난다.

다음과 같이 정의되는 수열 $\{a_n\}$ 의 일반항을 구하여 보자.

❶ $a_0 = 2, a_1 = 5, a_n = 3a_{n-1} - 2a_{n-2}, (n \geq 2)$
❷ $a_0 = 1, a_1 = 1, a_n = 5a_{n-1} - 6a_{n-2}, (n \geq 2)$

❶의 점화식은 $a_n - a_{n-1} = 2(a_{n-1} - a_{n-2})$ 와 같이 나타낼 수 있고 $a_{n+1} - a_n = b_n$ 으로 두면 $\{b_n\}$ 은 초항이 3이고 공비가 2인 등비수열이고, 이 사실로부터 $a_n = 3 \times 2^n - 1$ 임을 쉽게 알 수 있다. 그러나 ❷로 정의되는 수열의 일반항은 이 방법으로는 쉽게 계산될 것 같지 않다.

지금부터 선형동차점화식의 풀이법에 대하여 생각해 보자.

점화식 (2)에 대하여
$$x^k - c_1 x^{k-1} - c_2 x^{k-2} - \cdots - c_{k-1} x - c_k = 0, (단, c_k \neq 0) \quad (3)$$
을 (2)의 특성방정식이라 하고, 특성방정식의 근을 특성근이라고 한다. $c_k \neq 0$ 이므로 특성근은 0이 아니다.
이를테면 ❶의 점화식 $a_n = 3a_{n-1} - 2a_{n-2}$ 의 특성방정식은 $x^2 - 3x + 2 = 0$ 이고 특성근은 1, 2이다.
❶을 만족하는 수열의 일반항 $a_n = 3 \times 2^n - 1$ 은 a_n 을 특성근의 n 제곱의 일차결합

$$a_n = \alpha 2^n + \beta 1^n$$

의 꼴로 나타내고 초기값 $a_0 = 2, a_1 = 5$ 를 만족하도록 계수 α, β 를 결정하므로써 구할 수도 있다. 이 방법에 대하여 알아보자.

특성방정식(characteristic equation)
특성근(characteristic root)

보조정리 5.2.1 특성근의 성질

$\lambda \neq 0$일 때, $a_n = \lambda^n$이 점화식 (2)를 만족할 필요충분조건은 λ가 특성근일 것이다.

증명 $a_n = \lambda^n$이 (2)를 만족할 필요충분조건은

$$\lambda^n - c_1 \lambda^{n-1} - \cdots - c_k \lambda^{n-k} = 0$$

즉,

$$\lambda^{n-k}(\lambda^k - c_1 \lambda^{k-1} - \cdots - c_{k-1}\lambda - c_k) = 0$$

이다. $\lambda \neq 0$이므로 이 등식이 성립할 필요충분조건은

$$\lambda^k - c_1 \lambda^{k-1} - \cdots - c_{k-1}\lambda - c_k = 0$$

즉, λ가 특성근일 것이다. ■

보조정리 5.2.2 특성근의 성질

n에 관한 식 $f_1(n), \cdots, f_p(n)$이 각각 (2)를 만족하면 이들의 임의의 일차결합도 (2)를 만족한다.

증명 상수 $\alpha_1, \cdots, \alpha_k$에 대하여 $F(n) = \sum_{i=1}^{p} \alpha_i f_i(n)$으로 두자.

$$F(n) = c_1 F(n-1) + \cdots + c_k F(n-k), \ (n \geq k)$$

가 성립함을 보이면 된다. k개의 등식

$$c_1 F(n-1) = c_1 \alpha_1 f_1(n-1) + \cdots + c_1 \alpha_p f_p(n-1)$$
$$c_2 F(n-2) = c_2 \alpha_1 f_1(n-2) + \cdots + c_2 \alpha_p f_p(n-2)$$
$$\vdots$$
$$c_k F(n-k) = c_k \alpha_1 f_1(n-k) + \cdots + c_k \alpha_p f_p(n-k)$$

를 변끼리 더하면

$$\sum_{i=1}^{k} c_i F(n-i) = \alpha_1 \sum_{i=1}^{k} c_i f_1(n-i) + \cdots + \alpha_p \sum_{i=1}^{k} c_i f_p(n-i)$$
$$= \alpha_1 f_1(n) + \cdots + \alpha_p f_p(n) = F(n)$$

이 성립한다. ■

보조정리 5.2.1, 5.2.2로부터 다음이 성립함을 알 수 있다.

> ### 따름정리
>
> $\lambda_1, \cdots, \lambda_p$가 특성방정식 (3)의 특성근이면 $\lambda_1^n, \cdots, \lambda_p^n$의 임의의 일차결합은 점화식 (2)를 만족한다.

점화식 $a_n = 3a_{n-1} - 2a_{n-2}$에 대하여 $x^2 - 3x + 2 = 0$의 특성근이 1, 2이므로 위의 따름정리에 의하여

$$F(n) = \alpha 1^n + \beta 2^n$$

으로 두면 $F(n) = 3F(n-1) - 2F(n-2)$, 즉 $F(n)$은 주어진 점화식을 만족한다.

$F(0) = a_0$, $F(1) = a_1$, 즉

$$\alpha 1^0 + \beta 2^0 = 2,$$
$$\alpha 1^1 + \beta 2^1 = 5$$

를 만족하는 α, β는 $\alpha = -1, \beta = 3$이다. 그러므로

$$F(n) = -1(1^n) + 3(2^n), \ (n = 0, 1, 2, \cdots).$$

이제, $a_0 = 2 = F(0)$, $a_1 = 5 = F(1)$이고,

$$a_n = 3a_{n-1} - 2a_{n-2}, \ (n = 2, 3, \cdots),$$
$$F(n) = 3F(n-1) - 2F(n-2), \ (n = 2, 3, \cdots)$$

이므로, $a_2 = F(2), a_3 = F(3), \cdots$ 가 성립하고, 따라서

$$a_n = F(n), (n = 0, 1, 2, \cdots)$$

즉,

$$a_n = -1(1^n) + 3(2^n), \ (n = 0, 1, 2, \cdots)$$

을 얻는다.

이와 같이 $F(n) = \alpha 1^n + \beta 2^n$으로 두었을 때, 초기값 $F(0) = 2 = a_0$, $F(1) = 5 = a_1$을 만족하는 α, β의 값만 정할 수 있으면 a_n을 1^n과 2^n의 일차결합으로 나타낼 수 있음을 알 수 있다.

실제로 이것은 항상 가능하다.

> ### 정리 5.2.3
>
> 특성방정식 (3)이 k개의 서로 다른 근 $\lambda_1, \cdots, \lambda_k$를 가질 때, 점화식 (2)를 만족하는 수열의 일반항은
> $$a_n = \alpha_1 \lambda_1^n + \cdots + \alpha_k \lambda_k^n$$
> 꼴로 나타낼 수 있다.

증명 ∷ 임의의 수 $\alpha_1, \cdots, \alpha_k$에 대하여, $F(n) = \alpha_1 \lambda_1^n + \cdots + \alpha_k \lambda_k^n$으로 두면, $F(n)$은 점화식 (2)를 만족하므로, 초기값 $a_0, a_1, \cdots, a_{k-1}$이 임의로 주어졌을 때,

$$a_n = \alpha_1 \lambda_1^n + \cdots + \alpha_k \lambda_k^n, \ (n = 0, 1, 2, \cdots, k-1) \tag{4}$$

을 만족하는 상수 $\alpha_1, \cdots, \alpha_k$를 결정할 수 있다는 사실만 보이면 정리가 증명된다.

초기값 $a_0, a_1, \cdots, a_{k-1}$이 주어졌다고 하자.

$$A = \begin{bmatrix} 1 & 1 & \cdots & 1 \\ \lambda_1 & \lambda_2 & \cdots & \lambda_k \\ \lambda_1^2 & \lambda_2^2 & \cdots & \lambda_k^2 \\ \vdots & \vdots & & \vdots \\ \lambda_1^{k-1} & \lambda_2^{k-1} & \cdots & \lambda_k^{k-1} \end{bmatrix}, \quad \mathbf{x} = \begin{bmatrix} \alpha_1 \\ \alpha_2 \\ \alpha_3 \\ \vdots \\ \alpha_k \end{bmatrix}, \quad \mathbf{c} = \begin{bmatrix} a_0 \\ a_1 \\ a_2 \\ \vdots \\ a_{k-1} \end{bmatrix}$$

로 두면 (4)는 $A\mathbf{x} = \mathbf{c}$와 같이 표현할 수 있다. 임의로 주어진 초기값 벡터 $\mathbf{c}$에 대하여 $A\mathbf{x} = \mathbf{c}$를 만족하는 $\mathbf{x}$가 존재한다는 것은 A가 가역행렬이라는 사실과 동치이다. 이를 증명하기 위하여 A의 행들이 일차독립임을 보인다.

A의 행들이 일차종속이라고 하면,

k-벡터 $(b_0, b_1, \cdots, b_{k-1}) \neq (0, 0, \cdots, 0)$가 존재하여

$$\begin{aligned}
& b_0 (\ 1 \ , \ 1 \ , \cdots, \ 1 \ ) \\
+ \ & b_1 (\ \lambda_1 \ , \ \lambda_2 \ , \cdots, \ \lambda_k \ ) \\
& \quad \vdots \\
+ \ & b_{k-1} (\lambda_1^{k-1}, \lambda_2^{k-1}, \cdots, \lambda_k^{k-1}) \\
= \ & (\ 0 \ , \ 0 \ , \cdots, \ 0 \ )
\end{aligned}$$

즉,

$$b_0 + b_1 \lambda_1 + \cdots + b_{k-1} \lambda_1^{k-1} = 0,$$
$$b_0 + b_1 \lambda_2 + \cdots + b_{k-1} \lambda_2^{k-1} = 0,$$
$$\vdots$$
$$b_0 + b_1 \lambda_k + \cdots + b_{k-1} \lambda_k^{k-1} = 0$$

이 성립한다. 이제,

$$g(x) = b_0 + b_1 x + \cdots + b_{k-1} x^{k-1}$$

으로 두면 위의 k개의 등식으로부터 $g(\lambda_1) = g(\lambda_2) = \cdots = g(\lambda_k) = 0$을 얻는다. $g(x)$는 $k-1$차 이하의 다항식으로서 k개의 서로 다른 근인 $\lambda_1, \lambda_2, \cdots, \lambda_k$를 가지므로 $g(x)$는 항등적으로 0, 즉 $b_0 = b_1 = \cdots = b_k = 0$이 된다. 이것은 $(b_0, b_1, \cdots, b_{k-1})$의 선택에 위배된다. 따라서 A의 행들은 일차독립이다. ■

예제 5.2.1. $a_0 = 1, a_1 = 1, a_n = 5a_{n-1} - 6a_{n-2}, (n \geq 2)$로 정의되는 수열 $\{a_n\}$의 일반항을 구하라.

풀이 주어진 점화식의 특성방정식은 $x^2 - 5x + 6 = 0$이고 이 방정식의 근은 2, 3이다.
$a_n = \alpha 2^n + \beta 3^n$으로 두면 초기값으로부터

$$\alpha + \beta = 1,$$
$$2\alpha + 3\beta = 1$$

이고, 여기에서 $\alpha = 2, \beta = -1$을 얻는다. 그러므로

$$a_n = 2^{n+1} - 3^n, \ (n \geq 0). ■$$

예제 5.2.2. 한 종류의 1×1보드와 흰 색, 검은 색 두 종류의 1×2보드가 있다. 이 세 종류의 보드로써 $1 \times n$보드를 덮는 방법 수 a_n을 n에 관한 식으로 나타내어라.

풀이 명백히 $a_1 = 1$이다.
1×2 보드를 덮는 방법은 오른쪽 그림과 같이 3가지이므로 $a_2 = 3$이다.

$n \geq 3$일 때, $1 \times n$ 보드를 덮는 방법은 다음 두 가지 경우로 나뉜다.

●경우 1 : 왼쪽 끝을 1×1 보드로 덮는 경우

이와 같이 전체 $1 \times n$ 보드를 덮는 방법 수는 남은 $1 \times (n-1)$ 보드를 덮는 방법 수와 같으므로 a_{n-1}.

●경우 2 : 왼쪽 끝을 1×2 보드로 덮는 경우

왼쪽 끝을 덮는 방법은 흰 색, 검은 색의 2가지이고 그 각각에 대하여 남은 $1 \times (n-2)$ 보드를 덮는 방법이 a_{n-2}가지이므로 이와 같이 전체 $1 \times n$ 보드를 덮는 방법 수는 $2a_{n-2}$.

따라서 $a_n = a_{n-1} + 2a_{n-2}$이다.

이 점화식의 특성방정식 $x^2 - x - 2 = 0$의 근은 $-1, 2$이다.

$a_n = \alpha(-1)^n + \beta 2^n$으로 두면 초기값 $a_1 = 1, a_2 = 3$으로부터

$$-\alpha + 2\beta = 1,$$
$$\alpha + 4\beta = 3$$

이고, 여기에서 $\alpha = 1/3, \beta = 2/3$를 얻는다. 그러므로

$$a_n = \frac{1}{3}(-1)^n + \frac{2}{3}2^n, \ (n \geq 1). \ \blacksquare$$

예제 **5.2.3.** 피보나치수열의 일반항을 구하라.

풀이 피보나치수열은 $a_0 = 1, a_1 = 1, a_n = a_{n-1} + a_{n-2}, (n \geq 2)$로 정의되는 수열이다.

이 점화식의 특성방정식 $x^2 - x - 1 = 0$의 근은 $(1 \pm \sqrt{5})/2$이다.

$$a_n = \alpha[(1 + \sqrt{5})/2]^n + \beta[(1 - \sqrt{5})/2]^n$$

으로 두면 초기값으로부터

$$\alpha + \beta = 1,$$
$$\alpha[(1 + \sqrt{5})/2] + \beta[(1 - \sqrt{5})/2] = 1$$

이고, 여기에서 $\alpha = (1 + \sqrt{5})/2\sqrt{5}, \beta = -(1 - \sqrt{5})/2\sqrt{5}$.

그러므로

$$a_n = \frac{1}{\sqrt{5}}\left(\frac{1+\sqrt{5}}{2}\right)^{n+1} - \frac{1}{\sqrt{5}}\left(\frac{1-\sqrt{5}}{2}\right)^{n+1}, \ (n \geq 0). \ \blacksquare$$

초기값이 $a_0 = 0, a_1 = 1$이고 점화식 $a_n = 4\,a_{n-1} - 4\,a_{n-2},(n \geq 2)$로 정의되는 수열의 일반항을 구하여 보자.

주어진 점화식의 특성방정식 $x^2 - 4x + 4 = 0$은 $x = 2$를 중근으로 가진다. 앞서 한 방법과 같이

$$a_n = \alpha\,2^n + \beta\,2^n$$

으로 두면, 초기값 $a_0 = 0, a_1 = 1$을 만족하는, 즉

$$\alpha + \beta = 0,$$
$$2\alpha + 2\beta = 1$$

을 만족하는 α, β는 존재하지 않는다. 따라서 중근이 없는 경우에 사용한 방법으로는 이 수열의 일반항을 구할 수 없다.

다음에는 점화식의 특성방정식이 중근을 가질 때, 수열의 일반항을 구하는 방법에 대하여 알아본다.

다음 일련의 논의에서는 필요한 횟수만큼 미분가능한 함수 $f(x)$에 대하여

$$\left(x \frac{d}{dx}\right)^0 f = f, \; \left(x \frac{d}{dx}\right)^{i+1} f = x \frac{d}{dx}\left(x \frac{d}{dx}\right)^i f,$$
$$\left(\frac{d}{dx}\right)^0 f = f, \; \left(\frac{d}{dx}\right)^{i+1} f = \frac{d}{dx}\left(\frac{d}{dx}\right)^i f$$

와 같이 $\left(x \frac{d}{dx}\right)^i f, \left(\frac{d}{dx}\right)^i f$를 정의하고 이들을 각각 간단히 $f^{[i]}, f^{(i)}$로 나타내기로 한다.

보조정리 5.2.4

$f(x)$가 무한 회 연속 미분가능한 함수일 때, 각 $n = 0, 1, 2, \cdots$ 에 대하여

$$f^{[n]}(x) = \sum_{i=0}^{n} g_{ni}(x)\, f^{(i)}(x), \; (단, g_{nn}(x) = x^n) \tag{5}$$

을 만족하는 다항식 $g_{n0}(x), g_{n1}(x), \cdots, g_{nn}(x)$가 존재한다.

증명 n에 관한 귀납법으로 증명한다.

● $n = 0$일 때 : (5)의 (좌변) $= f$, (우변) $= g_{00} f^{(0)} = x^0 f = f$이므로 보조정리가 성립한다.

• 주어진 n에 관하여 등식 (5)를 만족하는 다항식 $g_{n0}, g_{n1}, \cdots, g_{nn}$ 이 존재한다고 가정하면,

$$f^{[n+1]} = x \frac{d}{dx} f^{[n]}$$

$$= x \frac{d}{dx} \left(\sum_{i=0}^{n} g_{ni} f^{(i)} \right)$$

$$= \sum_{i=0}^{n} x \left[g_{ni}' f^{(i)} + g_{ni} f^{(i+1)} \right]$$

$$= x g_{n0}' f + \sum_{i=1}^{n} (x g_{ni}' + x g_{n,i-1}) f^{(i)} + x g_{nn} f^{(n+1)}$$

$$= x g_{n0}' f + \sum_{i=1}^{n} (x g_{ni}' + x g_{n,i-1}) f^{(i)} + x^{n+1} f^{(n+1)}.$$

여기서

$$g_{n+1,0} = x g_{n0}',$$

$$g_{n+1,i} = x g_{ni}' + x g_{n,i-1}, \quad (1 \le i \le n),$$

$$g_{n+1,n+1} = x g_{nn}$$

으로 두면

$$f^{[n+1]} = \left(\sum_{i=0}^{n+1} g_{n+1,i} f^{(i)} \right)$$

이다.

명백히 $g_{n+1,i}, (i = 0, 1, 2, \cdots, n+1)$는 다항식이고 $g_{nn} = x^n$이므로 $g_{n+1,n+1} = x g_{nn} = x \, x^n = x^{n+1}$이다. ∎

보조정리 5.2.4는

$$\begin{bmatrix} 1 & 0 & 0 & \cdots & 0 \\ \star & x & 0 & \cdots & 0 \\ \star & \star & x^2 & \cdots & 0 \\ \vdots & \vdots & \vdots & \ddots & \vdots \\ \star & \star & \star & \cdots & x^n \end{bmatrix} \begin{bmatrix} f^{(0)} \\ f^{(1)} \\ f^{(2)} \\ \vdots \\ f^{(n)} \end{bmatrix} = \begin{bmatrix} f^{[0]} \\ f^{[1]} \\ f^{[2]} \\ \vdots \\ f^{[n]} \end{bmatrix}$$

과 같이 나타낼 수 있다.

x가 0이 아닌 값을 취할 때, 위의 왼쪽 행렬은 가역행렬이므로 다음을 얻는다.

> ### 따름정리
>
> $\lambda \neq 0$ 일 때 각 $i = 0, 1, 2, \cdots, n$에 대하여,
> $$f(\lambda) = f^{[1]}(\lambda) = f^{[2]}(\lambda) = \cdots = f^{[n]}(\lambda) = 0$$
> 일 필요충분조건은
> $$f(\lambda) = f^{(1)}(\lambda) = f^{(2)}(\lambda) = \cdots = f^{(n)}(\lambda) = 0$$
> 일 것이다.

위의 따름 정리를 이용하여 다음 정리를 증명할 수 있다.

> ### 정리 5.2.5
>
> $x = \lambda$가 특성방정식 (3)의 p중근일 때는, λ^n, $n\lambda^n$, $\cdots$, $n^{p-1}\lambda^n$의 각각은 점화식 (2)를 만족한다.

증명 $f(x) = x^n - c_1 x^{n-1} - \cdots - c_k x^{n-k}$로 두면 $x = \lambda$는 $f(x) = 0$
의 p중근이므로
$$f^{(i)}(\lambda) = 0, (i = 0, 1, \cdots, p-1)$$
이 성립하고, 따라서 위의 따름정리에 의하여
$$f^{[i]}(\lambda) = 0, (i = 0, 1, \cdots, p-1)$$
이 성립한다.

$f(x)$로써 시작하여 x에 관하여 미분한 다음 x를 곱하는 연산을 반
복하면 각 $i = 0, 1, \cdots, p-1$에 대하여 등식
$$f^{[i]}(x) = n^i x^n - c_1 (n-1)^i x^{n-1} - \cdots - c_k (n-k)^i x^{n-k}$$
이 성립함을 쉽게 알 수 있다.

각 $i = 0, 1, \cdots, p-1$에 대하여 $f^{[i]}(\lambda) = 0$이므로,
$$n^i \lambda^n - c_1 (n-1)^i \lambda^{n-1} - \cdots - c_k (n-k)^i \lambda^{n-k} = 0$$
이 성립한다.

고정된 i에 대하여 $G(n) = n^i \lambda^n$이라 하면 이 등식은
$$G(n) - c_1 G(n-1) - \cdots - c_k G(n-k) = 0$$
임을 뜻하고, 따라서 $G(n) = n^i \lambda^n$은 점화식 (2)를 만족한다. ■

> ### 정리 5.2.6
>
> $\lambda_1, \lambda_2, \cdots, \lambda_t$가 특성방정식 (3)의 모든 서로 다른 특성근이라 하고, 각 $i = 1, 2, \cdots, t$에 대하여 λ_i가 p_i 중근이라고 할 때, 점화식 (3)으로 주어지는 수열의 일반항은
>
> $$\bigcup_{i=1}^{t} \{\lambda_i^n, n\lambda_i^n, \cdots, n^{p_i-1}\lambda_i^n\}$$
>
> 의 일차결합으로 나타낼 수 있다.

증명 설명을 간단히 하기 위하여 특성방정식 (3)의 서로 다른 근이 λ, μ 두 개이고 각각 3중근, 2중근인 경우를 예로 증명하기로 하자.

$\lambda^n, n\lambda^n, n^2\lambda^n, \mu^n, n\mu^n$의 각각이 점화식 (2)를 만족하므로 명백히 이들의 임의의 일차결합도 점화식 (2)를 만족한다. 이제

$$a_n = \alpha_1 \lambda^n + \alpha_2 n \lambda^n + \alpha_3 n^2 \lambda^n + \beta_1 \mu^n + \beta_2 n \mu^n$$

으로 둘 때, 주어진 초기값 a_0, a_1, a_2, a_3, a_4를 만족하도록 상수 α_1, $\alpha_2, \alpha_3, \beta_1, \beta_2$를 결정할 수 있음을 보이면 된다. 이것은 연립방정식

$$
\begin{bmatrix}
1 & 0 & 0 & 1 & 0 \\
\lambda & \lambda & \lambda & \mu & \mu \\
\lambda^2 & 2\lambda^2 & 4\lambda^2 & \mu^2 & 2\mu^2 \\
\lambda^3 & 3\lambda^3 & 9\lambda^3 & \mu^3 & 3\mu^3 \\
\lambda^4 & 4\lambda^4 & 16\lambda^4 & \mu^4 & 4\mu^4
\end{bmatrix}
\begin{bmatrix}
\alpha_1 \\ \alpha_2 \\ \alpha_3 \\ \beta_1 \\ \beta_2
\end{bmatrix}
=
\begin{bmatrix}
a_0 \\ a_1 \\ a_2 \\ a_3 \\ a_4
\end{bmatrix}
$$

을 $(\alpha_1, \alpha_2, \alpha_3, \beta_1, \beta_2)^\mathrm{T}$에 관하여 풀 수 있다는 것과 같다.

이를 위하여 위 등식의 좌변의 행렬을 A라 하고, A의 행들이 일차독립인 것을 보인다.

A의 행들이 일차종속이라 하면 $(b_0, b_1, b_2, b_3, b_4) \neq (0, 0, 0, 0, 0)$가 있어서

$$
\begin{aligned}
& b_0 \, (\ 1 \ , \ 0 \ , \ 0 \ , \ 1 \ , \ 0 \ ) \\
+ \ & b_1 \, (\ \lambda \ , \ \lambda \ , \ \lambda \ , \ \mu \ , \ \mu \ ) \\
+ \ & b_2 \, (\ \lambda^2 \ , \ 2\lambda^2 \ , \ 4\lambda^2 \ , \ \mu^2 \ , \ 2\mu^2 \ ) \\
+ \ & b_3 \, (\ \lambda^3 \ , \ 3\lambda^3 \ , \ 9\lambda^3 \ , \ \mu^3 \ , \ 3\mu^3 \ ) \\
+ \ & b_4 \, (\ \lambda^4 \ , \ 4\lambda^4 \ , \ 16\lambda^4 \ , \ \mu^4 \ , \ 4\mu^4 \ ) \\
= \ & \quad \ (\ 0 \ , \ 0 \ , \ 0 \ , \ 0 \ , \ 0 \ )
\end{aligned}
$$

즉,

$$b_0 + b_1\lambda + b_2\lambda^2 + b_3\lambda^3 + b_4\lambda^4 = 0,$$
$$b_1\lambda + b_2 2\lambda^2 + b_3 3\lambda^3 + b_4 4\lambda^4 = 0,$$
$$b_1\lambda + b_2 4\lambda^2 + b_3 9\lambda^3 + b_4 16\lambda^4 = 0,$$
$$b_0 + b_1\mu + b_2\mu^2 + b_3\mu^3 + b_4\mu^4 = 0,$$
$$b_1\mu + b_2 2\mu^2 + b_3 3\mu^3 + b_4 4\mu^4 = 0$$

이 성립한다.

이제,

$$g(x) = b_0 + b_1 x + b_2 x^2 + b_3 x^3 + b_4 x^4$$

으로 두면 보조정리 5.2.4의 따름정리에 의하여, 위의 5개의 등식은 각각

$$g(\lambda) = 0, \ g^{[1]}(\lambda) = 0, \ g^{[2]}(\lambda) = 0, \ g(\mu) = 0, \ g^{[1]}(\mu) = 0$$

과 같고, 따라서 $g(\lambda) = g^{(1)}(\lambda) = g^{(2)}(\lambda) = 0, \ g(\mu) = g^{(1)}(\mu) = 0$이 성립한다.

그러므로 $(x - \lambda)^3 \mid g(x), (x - \mu)^2 \mid g(x)$이고, 따라서 $g(x)$의 차수는 5 이상이어야 한다. 그런데 $g(x)$의 차수는 4 이하이므로 이는 모순이다. 따라서 A의 행들은 일차독립이다. ∎

예제 **5.2.4.** 다음 초기값과 점화식을 만족하는 수열의 일반항을 구하라.

(1) $a_0 = 1, a_1 = 4, a_n = 4a_{n-1} - 4a_{n-2}, (n \geq 2)$

(2) $a_0 = 2, a_1 = -2, a_2 = 8, a_3 = -12,$

　　$a_n = -2a_{n-1} + 2a_{n-3} + a_{n-4}, (n \geq 4)$

풀이 (1) 점화식의 특성방정식 $x^2 - 4x + 4 = 0$은 중근 2를 가진다.

$a_n = \alpha 2^n + \beta n 2^n$으로 두면 초기값으로부터

$$\alpha = 1,$$
$$2\alpha + 2\beta = 4$$

이고, 여기에서 $\alpha = 1, \beta = 1$을 얻는다.

그러므로

$$a_n = 2^n + n 2^n = (n+1)2^n, (n \geq 0).$$

(2) 점화식의 특성방정식은 $x^4 + 2x^3 - 2x - 1 = (x + 1)^3(x - 1) = 0$ 이다.

$a_n = \alpha(-1)^n + \beta n(-1)^n + \gamma n^2(-1)^n + \delta 1^n$ 으로 두면 초기값으로부터 $\alpha = \beta = \gamma = \delta = 1$ 을 얻는다.

그러므로

$$a_n = (1 + n + n^2)(-1)^n + 1, \ (n \ge 0). \ \blacksquare$$

비동차점화식

$c_1, c_2, \cdots, c_k$ 는 상수이고 $b(n) \ne 0$ 인 선형점화식

$$a_n = c_1 a_{n-1} + c_2 a_{n-2} + \cdots + c_k a_{n-k} + b(n) \tag{6}$$

의 풀이법에 대하여 생각해 보자.

점화식 (6)의 선형동차점화식 부분

$$a_n = c_1 a_{n-1} + c_2 a_{n-2} + \cdots + c_k a_{n-k}$$

을 (6)의 부속동차점화식이라고 한다.

(6)의 한 특수해를 $p(n)$, 부속동차점화식의 일반해를 $g(n)$이라 하고, $g(n) + p(n) = F(n)$으로 두면

$$\sum_{i=1}^{k} c_i F(n - i) + b(n)$$

$$= \sum_{i=1}^{k} c_i(g(n - i) + p(n - i)) + b(n)$$

$$= \sum_{i=1}^{k} c_i g(n - i) + \sum_{i=1}^{k} c_i p(n - i) + b(n)$$

$$= g(n) + p(n) = F(n)$$

이므로 $F(n)$은 (6)의 일반해이다.

그러므로 비동차선형점화식 (6)의 일반해는 다음과 같이 구할 수 있다.

❶ 부속동차점화식의 일반해 $g(n)$을 구한다.

❷ 비동차점화식의 특수해 $p(n)$을 구한다.

❸ $g(n), p(n)$을 결합하여 비동차점화식의 일반해를 구한다.

예제 5.2.5. $a_0 = 2, a_n = 3a_{n-1} - 4n, (n \geq 1)$로 정의되는 수열의 일반항을 구하라.

풀이 주어진 점화식의 부속동차점화식 $a_n = 3a_{n-1}$의 일반해는
$$g(n) = \alpha 3^n.$$
문제의 점화식의 특수해로서
$$p(n) = \beta n + r$$
을 시도해 보자. $p(n)$이 점화식을 만족해야 하므로
$$\beta n + r = 3(\beta(n-1) + r) - 4n = (3\beta - 4)n + 3r - 3\beta.$$
따라서
$$\beta = 3\beta - 4, r = 3r - 3\beta, \text{ 즉 } \beta = 2, r = 3.$$
그러므로 $p(n) = 2n + 3$이다. 이제 $g(n)$과 $p(n)$을 결합하여
$$a_n = \alpha 3^n + 2n + 3, (n \geq 0)$$
으로 두고 초기값 $a_0 = 2$를 이용하면 $2 = \alpha + 3$, 즉 $\alpha = -1$. 따라서
$$a_n = -3^n + 2n + 3 \ (n \geq 0). \ \blacksquare$$

문제는 특수해 $p(n)$을 구하는 일이다. 특수해는 다음과 같이 시도하면 통하는 수가 있다.

❶ $b(n)$이 n에 관한 k차 다항식이면 $p(n)$도 n에 관한 k차 다항식으로 둔다.

❷ $b(n) = d^n$이면 $p(n) = \alpha d^n$으로 둔다.

예제 5.2.6. 다음 초기값과 점화식으로 정의되는 수열의 일반항을 구하라.

(1) $a_0 = 2, a_n = 2a_{n-1} + 3^n, \ (n \geq 1)$

(2) $a_0 = 2, a_n = 3a_{n-1} + 3^n, \ (n \geq 1)$

풀이 (1) 주어진 점화식의 부속동차점화식 $a_n = 2a_{n-1}$의 일반해는
$$g(n) = \alpha 2^n.$$
점화식의 특수해로

$$p(n) = \beta 3^n$$

으로 두면

$$\beta 3^n = 2\beta 3^{n-1} + 3^n. \quad \therefore \ 3\beta = 2\beta + 3. \quad \therefore \ \beta = 3.$$

그러므로 $p(n) = 3^{n+1}$ 이다. 이제 $g(n)$ 과 $p(n)$ 을 결합하여

$$a_n = \alpha 2^n + 3^{n+1}, \ (n \geq 0)$$

으로 두고 초기값 $a_0 = 2$ 를 이용하면 $2 = \alpha + 3$, 즉 $\alpha = -1$. 따라서

$$a_n = -2^n + 3^{n+1}, \ (n \geq 0).$$

(2) 부속동차점화식 $a_n = 3a_{n-1}$ 의 일반해는 $g(n) = \alpha 3^n$ 이다.
(1)의 경우와 같이 $p(n) = \beta 3^n$ 으로 잡으면 이는 점화식을 만족할 수 없음을 알 수 있다. 다시 특수해로서

$$p(n) = \beta n 3^n$$

을 가지고 시도해 보자.

$$\beta n 3^n = 3\beta(n-1)3^{n-1} + 3^n. \quad \therefore \ \beta n = \beta(n-1) + 1. \quad \therefore \ \beta = 1.$$

그러므로 $p(n) = n 3^n$ 이다. 이제 $g(n)$ 과 $p(n)$ 을 결합하여

$$a_n = \alpha 3^n + n 3^n = (\alpha + n)3^n, \ (n \geq 0)$$

으로 두고 초기값 $a_0 = 2$ 를 이용하면 $\alpha = 2$. 따라서

$$a_n = (n + 2)3^n, \ (n \geq 0). \ \blacksquare$$

$p(n) = \beta 3^n$ 이 주어진 점화식을 만족한다면

$\beta 3^n = 3\beta 3^{n-1} + 3^n$

$\quad = \beta 3^n + 3^n$

이어야 하고, 이는 불가능한 등식이다.

예제 **5.2.7.** 크기가 서로 다른 n개의 원판이 왼쪽 그림과 같이 크기 순서대로 못에 끼워져 있다. 나머지 두 개의 못을 이용하여 이 n개의 원판을 다른 하나의 못으로 옮기려고 한다. 단, 한 번에 한 개의 원판을 한 막대기에서 다른 막대기로 옮길 수 있고 어떤 경우도 어떤 원판 위에 그보다 큰 원판을 놓아서는 안된다. 이 n개의 원판을 옮기는 데 필요한 최소 이동 횟수를 구하라.

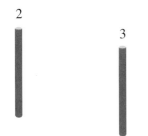

풀이 구하는 횟수를 a_n 이라 하면 명백히 $a_1 = 1$ 이다.
1번 못에 n개의 원판이 놓여 있다고 하자.
1번 못에 있는 가장 큰 원판을 그냥 두고, 나머지 $n-1$개의 원판을 3번 원판에 옮기는 최소 이동 횟수는 a_{n-1} 이다.
그 다음, 1번 못에 있는 가장 큰 원판을 2번 못으로 옮긴 후 3번 못

에 놓여있는 $n-1$개의 원판을 다시 2번 못으로 옮기는 횟수는 a_{n-1}이다. 따라서

$$a_n = 2a_{n-1} + 1.$$

이 점화식의 부속동차점화식의 일반해는 $g(n) = \alpha 2^n$이다.

이 점화식의 특수해를 $p(n) = \beta$로 두면

$$\beta = 2\beta + 1. \therefore \beta = -1.$$

일반해와 특수해를 결합하면

$$a_n = \alpha 2^n - 1, (n \geq 1)$$

이고 초기값 $a_1 = 1$에 의하여 $2\alpha - 1 = 1$, 즉 $\alpha = 1$. 따라서

$$a_n = 2^n - 1 \ (n \geq 1). \ \blacksquare$$

예제 **5.2.8.** $0, 1, 2, \cdots, 9$의 n-중복순열로서 0이 짝수 개 들어 있는 것의 개수를 구하라.

풀이 0이 짝수 개 들어 있는 $0, 1, 2, \cdots, 9$의 n-중복순열 전체의 집합을 A_n이라 하자. 구하는 수를 a_n이라 하면, $|A_n| = a_n$이고, 명백히 $a_1 = 9$이다.

A_n의 원소는 다음의 두 가지 유형으로 나누어진다.

● 유형 1 : $p_1 p_2 \cdots p_{n-1} q, (단, q \neq 0)$

여기서 $p_1 p_2 \cdots p_{n-1}$은 A_{n-1}에 속하므로 이 유형의 n-중복순열의 개수는 $9a_{n-1}$.

● 유형 2 : $p_1 p_2 \cdots p_{n-1} 0$

여기서 $p_1 p_2 \cdots p_{n-1}$은 0을 홀수 개 가지고 있으므로 A_{n-1}에 속하지 않는 $0, 1, 2, \cdots, 9$의 $(n-1)$-중복순열이다. 따라서 이 유형의 n-중복순열의 개수는 $10^{n-1} - a_{n-1}$이다.

그러므로

$$a_n = 9a_{n-1} + 10^{n-1} - a_{n-1} = 8a_{n-1} + 10^{n-1}.$$

주어진 점화식의 부속동차점화식의 일반해는 $g(n) = \alpha 8^n$이다.

특수해를 $p(n) = \beta 10^{n-1}$으로 두면

$$\beta 10^{n-1} = 8\beta 10^{n-2} + 10^{n-1}. \therefore 10\beta = 8\beta + 10. \therefore \beta = 5.$$

따라서 $p(n) = 5 \times 10^{n-1}$이다.

$g(n)$과 $p(n)$을 결합하여

$$a_n = \alpha 8^n + 5 \times 10^{n-1}, \ (n \geq 1)$$

으로 두고 초기값 $a_1 = 9$를 이용하면 $\alpha = 1/2$.

그러므로

$$a_n = 4 \times 8^{n-1} + 5 \times 10^{n-1}, \ (n \geq 1). \ \blacksquare$$

연습문제

1. 다음 초기값과 점화식으로 정의되는 수열의 일반항을 구하라.

(1) $a_0 = 1$, $a_1 = 2$, $a_n = 4a_{n-1} - 3a_{n-2}$

(2) $a_0 = 1$, $a_1 = 2$, $a_2 = 2$, $a_n + 2a_{n-1} - a_{n-3} = 0$

(3) $a_0 = 1$, $a_1 = 2$, $a_2 = 3$, $a_n = 6a_{n-1} - 12a_{n-3} + 8a_{n-3}$

(4) $a_0 = 1$, $a_1 = 2$, $a_2 = 3$, $a_n + a_{n-1} + a_{n-2} + a_{n-3} = 2$

(5) $a_0 = 1$, $a_1 = 5$, $a_n + 3a_{n-1} + 2a_{n-2} = 2n^2$

(6) $a_0 = 2$, $a_1 = 6$, $a_n - 7a_{n-1} + 10a_{n-2} = 3^n + 1$

2. 다음 조건을 만족하는 수열의 일반항을 구하라.

(1) $a_0 = 0$, $a_1 = 1$, $a_n^2 = a_{n-1}^2 + 2a_{n-2}^2$.

(2) $a_0 = 1$, $a_1 = 2$, $na_n + (n-1)a_{n-1} = 2^n$.

3. 모든 항이 0 또는 1인 수열을 (0, 1)-수열이라고 한다. 1이 2개 들어 있고 마지막 항이 1인 길이 n 이하의 (0, 1)-수열의 개수를 n에 관한 식으로 나타내어라.

4. 다음 조건을 만족하는 길이가 n이고 각 항이 0, 1 또는 2인 수열의 개수 a_n을 n에 관한 식으로 나타내어라.

(1) 짝수 개의 0을 가진다.

(2) 00이 나타나지 않는다.

(2) 012가 나타나지 않는다.

5. n-집합 $\{1, 2, \cdots, n\}$의 k-부분집합으로서 연속된 두 수를 포함하지 않는 것의 개수 $a_{n,k}$가 만족하는 점화식을 구하라.

6. 다음 조각으로 체스판을 덮는 방법 수를 구하라.

(1) 조각 모양 : 2×1 또는 2×2, 체스판 모양 : $2 \times n$.

(2) 조각 모양 : 1×1 또는 L형, 체스판 모양 : $2 \times n$.

L형 조각

(3) 조각 모양 : 2×2, 또는 L형, 체스판 모양 : $2 \times n$

(4) 조각 모양 : 2×1, 체스판 모양 : $3 \times n$

(5) 조각 모양 : 3×1, 체스판 모양 : $4 \times n$

(6) 조각 모양 : 1×1 또는 2×1, 체스판 모양 : $2 \times n$

(7) 조각 모양 : 2×1, 체스판 모양 : $4 \times n$

7. 수열 $1, 2, 4, 5, 7, 9, 10, 12, 14, 16, \cdots$ 의 일반항을 구하라.

8. 오른쪽 그림과 같이 한 변의 길이가 n인 정삼각형이 한 변의 길이 가 1인 정삼각형으로 분할되어 있는 도형에서 택할 수 있는 삼각 형의 개수를 n에 관한 식으로 나타내어라.

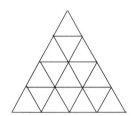

9. 임의의 두 대각선은 한 점에서 만나고 세 개 이상의 대각선은 한 점 에서 만나지 않는 볼록 n각형이 있다고 하자. 이 n각형의 내부가 대각선들에 의해 나누어지는 영역의 개수를 n에 관한 식으로 나타 내어라.

10. 수열 $a_0, a_1, a_2, \cdots$ 이
$$a_1 = 1, \ a_{m+n} + a_{m-n} = (a_{2m} + a_{2n})/2, \ (m \geq n)$$
을 만족한다고 할 때, a_{1995}의 값을 구하라.

11. 수열 $a_0, a_1, a_2, \cdots, a_n, \cdots$ 에 대하여

$$\begin{bmatrix} 1 & 1 \\ 1 & 0 \end{bmatrix}^k = \begin{bmatrix} a_k & a_{k-1} \\ a_{k-1} & a_{k-2} \end{bmatrix}, (k \geq 2)$$

가 성립한다고 할 때, $a_{5n+1} \geq 10^n, (n \geq 0)$을 증명하라.

(제2회 한국수학올림피아드, 1988)

12. 자연수 n에 대하여, $a_n = \sum_{k=0}^{\lfloor n/2 \rfloor} \binom{n-k}{k} \left(\frac{-1}{4}\right)^k$이라 할 때, a_{1997}을 구

하라. (제11회 한국수학올림피아드, 1997)

13. a_1, a_2가 10000보다 작은 두 양의 정수라 하고,
$$a_k = \min\{|a_i - a_j| : 1 \leq i < j \leq k-1\}, (k \geq 3)$$
이라고 할 때, $a_{21} = 0$임을 증명하라.

14. $a_0 = 1, a_1 = 1, a_{n+1} = a_n + 2a_{n-1}, (n = 1, 2, 3, \cdots),$

$\quad b_0 = 1, b_1 = 7, b_{n+1} = 2b_n + 3b_{n-1}, (n = 1, 2, 3, \cdots)$

로 각각 정의되는 수열 $\{a_n\}, \{b_n\}$이 있다.

$$(a_0, a_1, a_2, a_3, a_4, a_5) = (1, 1, 3, 5, 11, 21)$$

$$(b_0, b_1, b_2, b_3, b_4, b_5) = (1, 7, 17, 55, 161, 487)$$

이라고 할 때, 이 두 개의 수열 $\{a_n\}, \{b_n\}$에 공통으로 나타나는 항은 1 이외에는 없음을 증명하라. (제2회 미국수학올림피아드, 1973)

15. 양의 정수 $a_0, a_1, \cdots, a_{100}$이 조건

$$a_1 > a_0, \ a_n = 3a_{n-1} - 2a_{n-2}, (n \geq 2)$$

을 만족할 때, $a_{100} > 2^{99}$임을 증명하라.

16. n개의 램프 $L_1, L_2, \cdots, L_n$이 한 원주 상에 배열되어 있고 각각의 상태는 켜져 있거나 꺼져 있거나 둘 중 하나이다.

램프 L_j에 취하는 다음 조작을 S_j라고 하자.

- L_{j-1}이 켜져 있을 때 : L_j가 켜져 있다면 끄고, 꺼져 있다면 켠다.

- L_{j-1}이 꺼져 있을 때 : L_j를 원래의 상태로 둔다.

$L_{-1} = L_{n-1}, L_0 = L_n, L_1 = L_{n+1}$이라 하고 처음에는 모든 램프들이 켜져 있는 상태에서 일련의 조작 $S_0, S_1, S_2, \cdots$ 를 수행해 나갈 때, 다음을 증명하라.

(1) $M(n)$번의 조작 후에 모든 램프들이 다시 켜지는 양의 정수 $M(n)$이 존재한다.

(2) 어떤 자연수 k에 대하여, $n = 2^k$이라면 $n^2 - 1$번, $n = 2^k + 1$이라면 $n^2 - n + 1$번의 조작 후에 모든 램프들이 다시 켜진다.

(제34회 국제수학올림피아드, 1993)

17. 조건

$$x_0 = x_{1995}, \ x_{i-1} + \frac{2}{x_{i-1}} = 2x_i + \frac{1}{x_i}, \ (i = 1, 2, \cdots, 1995)$$

을 만족하는 양의 실수열 $x_0, x_1, \cdots, x_{1995}$의 초항 x_0의 최대값을 구하라. (제36회 국제수학올림피아드, 1995)

5.3 생성함수

(1) $f(x) = \binom{m}{0} + \binom{m}{1}x + \binom{m}{2}x^2 + \cdots + \binom{m}{m}x^m$,

$g(x) = \binom{n}{0} + \binom{n}{1}x + \binom{n}{2}x^2 + \cdots + \binom{n}{n}x^n$

이라 할 때, $f(x)g(x)$에서 x^k의 계수를 구하라.

(2) $(1+x)^{m+n}$에서 x^k의 계수를 구하라.

(3) $\binom{m+n}{k} = \sum_{i+j=k}\binom{m}{i}\binom{n}{j}$임을 설명하라.

생성함수

수열 $a_0, a_1, a_2, \cdots$ 에 대하여

$$g(x) = a_0 + a_1 x + a_2 x^2 + \cdots$$

을 이 수열의 생성함수라고 한다.

생성함수 (generating function)

- 수열 $1, 1, 1, \cdots$ 의 생성함수는

$$g(x) = 1 + x + x^2 + \cdots = \frac{1}{1-x}, (|x| < 1),$$

- 이항계수로 이루어진 수열 $\binom{n}{0}, \binom{n}{1}, \binom{n}{2}, \cdots$ 의 생성함수는

$$g(x) = \binom{n}{0} + \binom{n}{1}x + \binom{n}{2}x^2 + \cdots + \binom{n}{n}x^n = (1+x)^n,$$

- 중복조합의 수로 이루어진 수열 $_nH_0, _nH_1, _nH_2, \cdots$ 의 생성함수는

$\binom{-n}{k} = (-1)^k {}_nH_k$

$$g(x) = {}_nH_0 + {}_nH_1x + {}_nH_2x^2 + \cdots = \frac{1}{(1-x)^n}, (|x| < 1).$$

다음 세 수를 살펴보자.

❶ P, Q, R 세 종류의 물건을 중복을 허락하여 뽑되, P는 2개 이하, Q는 3개 이하, R은 4개 이하가 되도록 n개를 선택하는 방법 수 a_n,

❷ $p + q + r = n$, $(0 \le p \le 2, 0 \le q \le 3, 0 \le r \le 4)$의 정수해 (p, q, r)의 개수 b_n,

❸ $g(x) = (1 + x + x^2)(1 + x + x^2 + x^3)(1 + x + x^2 + x^3 + x^4)$의 전개식에서 x^n의 계수 c_n.

각 $n = 1, 2, \cdots$ 에 대하여, a_n, b_n, c_n은 모두 같은 수이다.
먼저 $a_n = b_n$임은 명백하다.
❸의 곱의 전개식에서 나타나는 $3 \times 4 \times 5$개의 각각의 항의 꼴은
$$x^p x^q x^r, \quad (0 \le p \le 2, 0 \le q \le 3, 0 \le r \le 4)$$
과 같다. 동류항을 모아 간단히 했을 때, x^n의 계수는 $p + q + r = n$ 인 항 $x^p x^q x^r$의 개수와 같다. 따라서 $b_n = c_n$이다.
그러므로 $g(x)$는 수열 $a_0, a_1, a_2, \cdots$ 의 생성함수이다.

$g(x)$를 기계적으로 전개하면
$$g(x) = 1 + 3x + 6x^2 + 9x^3 + 11x^4 + 11x^5 + 9x^6 + 6x^7 + 3x^8 + x^9$$
이므로, 이를테면 $a_1 = 3, a_2 = 6, a_3 = 9, a_4 = 11$이다.

이와 같이 생성함수는 함수를 관찰하므로써 수열의 성질을 파악할 수 있는 중요한 도구가 된다.

예제 5.3.1. P, Q, R 세 종류의 물건을 중복을 허락하여 뽑되, 각각 1개 이상 뽑히도록, n개를 선택하는 방법 수를 a_n이라 할 때, 다음을 구하라.
(1) 수열 $a_0, a_1, a_2, \cdots$ 의 생성함수
(2) a_{100}의 값

풀이 (1) $g(x) = (x + x^2 + \cdots)(x + x^2 + \cdots)(x + x^2 + \cdots)$의 전개식

에서 나타나는 항의 꼴은

$$x^p x^q x^r, \ (p, q, r \geq 1)$$

과 같다. 동류항을 모아 간단히 했을 때, x^n의 계수는

$$p + q + r = n, \ (p, q, r \geq 1)$$

인 항 $x^p x^q x^r$의 개수와 같고 이 수는 또한 a_n과도 같다.

따라서 구하는 생성함수는

$$g(x) = (x + x^2 + \cdots)(x + x^2 + \cdots)(x + x^2 + \cdots)$$

$$= x^3(1 + x + x^2 + \cdots)^3 = x^3\left(\frac{1}{1-x}\right)^3.$$

(2) $g(x) = x^3(1-x)^{-3} = x^3 \sum_{n=0}^{\infty} {}_3H_n x^n$

$$= \sum_{n=0}^{\infty} {}_3H_n x^{n+3} = \sum_{n=3}^{\infty} {}_3H_{n-3} x^n$$

$$\therefore a_{100} = {}_3H_{100-3} = {}_3H_{97} = \begin{pmatrix} 3+97-1 \\ 97 \end{pmatrix}$$

$$= \begin{pmatrix} 99 \\ 97 \end{pmatrix} = 4851. \ \blacksquare$$

예제 **5.3.2.** 7개의 통에 각각 같은 종류의 장난감이 들어 있다. 이들 통으로부터 중복을 허락하여 뽑되, 각 통에서 2개 이상 6개 이하가 뽑히도록 25개를 선택하는 방법 수를 구하라.

풀이 주어진 조건을 만족하도록 n개를 선택하는 방법 수를 a_n이라 할 때, 수열 $a_1, a_2, a_3, \cdots$ 의 생성함수는

$$g(x) = (x^2 + x^3 + x^4 + x^5 + x^6)^7$$

이고 구하는 수 a_{25}는 $g(x)$의 전개식에서 x^{25}의 계수이다.

$g(x) = [x^2(1 + x + x^2 + x^3 + x^4)]^7 = x^{14}(1 + x + x^2 + x^3 + x^4)^7$이므로

a_{25}는 $h(x) = (1 + x + x^2 + x^3 + x^4)^7$에서 x^{11}의 계수와 같다.

$$h(x) = (1 + x + x^2 + x^3 + x^4)^7 = \left(\frac{1-x^5}{1-x}\right)^7 = \frac{(1-x^5)^7}{(1-x)^7}$$

인데,

$$(1 - x^5)^7 = 1 - \binom{7}{1}x^5 + \binom{7}{2}x^{10} - \binom{7}{3}x^{15} + \cdots,$$

$$\frac{1}{(1-x)^7} = 1 + {}_7H_1 x + {}_7H_2 x^2 + {}_7H_3 x^3 + \cdots$$

이므로 $h(x)$에서 x^{11}의 계수는

$$1 \times {}_7H_{11} + \left(-\binom{7}{1}\right) \times {}_7H_6 + \binom{7}{2} \times {}_7H_1$$

$$= 1 \times \binom{7+11-1}{11} - \binom{7}{1} \times \binom{7+6-1}{6} + \binom{7}{2} \times \binom{7+1-1}{1}$$

$$= 6055. \; \blacksquare$$

예제 **5.3.3.** $x_1 + x_2 + \cdots + x_p = n, (x_i, (i = 1, 2, \cdots, n),$ 는 홀수)의 양의 정수해의 개수를 a_n이라 할 때, 다음 물음에 답하라.

(1) 수열 $a_0, a_1, a_2 \cdots$ 의 생성함수를 구하라.

(2) $p = 3$일 때, a_n을 n에 관한 식으로 나타내어라.

풀이 (1) $g(x) = (x + x^3 + x^5 + \cdots)^p$

$$= x^k(1 + x^2 + x^4 + \cdots)^p = \left(\frac{x}{1-x^2}\right)^p.$$

(2) $p = 3$일 때,

$$g(x) = \left(\frac{x}{1-x^2}\right)^3 = x^3 \sum_{m=0}^{\infty} {}_3H_m x^{2m} = \sum_{m=0}^{\infty} {}_3H_m x^{2m+3}$$

$$= {}_3H_0 x^3 + {}_3H_1 x^5 + {}_3H_2 x^7 + {}_3H_3 x^9 + \cdots.$$

따라서

n이 짝수일 때, $a_n = 0$,

n이 홀수일 때, $a_n = {}_3H_{(n-3)/2} = \binom{2 + (n-3)/2}{(n-3)/2}$. $\blacksquare$

$2m + 3 = n$일 때,
$m = (n-3)/2$

예제 **5.3.4.** $p + 2q + 3r = n$의 음이 아닌 정수해 (p, q, r)의 개수를 n에 관한 식으로 나타내어라.

풀이 구하는 수를 a_n이라 하자.

$$g(x) = (1 + x + x^2 + \cdots)(1 + x^2 + x^4 + \cdots)(1 + x^3 + x^6 + \cdots)$$

로 두면,

$$g(x) = \sum_{p,q,r=0}^{\infty} x^{p+2q+3r} = \sum_{n=0}^{\infty} \left(\sum_{\star} x^{p+2q+3r} \right) = \sum_{n=0}^{\infty} a_n x^n,$$

여기서 $\sum_{\star}$ 는 $p + 2q + 3r = n$의 음이 아닌 정수해 (p, q, r) 상에서 합한 것을 나타낸다. 따라서 $g(x)$는 수열 $a_1, a_2, a_3, \cdots$ 의 생성함수이다.

$$g(x) = \frac{1}{1-x} \frac{1}{1-x^2} \frac{1}{1-x^3} = \frac{1}{(1-x)^3} \frac{1}{1+x} \frac{1}{1+x+x^2}$$

$$= \frac{1}{(1-x)^3} \frac{1}{1+x} \frac{1}{1-\omega x} \frac{1}{1-\omega^2 x}$$

$$= \frac{A}{1-x} + \frac{B}{(1-x)^2} + \frac{C}{(1-x)^3} + \frac{D}{1+x} + \frac{E}{1-\omega x} + \frac{F}{1-\omega^2 x}$$

$$(\text{단, } \omega = e^{2\pi i/3})$$

로 두고 상수 A, B, C, D를 정하면,

$$A = \frac{17}{72}, B = \frac{1}{4}, C = \frac{1}{6}, D = \frac{1}{8}, E = \frac{1}{9}, F = \frac{1}{9}.$$

따라서

$$g(x) = \sum_{n=0}^{\infty} \left(\frac{17}{72} + \frac{1}{4} \,_2H_n + \frac{1}{6} \,_3H_n + \frac{1}{8}(-1)^n + \frac{1}{9}\omega^n + \frac{1}{9}\omega^{2n} \right) x^n$$

$$= \sum_{n=0}^{\infty} \left(\frac{17}{72} + \frac{n+1}{4} + \frac{(n+1)(n+2)}{12} + \frac{1}{8}(-1)^n + \frac{1}{9}\delta_n \right) x^n,$$

단, $\delta_n = \omega^n + \omega^{2n} = \begin{cases} 2, & (n \equiv 0 \pmod 3 \text{일 때}), \\ -1, & (n \not\equiv 0 \pmod 3 \text{일 때}). \end{cases}$

그러므로

$$a_n = \frac{17}{72} + \frac{n+1}{4} + \frac{(n+1)(n+2)}{12} + \frac{1}{8}(-1)^n + \frac{1}{9}\delta_n. \blacksquare$$

생성함수를 이용하여 점화식을 풀 수도 있다. 다음 예제를 통하여 그 방법을 알 수 있다.

예제 **5.3.5.** $a_0 = 1, a_1 = -2, a_n = 5a_{n-1} - 6a_{n-2}, (n \geq 2)$로 정의되는 수열의 일반항을 생성함수를 이용하여 구하라.

풀이 수열 $\{a_n\}$의 생성함수를 $g(x) = \sum_{n=0}^{\infty} a_n x^n$이라 하자.

각 $i = 1, 2, \cdots$ 에 대하여, $a_n - 5a_{n-1} + 6a_{n-2} = 0$이므로,

$$
\begin{aligned}
g(x) &= a_0 + a_1 x + a_2 x^2 + a_3 x^3 + a_4 x^4 + \cdots \\
-5xg(x) &= \quad\quad - 5a_0 x - 5a_1 x^2 - 5a_2 x^3 - 5a_3 x^4 + \cdots \\
+6x^2 g(x) &= \quad\quad\quad\quad 6a_0 x^2 + 6a_1 x^3 + 6a_2 x^4 + \cdots
\end{aligned}
$$

이다.

세 등식을 변끼리 더하면,

$$(1 - 5x + 6x^2)g(x) = a_0 + (a_1 - 5a_0)x = 1 - 7x.$$

따라서

$$g(x) = \frac{1 - 7x}{1 - 5x + 6x^2} = \frac{5}{1 - 2x} - \frac{4}{1 - 3x}$$

$$= 5 \sum_{n=0}^{\infty} 2^n x^n - 4 \sum_{n=0}^{\infty} 3^n x^n = \sum_{n=0}^{\infty} (5 \times 2^n - 4 \times 3^n) x^n.$$

그러므로 $a_n = 5 \times 2^n - 4 \times 3^n, (n \geq 0)$이다. ∎

생성함수는 비동차선형점화식을 풀 때, 편리하게 이용된다.

예제 **5.3.6.** $a_0 = 1, \ a_n = 8a_{n-1} + 10^{n-1}, (n \geq 1)$으로 정의되는 수열의 일반항을 구하라.

풀이 수열 $\{a_n\}$의 생성함수를 $g(x) = \sum_{n=0}^{\infty} a_n x^n$이라 하면,

$$
\begin{aligned}
g(x) - a_0 &= \sum_{n=1}^{\infty} (8a_{n-1} + 10^{n-1})x^n \\
&= 8 \sum_{n=1}^{\infty} a_{n-1} x^n + \sum_{n=1}^{\infty} 10^{n-1} x^n \\
&= 8x \sum_{n=1}^{\infty} a_{n-1} x^{n-1} + x \sum_{n=1}^{\infty} 10^{n-1} x^{n-1}
\end{aligned}
$$

$$= 8x \sum_{n=0}^{\infty} a_n x^n + x \sum_{n=0}^{\infty} 10^n x^n$$

$$= 8xg(x) + x/(1 - 10x).$$

이 등식을 $g(x)$에 관하여 풀면

$$g(x) = \frac{1 - 9x}{(1 - 8x)(1 - 10x)} .$$

그러므로

$$g(x) = \frac{1/2}{(1 - 8x)} + \frac{1/2}{(1 - 10x)}$$

$$= \frac{1}{2} \left(\sum_{n=0}^{\infty} 8^n x^n + \sum_{n=0}^{\infty} 10^n x^n \right)$$

$$= \sum_{n=0}^{\infty} \frac{1}{2}(8^n + 10^n) x^n$$

$$\therefore a_n = \frac{1}{2}(8^n + 10^n), \ (n \geq 0). \quad \blacksquare$$

카탈란의 수와 분할수 다시 보기

예제 5.3.7. 생성함수를 이용하여 볼록 $n + 1$ 각형을, 서로 만나지 않는 대각선을 그어 삼각형으로 나누는 방법 수 a_n을 n에 관한 식으로 나타내어라.

풀이 그림과 같이 꼭지점에 순서대로 $0, 1, 2, \cdots, n$의 번호를 매기면, 임의의 분할은 $\triangle 0kn, (k = 1, 2, \cdots, n - 1)$ 중 하나를 가지고 있다.

각 $k = 1, 2, \cdots, n - 1$에 대하여, $\triangle 0kn$을 가지고 있는 분할의 수를 d_k라 하면

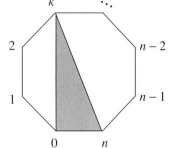

$$d_1 = a_{n-1}, \ d_{n-1} = a_{n-1},$$
$$d_k = a_k a_{n-k}, \ (k = 2, 3, \cdots, n - 2)$$

이다.

그러므로

$$a_n = a_{n-1} + \sum_{k=2}^{n-2} a_k a_{n-k} + a_{n-1}.$$

$a_1 = 1$로 별도로 정의하면

$$a_n = \sum_{k=1}^{n-1} a_k a_{n-k}.$$

수열 $a_1, a_2, \cdots$ 의 생성함수를 $g(x) = a_1 x + a_2 x^2 + a_3 x^3 + \cdots$ 이라 하면,

$$\begin{aligned}
g(x)^2 &= a_1^2 x^2 + (a_1 a_2 + a_2 a_1) x^3 + (a_1 a_3 + a_2 a_2 + a_3 a_1) x^4 \\
&\quad + \cdots + (a_1 a_{n-1} + a_2 a_{n-2} + \cdots + a_{n-1} a_1) x^n + \cdots \\
&= a_2 x^2 + a_3 x^3 + \cdots + a_n x^n + \cdots \\
&= g(x) - x.
\end{aligned}$$

따라서 $g(x)^2 - g(x) + x = 0$이 성립하고 이 방정식을 $g(x)$에 관하여 풀면

$$g(x) = \frac{1}{2}(1 \pm \sqrt{1-4x})$$

인데, $g(0) = 0$이므로

$$g(x) = \frac{1}{2} - \frac{1}{2}\sqrt{1-4x}.$$

$$\begin{aligned}
\sqrt{1-4x} &= 1 + \sum_{n=1}^{\infty} \binom{1/2}{n}(-1)^n 4^n x^n \\
&= 1 + \sum_{n=1}^{\infty} \frac{(-1)^{n-1}}{n \, 2^{2n-1}} \binom{2n-2}{n-1}(-1)^n 4^n x^n \\
&= 1 - \sum_{n=1}^{\infty} \frac{2}{n} \binom{2n-2}{n-1} x^n
\end{aligned}$$

이므로

$$g(x) = \sum_{n=1}^{\infty} \frac{1}{n} \binom{2n-2}{n-1} x^n$$

이고, 따라서 $a_n = \dfrac{1}{n} \dbinom{2n-2}{n-1}, (n \geq 1)$이다. ∎

$C_n = \frac{1}{n+1}\binom{2n}{n}$은 카탈란의 수이다.

예제 5.3.8. 자연수 n을 3 이하의 자연수의 합으로 나타내는 방법 수를 구하라.

n이 p개의 1, q개의 2, r개의 3의 합과 같을 필요충분조건은 (p, q, r)이 조건

$$p + 2q + 3r = n, \ (p, q, r \geq 0)$$

을 만족할 것이다. 따라서 구하는 수를 a_n이라 하면 a_n은 위의 방정식의 해의 개수와 같고, 예제 5.3.4에 의하여

$$a_n = \frac{17}{72} + \frac{n+1}{4} + \frac{(n+1)(n+2)}{12} + \frac{1}{8}(-1)^n + \frac{1}{9}\delta_n,$$

$$\text{단, } \delta_n = \begin{cases} 2, & (n \equiv 0 \ (\text{mod } 3) \text{일 때}), \\ -1, & (n \not\equiv 0 \ (\text{mod } 3) \text{일 때}). \end{cases} \blacksquare$$

예제 5.3.8과 같이 생각하면 자연수 n을 k 이하의 자연수의 합으로 나타낼 수 있는 방법 수를 제 n항으로 하는 수열의 생성함수는

$$\left(\sum_{n=0}^{\infty} x^n \right)\left(\sum_{n=0}^{\infty} x^{2n} \right) \cdots \left(\sum_{n=0}^{\infty} x^{kn} \right) = \frac{1}{(1-x)(1-x^2) \cdots (1-x^k)}$$

이고, n을 서로 다른 자연수의 합으로 나타낼 수 있는 방법 수를 제 n항으로 하는 수열의 생성함수는

$$\left(\sum_{n=0}^{\infty} x^n \right)\left(\sum_{n=0}^{\infty} x^{2n} \right) \cdots = \frac{1}{(1-x)(1-x^2) \cdots}$$

임을 알 수 있다.

예제 5.3.9. 모든 자연수는 서로 다른 2의 거듭제곱의 합으로 유일하게 나타낼 수 있다는 것을 생성함수를 이용하여 증명하라.

증명 자연수 n을 서로 다른 2의 거듭제곱의 합으로 나타낼 수 있는 방법 수를 제 n항으로 하는 수열의 생성함수는

$$g(x) = (1+x)(1+x^2)(1+x^4)(1+x^8)(1+x^{16}) \cdots$$

이다. 이 때,

$$g(x) = 1 + x + x^2 + x^3 + \cdots = \frac{1}{1-x}$$

즉, $(1-x)g(x) = 1$임을 보이면 된다.

$$(1-x)g(x) = b_0 + b_1 x + b_2 x^2 + b_3 x^3 + \cdots$$

라 하자. $g(0) = (1+0)(1+0^2)(1+0^4)(1+0^8)\cdots = 1$이므로
$b_0 = (1-0)g(0) = 1$이다.

임의로 주어진 하나의 i에 대하여 $2^k > i$가 되는 k를 잡으면

$$\begin{aligned}
(1-x)g(x) &= (1-x)(1+x)(1+x^2)(1+x^4)(1+x^8)\cdots \\
&= (1-x^2)(1+x^2)(1+x^4)(1+x^8)\cdots \\
&= (1-x^4)(1+x^4)(1+x^8)\cdots \\
&\ \ \vdots \\
&= (1-x^{2^k})(1+x^{2^k})(1+x^{2^{k+1}})\cdots.
\end{aligned}$$

마지막 식에서 x^i항이 나타나지 않으므로 $b_i = 0$이다. 따라서
$(1-x)g(x) = 1$이다. ∎

지수생성함수

고정된 자연수 k에 대하여, k-집합의 n-순열의 수를 제 n항으로 하는 수열의 생성함수는

$$g(x) = {}_kP_0\, x^0 + {}_kP_1\, x^1 + {}_kP_2\, x^2 + \cdots + {}_kP_k\, x^k = \sum_{n=0}^{k} \frac{k!}{(k-n)!} x^n$$

과 같다. 이 함수를, 이를테면 $(1+x)^k$과 같이 간단한 함수의 꼴로 나타내는 방도는 없다. 그러나 ${}_kP_0, {}_kP_1, {}_kP_2, \cdots$ 를 차례로 $x^0/0!$, $x^1/1!, x^2/2!, \cdots$ 와 결합하여 합하면

$$\begin{aligned}
&{}_kP_0\, \frac{x^0}{0!} + {}_kP_1\, \frac{x^1}{1!} + {}_kP_2\, \frac{x^2}{2!} + \cdots + {}_kP_k\, \frac{x^k}{k!} \\
&= \binom{k}{0}x^0 + \binom{k}{1}x^1 + \binom{k}{2}x^2 + \cdots + \binom{k}{k}x^k = (1+x)^k
\end{aligned}$$

을 얻는다. 다시 말하면 $(1+x)^n$의 전개식에서 $x^n/n!$의 계수는 ${}_kP_n$ 이다.

이와 같이 수열 $a_0, a_1, a_2, \cdots$ 의 각 항을 $x^0/0!, x^1/1!, x^2/2!, \cdots$ 과 결합하여 합한 함수

$$g(x) = a_0 \frac{x^0}{0!} + a_1 \frac{x^1}{1!} + a_2 \frac{x^2}{2!} + \cdots$$

지수생성함수 (exponential generating function)

을 $a_0, a_1, a_2, \cdots$ 의 지수생성함수라고 한다.

- 수열 $1, 1, 1, \cdots$ 의 지수생성함수는

$$g(x) = \sum_{n=0}^{\infty} \frac{x^n}{n!} = e^x.$$

- 수열 $1, a, a^2, \cdots$ 의 지수생성함수는

$$g(x) = \sum_{n=0}^{\infty} a^n \frac{x^n}{n!} = e^{ax}.$$

다음 세 수를 살펴보자.

❶ P, Q, R 세 종류의 물건을 중복을 허락하여 뽑되, P는 2개 이하, Q는 3개 이하, R은 4개 이하가 되도록 n개를 선택하여 일렬로 나열하는 방법 수 a_n,

❷ $p + q + r = n, \; (0 \le p \le 2, 0 \le q \le 3, 0 \le r \le 4)$의 정수해 (p, q, r) 전체의 집합을 U_n이라고 할 때,

$$b_n = \sum_{(p, q, r) \in U_n} \frac{(p + q + r)!}{p! \, q! \, r!},$$

❸ $g(x) = \left(\dfrac{x^0}{0!} + \dfrac{x^1}{1!} + \dfrac{x^2}{2!} \right) \left(\dfrac{x^0}{0!} + \dfrac{x^1}{1!} + \dfrac{x^2}{2!} + \dfrac{x^3}{3!} \right)$

$\times \left(\dfrac{x^0}{0!} + \dfrac{x^1}{1!} + \dfrac{x^2}{2!} + \dfrac{x^3}{3!} + \dfrac{x^4}{4!} \right)$

의 전개식에서 $\dfrac{x^n}{n!}$의 계수 c_n.

각 $n = 1, 2, \cdots$ 에 대하여, a_n, b_n, c_n은 모두 같은 수이다.
먼저 $a_n = b_n$임은 명백하다.

❸의 곱의 전개식에서 나타나는 항은

$$\frac{x^p}{p!} \frac{x^q}{q!} \frac{x^r}{r!} \quad (0 \le p \le 2, 0 \le q \le 3, 0 \le r \le 4)$$

의 꼴이다. 동류항을 모아 간단히 했을 때, x^n의 계수는

$$\sum_{(p,q,r) \in U_n} \frac{1}{p!\, q!\, r!},$$

이므로,

$$g(x) = \sum_{n=0}^{\infty} \sum_{(p,q,r) \in U_n} \frac{1}{p!\, q!\, r!}\, x^n$$

$$= \sum_{n=0}^{\infty} \sum_{(p,q,r) \in U_n} \frac{n!}{p!\, q!\, r!}\, \frac{x^n}{n!}$$

이고, 따라서 $b_n = c_n$이다.

이와 같이, 생성함수는 조합의 개수를 구하는 도구로 사용되지만 지수생성함수는 순열의 개수를 구하는 데 유용한 도구이다.

예제 **5.3.10.** $\{\infty \times A_1, \cdots, \infty \times A_k\}$의 n-순열 중 각각의 A_i가 짝수 개 들어 있는 것의 개수를 제 n항으로 하는 수열의 지수생성함수를 구하라.

풀이 $g(x) = \left(1 + \dfrac{x^2}{2!} + \dfrac{x^4}{4!} + \cdots \right)^k = \left(\dfrac{e^x + e^{-x}}{2}\right)^k$. ∎

예제 **5.3.11.** $1, 2$를 써서 만들 수 있는 n자리의 정수 중 1이 짝수 개, 2가 1개 이상 들어 있는 수의 개수를 n에 관한 식으로 나타내어라.

풀이 중복순열에 관한 문제이므로 a_n의 지수생성함수를 생각한다. 구하는 수를 a_n이라 하면 $a_1, a_2, \cdots$의 지수생성함수는

$$g(x) = \left(1 + \frac{x^2}{2!} + \frac{x^4}{4!} + \cdots \right) \left(\frac{x^1}{1!} + \frac{x^2}{2!} + \frac{x^3}{3!} + \cdots \right)$$

$$= [(e^x + e^{-x})/2](e^x - 1)$$

$$= \frac{1}{2}(e^{2x} + 1 - e^x - e^{-x})$$

$$= \frac{1}{2}\left(1 + \sum_{n=0}^{\infty} \frac{2^n x^n}{n!} - \sum_{n=0}^{\infty} \frac{x^n}{n!} - \sum_{n=0}^{\infty} \frac{(-1)^n x^n}{n!} \right)$$

$$= \sum_{n=1}^{\infty} \frac{1}{2}(2^n - 1 - (-1)^n) \frac{x^n}{n!} \, .$$

$$\therefore \; a_n = \frac{1}{2}(2^n - 1 - (-1)^n). \quad \blacksquare$$

예제 5.3.12. 3개의 아데닌, 3개의 구아닌, 2개의 시토신, 1개의 우라실을 사용해서 만들 수 있는 2-기본 RNA열의 개수를 구하라.

풀이 순열에 관계되는 문제이므로 지수생성함수를 생각한다.

위의 조건을 만족하는 n-기본 RNA열의 개수 a_n을 제 n항으로 하는 수열의 지수생성함수는

$$g(x) = (1 + x + x^2/2! + x^3/3!)^2 (1 + x + x^2/2!)(1 + x)$$

$$= 1 + 4x + \frac{15}{2}x^2 + \frac{53}{2}x^3 + \cdots$$

이다.

x^2의 계수가 15/2이므로 $x^2/2!$의 계수는 $2! \times 15/2 = 15$이고, 따라서 문제의 조건을 만족하는 2-기본 RNA열의 개수는 15이다.

실제로 위의 예제에서 주어진 염기를 가지는 2-기본 RNA열은 AA, AG, AC, AU, GA, GG, GC, GU, CA, CG, CC, CU, UA, UG, UC의 15개이다.

예제 5.3.13. 지수생성함수를 이용하여

$$S(n, k) = \frac{1}{k!} \sum_{i=0}^{k} (-1)^i \begin{pmatrix} k \\ i \end{pmatrix} (k - i)^n$$

임을 증명하라. 단, $S(n, k)$는 제 2종 스털링 수이다.

풀이 n개의 서로 다른 공을 k개의 서로 다른 상자에 빈 상자가 없도록 분배하는 방법 수를 $T(n, k)$라 하면, $T(n, k) = k!S(n, k)$이다.

n개의 서로 다른 공을 k개의 서로 다른 상자 $B_1, B_2, \cdots, B_k$에 빈 상자 없이 넣는 것은 $x_1 + x_2 + \cdots + x_k = n, (x_1, x_2, \cdots, x_k \geq 1)$의 정

수해 $(p_1, p_2, \cdots, p_k)$에 대하여 $\{p_1 \times B_1, p_2 \times B_2, \cdots, p_k \times B_k\}$의 순열로 볼 수 있다.

따라서 고정된 k에 대하여 $T(n, k)$를 제 n항으로 하는 수열의 지수 생성함수는

$$
\begin{aligned}
g(x) &= (x + x^2/2! + x^3/3! + \cdots)^k \\
&= (e^x - 1)^k \\
&= \sum_{i=0}^{k} \binom{k}{i} (-1)^i e^{(k-i)x} \\
&= \sum_{i=0}^{k} \binom{k}{i} (-1)^i \sum_{n=0}^{\infty} \frac{(k-i)^n x^n}{n!} \\
&= \sum_{n=0}^{\infty} \sum_{i=0}^{k} \binom{k}{i} (-1)^i (k-i)^n \frac{x^n}{n!}.
\end{aligned}
$$

그러므로

$$
T(n, k) = \sum_{i=0}^{k} \binom{k}{i} (-1)^i (k-i)^n
$$

이고, 따라서

$$
S(n, k) = \frac{1}{k!} \sum_{i=0}^{k} \binom{k}{i} (-1)^i (k-i)^n
$$

을 얻을 수 있다. ∎

1. 생성함수를 이용하여 다음 점화식으로 주어지는 수열의 일반항을
구하라.

   (1) $a_0 = 0, a_1 = 1, a_n = 4\, a_{n-2}, (n \geq 2)$.

   (2) $a_0 = 0, a_1 = 1, a_2 = 2, a_n = a_{n-1} + 9\, a_{n-2} - 9\, a_{n-3}, (n \geq 3)$.

   (3) $a_0 = -1, a_1 = 0, a_n = 8\, a_{n-1} - 16\, a_{n-2}, (n \geq 2)$.

   (4) $a_0 = 0, a_1 = 1, a_2 = 1, a_3 = 2,$

      $a_n = 5\, a_{n-1} - 6\, a_{n-2} - 4\, a_{n-3} + 8\, a_{n-4}, (n \geq 4)$.

2. 아래의 주어진 대상으로부터 n개를 선택하는 방법 수를 제 n항으
로 하는 수열의 생성함수를 구하라.

   (1) 4개의 귤, 6개의 사과, 그리고 5개의 배.

   (2) 5개의 귤, 4개의 사과, 그리고 10개의 배. 단, 각각의 과일이 적
어도 1개 이상 선택되어야 한다.

   (3) 귤, 사과, 배, 감, 파인애플이 무한히 많이 있다.

3. r개의 같은 종류의 공을 아래의 주어진 조건을 만족하도록 분배하
는 방법 수를 제 n항으로 하는 수열의 생성함수를 구하라.

   (1) 서로 다른 6개의 상자에 각각 4개 이하의 공을 넣는다.

   (2) 서로 다른 4개의 상자에 각각 5개 이상의 공을 넣는다.

   (3) 서로 다른 5개의 상자에 각각 3개 이상 7개 이하의 공을 넣
는다.

4. 각 자리의 숫자의 합이 n이면서 다음 조건을 만족하는 정수의 개
수를 제 n항으로 하는 수열의 생성함수를 구하라.

   (1) 0 이상 9999 이하의 정수.

   (2) 네 자리의 정수.

5. n개의 공을 서로 다른 5개의 통에 넣되 다음과 같이 넣는 방법 수를 제 n항으로 하는 수열의 생성함수를 구하라.

(1) 아무런 제약이 없음.

(2) 각 통에 1개 이상의 공이 들어가도록 분배한다.

(3) 정확하게 2개의 통에 공이 들어가지 않도록 분배한다.

6. 다음 수를 제 n항으로 하는 수열의 생성함수를 구하라.

(1) 각 변의 길이가 자연수이고 세 변의 길이의 합이 n인 서로 다른 삼각형의 개수.

(2) 각 $i = 1, 2, \cdots, 10$에 대하여 $-2 \leq x_i \leq 2$를 만족하는 방정식 $x_1 + x_2 + \cdots + x_{10} = n$의 정수해의 개수.

(3) n개의 똑같은 주사위를 던졌을 때, 일어나는 경우의 수.

(4) n개의 똑같은 주사위를 던졌을 때, 나타나는 눈의 합이 짝수가 되는 경우의 수.

7. 아래의 방정식의 양의 정수해의 개수를 제 n항으로 하는 수열의 생성함수를 구하라.

(1) $2x_1 + 3x_2 + 4x_3 + 5x_4 = n$.

(2) $x_1 + x_2 + x_3 + x_4 = n, 2 \leq x_i \leq 5, (i = 1, 2, 3, 4)$.

8. 방정식

「$a + b + c = n, a, b, c \geq 0, a \leq 3, b$는 2 이상의 짝수, c는 3의 배수」

의 정수해 (a, b, c)의 개수를 제 n항으로 하는 수열의 생성함수를 구하라.

9. 조건 「$a + b = n, a, b \geq 0, a$는 짝수」를 만족하는 음이 아닌 정수의 순서쌍 (a, b)의 개수 a_n을 n에 관한 식으로 나타내어라.

10. 생성함수를 이용하여 다음을 증명하라.

$$\sum_{k=0}^{m} \binom{m}{k}\binom{n}{r-k} = \binom{m+n}{r}.$$

11. 자연수 n을 서로 다른 자연수의 합으로 나타내는 방법 수를 제 n항으로 하는 수열의 생성함수를 구하라.

12. 모든 항이 0, 1, 2 또는 3이면서 다음 조건을 만족하는 길이 n인 수열의 개수를 n에 관한 식으로 나타내어라.

(1) 짝수 개의 0과 홀수 개의 1을 가진다.

(2) 0과 1이 합해서 짝수 개 있다.

13. 네 명의 아이에게 10개의 서로 다른 장난감을 나누어 주되, 첫 번째 아이는 1개 이상, 두 번째 아이는 2개 이상 주는 방법의 수를 구하라.

14. 자연수 n의 분할 π에 대하여

$A(\pi) = (\pi$에 나타난 1의 개수$)$,

$B(\pi) = (\pi$에 나타나 있는 서로 다른 정수의 개수$)$

라고 할 때, 고정된 n에 대하여 $\sum_{\pi} A(\pi) = \sum_{\pi} B(\pi)$가 성립함을 생성함수를 이용하여 증명하라. (제 15회 미국 수학올림피아드, 1986)

15. 6명을 4개의 방에 다음과 같이 배치하는 방법 수를 구하라.

(1) 각 방에 1명 이상 배치한다.

(2) 특정한 2개의 방에는 각각 1명 이상씩 배치한다.

16. 수열 $a_0, a_1, a_2, \cdots$ 의 생성함수가 $f(x) = 1/(1 - x - x^2)$일 때,

(1) 이 수열의 점화식을 구하라.

(2) a_n을 n에 관한 식으로 나타내어라.

17. 좌표평면의 원점에서 출발하여, 오른쪽 또는 위로 1씩 움직일 수 있는 동점이 직선 $y = n - 3x$에 이르는 방법 수를 a_n이라 할 때, 다음을 구하라.

(1) a_0, a_1, a_2, a_3.

(2) 수열 $a_0, a_1, a_2, \cdots$ 의 점화식.

6. 게임이론과 최적화 문제

6-1 게임이론

6-2 최적화 문제

우리는 일상생활에서 의식적이든 무의식적이든 게임의 상황에 참여하고
있으며 최적의 해를 도출해야 할 상황 속에 있다.

실제로 발생 가능한 다양한 형태의 경쟁적 상황에서 의사를 결정해야
할 방도는 이성적인 행동을 분석하여 최적의 결론을 얻는 것이다. 여기
에서 발생한 것이 게임이론이다. 1921년 보렐(E. Borel)에 의하여 처
음으로 제창된 이 이론은 1928년 실제로 지금의 수학적 게임이론이라
고 불리어지는 거의 모든 것들에 대한 기초를 확립한 폰 노이만(J. von
Neumann)과 모르겐슈테른(O. Morgenstern)에 의하여 학문으로 자
리잡게 되었고 1944년 그들에 의해 출판된 단행본인 게임이론과 경제
적인 활동(Theory of Games and Economic Behaviour)이라는
책에 의해 세상에 알려지게 되었다. 경제적인 활동과
군사전략에 주로 이용되고 있으며 심리학자들은 경쟁
적 상황에서의 인간의 행동과 게임이론에 의하여 제시
된 이성적 행동을 비교 분석하는 데도 이용하고 있다.
퍼즐이나 도박의 상황에서 확률론이 생겨난 것처럼 게
임이론 역시 단순한 오락게임을 연구하는 것으로 쉽게
소개되어 질 수 있다.

6.1 게임이론

오른쪽 표와 같은 두 종류의 복권이 있다. 이들 복권 한 장의 값은 1000원이다.

(1) 복권 A 한 장의 기대값과 복권 B 한 장의 기대값을 각각 구하라.

(2) 한 장의 복권을 사려고 할 때, 어느 것을 사는 것이 유리하겠는가?

복권 A			복권 B	
1등	1억 원	1매	1등	5천만 원	100매
2등	5천만 원	10매	2등	5백만 원	500매
3등	1천만 원	100매	3등	1백만 원	500매
4등	1백만 원	1천매	4등	1만 원	10만매
5등	1만 원	5만매	5등	5천 원	10만매
6등	5천 원	10만매	6등	3천 원	50만매

갑, 을 두 사람이 하는 다음과 같은 게임을 생각해 보자.

갑, 을은 각각 회전판을 1개씩 가지고 있다. 갑의 원판은 3개의 영역으로, 을의 원판은 4개의 영역으로 나뉘어져 있고 각각의 영역에 아래 그림과 같이 번호가 붙어있다.

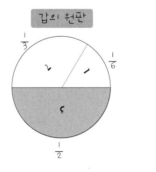

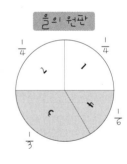

갑과 을은 회전하는 자신의 원판에 화살을 쏘는데 화살이 맞힌 영역에 적힌 숫자를 각각의 조치라고 하자. 갑은 3개, 을은 4개의 가능한 조치를 가지고 있다.

각각의 경기자가 취한 조치에 따라 을이 갑에게 왼쪽 행렬에 의하여 돈을 지불한다는 것이 이 게임이다.

		을			
		1	2	3	4
갑	1	3	5	−2	−1
	2	−2	4	−3	−4
	3	6	−5	0	3

예를 들면 갑, 을이 화살로 맞힌 영역이 각각 1번, 2번이라면 을은 갑에게 5만 원을 지불하고, 그 영역이 각각 2번, 4번이라면 을은 갑에게 −4만 원을 지불, 즉 갑으로부터 4만 원을 받는다는 것이다.

이 표의 양의 성분은 갑의 성과이며 동시에 을의 손실이고, 음의 성분은 을의 성과이며 갑의 손실에 해당된다.

2인 영화게임

갑, 을 두 사람이 하는 위의 게임의 각 단계에서 갑의 성과는 을의 손실과 같으므로 두 사람의 성과의 합은 0이다. 이와 같은 게임을 2인 영화게임이라고 한다.

2인 영화(零和) 게임 (Two-person zero sum game)

갑은 m개, 을은 n개의 가능한 조치를 가지고 있는 2인 영화게임에서 갑, 을은 각각 매번 가능한 조치 중 하나를 취할 수 있다. $i = 1, 2, \cdots, m, j = 1, 2, \cdots, n$에 대하여 갑이 조치 i를, 을이 조치 j를 취했을 경우, 갑이 을로부터 받게 되는 성과를 a_{ij}로 둘 때, $m \times n$행렬 $A = [a_{ij}]$를 이 게임의 성과행렬이라고 한다.

성과행렬(payoff matrix)

2인 게임에서 갑, 을 두 사람이 각각 취하는 조치는 확률에 의한다. 이를테면 앞의 원판게임에서 갑이 조치 2를 취할 확률은 1/3, 을이 조치 2를 취할 확률은 1/4이다.

일반적으로 갑이 조치 i를 취할 확률을 p_i, $(i = 1, 2, \cdots, m)$, 을이 조치 j를 취할 확률을 q_j, $(j = 1, 2, \cdots, n)$라고 하면

$$p_1 + p_2 + \cdots + p_m = 1, \quad q_1 + q_2 + \cdots + q_n = 1$$

이 성립한다.

이들 확률 p_i, q_j로부터 얻어지는 다음 두 개의 벡터

$$\mathbf{p} = \begin{bmatrix} p_1 \\ p_2 \\ \vdots \\ p_m \end{bmatrix}, \ \mathbf{q} = \begin{bmatrix} q_1 \\ q_2 \\ \vdots \\ q_n \end{bmatrix}$$

를 구성할 수 있다. 이들 벡터 **p**, **q**를 각각 갑과 을의 전략이라고 한다. 이를테면 앞의 원판게임에서 갑과 을의 전략은 각각

$$\mathbf{p} = [1/6, \ 1/3, \ 1/2]^T, \ \mathbf{q} = [1/4, \ 1/4, \ 1/3, \ 1/6]^T$$

이다.

이 원판게임에서는 갑이 조치 i를 취하는 것과 을이 조치 j를 취하는 것이 서로 독립적이므로 갑이 조치 i를 취할 확률이 p_i이고 을이 조치 j를 취할 확률이 q_j라면 게임의 각 단계에서 갑이 조치 i를 취하고 을이 조치 j를 취할 확률은 $p_i q_j$이다.

따라서 그와 같은 조치들의 쌍 (i, j)에 대응되는 갑의 성과가 a_{ij}이므로 $p_i q_j$는 게임의 각 단계에 있어서 갑의 성과가 a_{ij}일 확률이다. 각 성과와 그에 대응되는 확률을 곱한 뒤 모든 가능한 조치에 대하여 더하면

$$\sum_{i=1}^{m} \sum_{j=1}^{n} a_{ij} p_i q_j = \mathbf{p}^T A \mathbf{q}$$

를 얻는다. 이 식은 갑의 성과에 대한 기대값으로 간단히 갑의 기대성과라 하고, $E(\mathbf{p}, \mathbf{q})$로 나타낸다. 이 때, 을의 기대성과는 당연히 $-E(\mathbf{p}, \mathbf{q})$이다.

이제, 원판게임에서 다음을 가정하자.
  1. 갑, 을은 각각 자신의 원판의 영역을 변경함으로써 각 조치에 대한 확률을 조절할 수 있다.
  2. 갑, 을은 각각 상대방이 선택할 전략을 알 수 없다.
  3. 갑, 을은 각각 최적 전략을 선택할 수 있다.

이 가정하에서 갑은 을이 선택할 수 있는 최적 전략 **q**에 대하여 $E(\mathbf{p}, \mathbf{q})$를 최대화할 수 있는 전략 **p**를 선택하려고 할 것이고, 을은

갑이 선택할 수 있는 최적 전략 **p**에 대하여 $E(\mathbf{p}, \mathbf{q})$를 최소화할 수 있는 전략 **q**를 선택하려고 할 것이다.

정리 6.1.1   최선의 기대값

2인 영화게임에서 갑의 전략 **p***와 을의 전략 **q***가 갑, 을의 임의의 전략 **p**, **q**에 대하여
$$E(\mathbf{p^*}, \mathbf{q}) \geq E(\mathbf{p^*}, \mathbf{q^*}) \geq E(\mathbf{p}, \mathbf{q^*}) \tag{1}$$
을 만족할 때, $E(\mathbf{p^*}, \mathbf{q^*})$는 갑이 기대할 수 있는 최선의 값인 동시에 을이 기대할 수 있는 최선의 값이다.

증명 :: $v = E(\mathbf{p^*}, \mathbf{q^*})$라 하자. (1)의 첫 번째 부등식으로부터, 갑은 전략 **p***를 택하면 을이 어떤 전략 **q**를 택하더라도 v만큼의 성과는 보장된다.

이 값 v는 갑이 기대할 수 있는 최선의 값임을 보인다.

만약, 조건

　　　「모든 을의 전략 **q**에 대하여 $E(\mathbf{p^{**}}, \mathbf{q}) > v$」

를 만족하는 갑의 전략 **p****가 있다면, 특히

$$E(\mathbf{p^{**}}, \mathbf{q^*}) > v$$

가 성립한다. 이것은 (1)의 두 번째 부등식에 위배된다.

같은 논리로 v는 을이 기대할 수 있는 최선의 값임을 설명할 수 있다. ■

부등식 (1)을 만족하는 갑, 을의 전략 **p***, **q***를 각각 갑과 을의 최적 전략이라 하고, 기대값 $v = E(\mathbf{p^*}, \mathbf{q^*})$를 게임의 값이라고 한다.

최적 전략(optimal strategy)

일반적으로 2인 영화게임에서 최적 전략은 항상 존재하지만 유일하지는 않다. 그러나 정리 6.1.1로부터 게임의 값은 일정함을 알 수 있다.

임의의 게임에서 최적 전략의 존재성을 증명하기 전에 먼저 기본
적인 방법만으로 최적 전략을 잡을 수 있는 특별한 경우에 대해서
알아보자.

강 결정게임

안장점(saddle point)

행렬 A의 성분 a_{rs}가 r행의 성분 중 가장 작고 s열의 성분 중 가장
클 때, 이 성분 a_{rs}를 A의 안장점이라고 한다.
이를테면 다음 행렬

$$\begin{bmatrix} 3 & -5 & 0 \\ 4 & 9 & 7 \\ -1 & 6 & -3 \end{bmatrix}, \quad \begin{bmatrix} 0 & -3 & 5 & 0 \\ 2 & -8 & -2 & 10 \\ 7 & 10 & 6 & 9 \\ 6 & 11 & -3 & 2 \end{bmatrix}$$

의 안장점은 각각 $(2, 1)$-성분, $(3, 3)$-성분이다.

강 결정게임(strictly determined games)

성과행렬이 안장점을 가지고 있는 게임을 강 결정게임이라고 한다.
a_{rs}가 안장점일 때, $\mathbf{p}^* = \mathbf{e}_r, \mathbf{q}^* = \mathbf{e}_s$를 각각 갑, 을의 전략이라고 하
자. 단, $\mathbf{e}_r, \mathbf{e}_s$는 각각 단위행렬 I_m, I_n의 제 r열, 제 s열이다. 이 때,

$$E(\mathbf{p}^*, \mathbf{q}^*) = a_{rs}$$

이고

이 전략은 갑은 조치 r를 취
하는 것이고, 을은 조치 s를
취하는 것이다.

임의의 을의 전략 $\mathbf{q}$에 대하여 $E(\mathbf{p}^*, \mathbf{q}) = \mathbf{p}^{*\mathrm{T}}A\mathbf{q} \geq a_{rs}$,

임의의 갑의 전략 $\mathbf{p}$에 대하여 $E(\mathbf{p}, \mathbf{q}^*) = \mathbf{p}^{\mathrm{T}}A\,\mathbf{q}^* \leq a_{rs}$

이므로 임의의 갑의 전략 $\mathbf{p}$와 임의의 을의 전략 $\mathbf{q}$에 대하여

$$E(\mathbf{p}^*, \mathbf{q}) \geq E(\mathbf{p}^*, \mathbf{q}^*) \geq E(\mathbf{p}, \mathbf{q}^*)$$

가 성립한다. 그러므로 $\mathbf{p}^*, \mathbf{q}^*$는 각각 갑, 을의 최적 전략이다.

성과행렬이 여러 개의 안장점을 가질 수는 있지만 게임의 값의 유
일성에 의하여 모든 안장점의 수값은 같다.

예제 **6.1.1.** 갑, 을 두 TV 방송사에서는 어느 날 황금 시간대에 방영할 수 있는 프로그램으로 갑은 X_1, X_2, X_3, X_4를, 을은 Y_1, Y_2, Y_3을 가지고 있다. 여론 조사 기관에서 조사한 예상 시청자 수의 비가 오른쪽 표와 같다고 한다. 여기서 (i, j)-성분은 갑이 X_i를 방영하고 을이 Y_j를 방영할 때, 갑을 시청하는 시청자의 비의 백분율을 나타낸다. 갑과 을의 최적 전략과 게임의 값을 구하라.

		을		
		Y_1	Y_2	Y_3
갑	X_1	10	70	20
	X_2	30	20	80
	X_3	40	50	70
	X_4	20	50	60

풀이 성과행렬의 안장점은 $a_{31} = 40$이고, 따라서 이 게임은 강 결정게임이다. 갑, 을에 대한 최적 전략은 각각

$$\mathbf{p}^* = [0, 0, 1, 0]^T, \mathbf{q}^* = [1, 0, 0]^T$$

즉, 갑은 X_3, 을은 Y_1을 방영하는 것이 각각의 최적 전략이다. 이때, 게임의 값은 40이고 이것은 갑은 전체 시청자의 40%, 을은 60%를 확보한다는 뜻이다. ∎

혼합 전략

성과행렬이 $A = \begin{bmatrix} 1 & 0 \\ 0 & 1 \end{bmatrix}$인 게임을 생각해 보자.

이 행렬에서는 안장점이 없다. 갑이 $\mathbf{e}_1 = [1, 0]^T$을 전략으로 잡았을 때, 을의 전략 $\mathbf{e}_2 = [0, 1]^T$에 대하여 $E(\mathbf{e}_1, \mathbf{e}_2) = \mathbf{e}_1^T A \mathbf{e}_2 = 0$이다. 그러나 $\mathbf{p}^* = [1/2, 1/2]^T$라고 할 때,
임의의 $\mathbf{q} = [q_1, q_2]^T, (q_1, q_2 \geq 0, q_1 + q_2 = 1)$에 대하여

$$E(\mathbf{p}^*, \mathbf{q}) = \mathbf{p}^{*T} A \mathbf{q} = \mathbf{p}^{*T} \mathbf{q} = \tfrac{1}{2} q_1 + \tfrac{1}{2} q_2 = \tfrac{1}{2} > E(\mathbf{e}_1, \mathbf{e}_2)$$

이므로 $\mathbf{e}_1$은 갑의 최적 전략이 아니다.

같은 식으로 생각하면 단위행렬의 열은 어느 것도 갑 또는 을의 최적 전략이 아님을 알 수 있다.

그러나 $\mathbf{p}^* = \mathbf{q}^* = [1/2, 1/2]^T$라고 하면 임의의 갑, 을의 전략 $\mathbf{p}, \mathbf{q}$에 대하여 $E(\mathbf{p}^*, \mathbf{q}) = E(\mathbf{p}^*, \mathbf{q}^*) = E(\mathbf{p}, \mathbf{q}^*) = 1/2$이므로

$$E(\mathbf{p^*}, \mathbf{q}) \geq E(\mathbf{p^*}, \mathbf{q^*}) \geq E(\mathbf{p}, \mathbf{q^*})$$

가 성립하고, 따라서 $\mathbf{p^*}, \mathbf{q^*}$는 갑, 을의 최적 전략이다. 이와 같이 2개 이상의 조치로써 이루어진 전략을 혼합 전략이라고 한다.

다음에서는 임의의 2인 영화게임에서는 혼합 전략으로서 최적 전략이 존재한다는 사실에 대하여 알아보자.

H가 n-차 실 유크리드 공간 $\mathbf{R}^n$의 부분집합이라고 하자. H의 임의의 점 $\mathbf{x}, \mathbf{y}$에 대하여 $\mathbf{x}, \mathbf{y}$를 잇는 선분

$$\{\lambda\mathbf{x} + (1 - \lambda)\mathbf{y} \mid 0 \leq \lambda \leq 1\}$$

상의 모든 점이 다시 H에 속할 때, H를 볼록집합이라고 한다.

벡터 $(a_1, a_2, \cdots, a_k)^{\mathrm{T}}$의 모든 성분이 양일 (음이 아닐, 음일, 양이 아닐)때, $(a_1, a_2, \cdots, a_k)^{\mathrm{T}}$를 양(음이 아닌, 음, 양이 아닌)벡터라 하고, 이를 $(a_1, a_2, \cdots, a_k)^{\mathrm{T}} > \mathbf{0}$ ($\geq \mathbf{0}, < \mathbf{0}, \leq \mathbf{0}$)과 같이 나타낸다.

$t_1 + t_2 + \cdots + t_k = 1$을 만족하는 음이 아닌 벡터 $(t_1, t_2, \cdots, t_k)^{\mathrm{T}}$ 전체의 집합을 C_k로 나타내기로 하자.

$\mathbf{R}^n$의 점 $\mathbf{a}_1, \mathbf{a}_2, \cdots, \mathbf{a}_k$에 대하여

$$\left\{ \sum_{i=1}^{k} t_i \mathbf{a}_i \mid (t_1, t_2, \cdots, t_k)^{\mathrm{T}} \in C_k \right\}$$

를 $\{\mathbf{a}_1, \mathbf{a}_2, \cdots, \mathbf{a}_k\}$의 볼록덮개라고 한다.

보조정리 6.1.2

n-차 실 유크리드 공간 $\mathbf{R}^n$의 부분집합 H가 볼록집합이라고 하자. $\mathbf{0} = (0, 0, \cdots, 0)^{\mathrm{T}} \notin H$이면 모든 $\mathbf{b} = (b_1, b_2, \cdots, b_n)^{\mathrm{T}} \in H$에 대하여

$$s_1 b_1 + s_2 b_2 + \cdots + s_n b_n > 0$$

을 만족하는 하나의 벡터 $\mathbf{s} = (s_1, s_2, \cdots, s_n)^{\mathrm{T}} \in \mathbf{R}^n$이 존재한다.

증명 $\blacksquare$ $\mathbf{0} \notin H$이므로, H의 점 중 $\mathbf{0}$까지의 거리가 최소인 점
$\mathbf{s} = (s_1, s_2, \cdots, s_n)^{\mathrm{T}}$를 잡으면, $s_1^2 + s_2^2 + \cdots + s_n^2 > 0$이다.
점 $\mathbf{b} = (b_1, b_2, \cdots, b_n)^{\mathrm{T}} \in H$가 주어졌다고 할 때, $0 < \lambda \leq 1$인 임의의 λ에 대하여

$$\lambda\mathbf{b} + (1 - \lambda)\mathbf{s} \in H, \quad \|\lambda\mathbf{b} + (1 - \lambda)\mathbf{s}\|^2 \geq \|\mathbf{s}\|^2$$

이 성립한다. 이로부터

$$\sum_{i=1}^{n} (\lambda b_i + (1 - \lambda)s_i)^2 = \sum_{i=1}^{n} (\lambda(b_i - s_i) + s_i)^2$$

$$= \lambda^2 \sum_{i=1}^{n} (b_i - s_i)^2 + 2\lambda \sum_{i=1}^{n} (b_i - s_i)s_i + \sum_{i=1}^{n} s_i^2$$

$$\geq \sum_{i=1}^{n} s_i^2.$$

$\lambda \neq 0$이므로

$$\lambda \sum_{i=1}^{n} (b_i - s_i)^2 + 2 \sum_{i=1}^{n} (b_i s_i - s_i^2) \geq 0$$

이 성립하고, 여기서 극한 $\lambda \to 0$을 생각하면

$$\sum_{i=1}^{n} b_i s_i \geq \sum_{i=1}^{n} s_i^2 > 0$$

을 얻는다. $\blacksquare$

보조정리 6.1.3

임의의 $m \times n$ 행렬 A에 대하여, $A\mathbf{y} \leq \mathbf{0}$을 만족하는 $\mathbf{y} \in C_n$이 존재하거나 $\mathbf{x}^{\mathrm{T}}A > \mathbf{0}$을 만족하는 $\mathbf{x} \in C_m$이 존재한다.

증명 $\blacksquare$ 행렬 A의 n개의 열을 $\mathbf{a}_1, \mathbf{a}_2, \cdots, \mathbf{a}_n$, m차 단위행렬 I_m의 열을 $\mathbf{e}_1, \mathbf{e}_2, \cdots, \mathbf{e}_m$이라 하고, $\{\mathbf{a}_1, \mathbf{a}_2, \cdots, \mathbf{a}_n, \mathbf{e}_1, \mathbf{e}_2, \cdots, \mathbf{e}_m\}$의 볼록덮개를 H라 하자.

- $\mathbf{0} \in H$일 경우 : 조건

$$\sum_{i=1}^{n} z_i \mathbf{a}_i + \sum_{i=1}^{m} u_i \mathbf{e}_i = \mathbf{0}$$

을 만족하는 $(z_1, z_2, \cdots, z_n, u_1, u_2, \cdots, u_m)^{\mathrm{T}} \in C_{m+n}$이 존재한다.
$\mathbf{z} = (z_1, z_2, \cdots, z_n)^{\mathrm{T}}$, $\mathbf{u} = (u_1, u_2, \cdots, u_m)^{\mathrm{T}}$로 두면 위의 등식은

$A\mathbf{z} + \mathbf{u} = \mathbf{0}$, 즉 $A\mathbf{z} = -\mathbf{u}$와 같이 표현될 수 있다. $(\mathbf{z}^T, \mathbf{u}^T) \in C_{m+n}$ 이고 $A\mathbf{z} + \mathbf{u} = \mathbf{0}$이므로 $z = z_1 + z_2 + \cdots + z_n \neq 0$이고, 따라서 $z > 0$ 이다. $\mathbf{y} = \frac{1}{z}\mathbf{z}$로 두면 $\mathbf{y} \in C_n$이고,

$$A\mathbf{y} = \sum_{i=1}^{n} y_i \mathbf{a}_i = -\frac{1}{z}(u_1, u_2, \cdots, u_m) \leq \mathbf{0}.$$

- $\mathbf{0} \notin H$일 경우 : 보조정리 6.1.2에 의하여 조건

$$\mathbf{s}^T \mathbf{a}_j > 0, (j = 1, 2, \cdots, n),$$
$$\mathbf{s}^T \mathbf{e}_j > 0, (j = 1, 2, \cdots, m)$$

을 만족하는 벡터 $\mathbf{s} = (s_1, s_2, \cdots, s_m)^T$가 존재한다. $\mathbf{s}^T \mathbf{e}_j = s_j$이므로 위의 두 번째 조건으로부터 $\mathbf{s} > \mathbf{0}$이고, 따라서 $s = s_1 + s_2 + \cdots + s_m > 0$이다. $\mathbf{x} = \frac{1}{s}\mathbf{s}$로 두면 $\mathbf{x} \in C_m$이고, $\mathbf{x}^T \mathbf{a}_j > 0$, $(j = 1, 2, \cdots, n)$이므로

$$\mathbf{x}^T A = \mathbf{x}^T [\mathbf{a}_1, \mathbf{a}_2, \cdots, \mathbf{a}_n] > \mathbf{0}. \blacksquare$$

앞으로 등장할 몇 개의 논의에서 $\max\limits_{\mathbf{x} \in C_m}$, $\min\limits_{\mathbf{y} \in C_n}$ 를 각각 간단히 $\max_\mathbf{x}, \min_\mathbf{y}$ 로 나타낸다.

정리 6.1.4   최소·최대정리

임의의 $m \times n$ 행렬 A에 대하여 다음 등식이 성립한다.
$$\max_\mathbf{x} \min_\mathbf{y} \mathbf{x}^T A \mathbf{y} = \min_\mathbf{y} \max_\mathbf{x} \mathbf{x}^T A \mathbf{y}.$$

증명 $f(A) = \max_\mathbf{x} \min_\mathbf{y} \mathbf{x}^T A\mathbf{y}$, $g(A) = \min_\mathbf{y} \max_\mathbf{x} \mathbf{x}^T A\mathbf{y}$로 두자. 임의의 $\mathbf{u} \in C_m, \mathbf{v} \in C_n$에 대하여,

$$\min_\mathbf{y} \mathbf{u}^T A\mathbf{y} \leq \mathbf{u}^T A\mathbf{v}.$$
$$\therefore \min_\mathbf{y} \mathbf{u}^T A\mathbf{y} \leq \max_\mathbf{x} \mathbf{x}^T A\mathbf{v}.$$

위의 부등식이 임의의 $\mathbf{u} \in C_m$에 대하여 성립하므로

$$\max_\mathbf{x} \min_\mathbf{y} \mathbf{x}^T A\mathbf{y} \leq \max_\mathbf{x} \mathbf{x}^T A\mathbf{v}.$$

위의 부등식은 임의의 $\mathbf{v} \in C_n$에 대하여 성립하므로

$$\max_\mathbf{x} \min_\mathbf{y} \mathbf{x}^T A\mathbf{y} \leq \min_\mathbf{y} \max_\mathbf{x} \mathbf{x}^T A\mathbf{y} \qquad (2)$$

이고, $f(A) \leq g(A)$임이 증명되었다.

이제 부등식 $f(A) \geq g(A)$을 증명한다.

보조정리 6.1.3에 의하여 다음 두 가지 경우 중 하나가 성립한다.

- $A\mathbf{v} \leq \mathbf{0}$을 만족하는 $\mathbf{v} \in C_n$이 존재하는 경우 : 임의의 $\mathbf{x} \in C_m$에 대하여 $\mathbf{x}^T A\mathbf{v} \leq 0$이 성립한다. 그러므로 $\max_{\mathbf{x}} \mathbf{x}^T A\mathbf{v} \leq 0$이고, 따라서

$$\min_{\mathbf{y}} \max_{\mathbf{x}} \mathbf{x}^T A\mathbf{y} \leq 0. \tag{3}$$

- $\mathbf{u}^T A > \mathbf{0}$을 만족하는 $\mathbf{u} \in C_m$이 존재하는 경우 : 임의의 $\mathbf{y} \in C_n$에 대하여 $\mathbf{u}^T A\mathbf{y} \geq 0$이 성립한다. 그러므로 $\min_{\mathbf{y}} \mathbf{u}^T A\mathbf{y} \geq 0$이고, 따라서

$$\max_{\mathbf{x}} \min_{\mathbf{y}} \mathbf{x}^T A\mathbf{y} \geq 0. \tag{4}$$

(3)과 (4)에 의하여 $f(A) < 0 < g(A)$는 성립하지 않는다.

모든 성분이 1인 $m \times n$ 행렬을 J라 하면 임의의 수 k에 대하여

$$f(A + kJ) = \max_{\mathbf{x}} \min_{\mathbf{y}} \mathbf{x}^T (A + kJ)\mathbf{y}$$
$$= \max_{\mathbf{x}} \min_{\mathbf{y}} (\mathbf{x}^T A\mathbf{y} + k\mathbf{x}^T J\mathbf{y}) = f(A) + k$$

이고, 같이 해서 $g(A + kJ) = g(A) + k$이므로 위의 논의에 의하여

$$f(A) + k < 0 < g(A) + k \tag{5}$$

는 성립하지 않는다.

만약 $f(A) < g(A)$이면 (5)를 만족하는 k가 존재하게 되므로 $f(A) \geq g(A)$이어야 한다. ■

$m \times n$ 행렬 A를 성과행렬로 가지는 게임에서, 임의의 $\mathbf{x} \in C_m$, $\mathbf{y} \in C_n$에 대하여

$$\mathbf{x}_0^T A\mathbf{y} \geq \mathbf{x}_0^T A\mathbf{y}_0 \geq \mathbf{x}^T A\mathbf{y}_0$$

를 만족하는 전략의 쌍 $(\mathbf{x}_0, \mathbf{y}_0)$를 이 게임의 안장점이라고 한다.

$(\mathbf{x}_0, \mathbf{y}_0)$가 안장점일 때, 정리 6.1.1에 의하여 $\mathbf{x}_0^T A\mathbf{y}_0$는 게임의 값이고, $\mathbf{x}_0, \mathbf{y}_0$는 각각 갑, 을의 최적 전략이다.

정리 6.1.5 　안장점의 존재 조건

행렬 A를 성과행렬로 가지는 게임이 안장점을 가질 필요충분 조건은

$$\max_{\mathbf{x}} \min_{\mathbf{y}} \mathbf{x}^T A\mathbf{y} = \min_{\mathbf{y}} \max_{\mathbf{x}} \mathbf{x}^T A\mathbf{y}$$

가 성립할 것이다.

증명 :: (필요성) $(\mathbf{x}_0, \mathbf{y}_0)$가 안장점, 즉 임의의 $\mathbf{x} \in C_m, \mathbf{y} \in C_n$에 대하여

$$\mathbf{x}_0^T A \mathbf{y} \geq \mathbf{x}_0^T A \mathbf{y}_0 \geq \mathbf{x}^T A \mathbf{y}_0 \tag{6}$$

가 성립한다고 가정하자.

(6)의 두 번째 부등식으로부터

$$\mathbf{x}_0^T A \mathbf{y}_0 \geq \max_{\mathbf{x}} \mathbf{x}^T A \mathbf{y}_0.$$

이 부등식으로부터 명백히

$$\mathbf{x}_0^T A \mathbf{y}_0 \geq \min_{\mathbf{y}} \max_{\mathbf{x}} \mathbf{x}^T A \mathbf{y}. \tag{7}$$

같은 방법으로 (6)의 첫 번째 부등식으로부터

$$\max_{\mathbf{x}} \min_{\mathbf{y}} \mathbf{x}^T A \mathbf{y} \geq \mathbf{x}_0^T A \mathbf{y}_0 \tag{8}$$

을 보일 수 있다. (7), (8)로부터

$$\max_{\mathbf{x}} \min_{\mathbf{y}} \mathbf{x}^T A \mathbf{y} \geq \min_{\mathbf{y}} \max_{\mathbf{x}} \mathbf{x}^T A \mathbf{y}.$$

최소 · 최대 정리의 증명 중 (2)에 의하여, 일반적으로

$$\max_{\mathbf{x}} \min_{\mathbf{y}} \mathbf{x}^T A \mathbf{y} \leq \min_{\mathbf{y}} \max_{\mathbf{x}} \mathbf{x}^T A \mathbf{y}$$

가 성립하므로

$$\max_{\mathbf{x}} \min_{\mathbf{y}} \mathbf{x}^T A \mathbf{y} = \min_{\mathbf{y}} \max_{\mathbf{x}} \mathbf{x}^T A \mathbf{y}. \tag{9}$$

(충분성)
$$\max_{\mathbf{x}} \min_{\mathbf{y}} \mathbf{x}^T A \mathbf{y} = \min_{\mathbf{y}} \mathbf{x}_0^T A \mathbf{y}, \tag{10}$$

$$\min_{\mathbf{y}} \max_{\mathbf{x}} \mathbf{x}^T A \mathbf{y} = \max_{\mathbf{x}} \mathbf{x}^T A \mathbf{y}_0 \tag{11}$$

라 하자. 명백히

$$\min_{\mathbf{y}} \mathbf{x}_0^T A \mathbf{y} \leq \mathbf{x}_0^T A \mathbf{y}_0 \tag{12}$$

$$\mathbf{x}_0^T A \mathbf{y}_0 \leq \max_{\mathbf{x}} \mathbf{x}^T A \mathbf{y}_0. \tag{13}$$

등식 (9)가 성립한다고 하면 (12), (13)에 들어 있는 모든 항이 서로 같다. 특히

$$\mathbf{x}_0^T A \mathbf{y}_0 = \max_{\mathbf{x}} \mathbf{x}^T A \mathbf{y}_0$$

이므로 임의의 $\mathbf{x} \in C_m$에 대하여

$$\mathbf{x}_0^T A \mathbf{y}_0 \geq \mathbf{x}^T A \mathbf{y}_0. \tag{14}$$

같은 식으로 임의의 $\mathbf{y} \in C_n$에 대하여

$$\mathbf{x}_0^T A \mathbf{y} \geq \mathbf{x}_0^T A \mathbf{y}_0. \tag{15}$$

(14), (15)에 의하여 $(\mathbf{x}_0, \mathbf{y}_0)$는 안장점이다. ■

최소 · 최대 정리와 정리 6.1.5에 의하여 임의의 2인 영화게임에 대하여 갑, 을의 최적 전략이 존재함을 알 수 있다. 강 결정이 아닌 게임에서 최적 전략을 기초적인 방법으로 바로 구할 수는 없으나 2×2게임의 경우는 다음과 같은 공식으로 구할 수 있다.

정리 6.1.6

성과행렬이 $A = \begin{bmatrix} a & b \\ c & d \end{bmatrix}$인 강 결정이 아닌 게임에서

$$\Delta = a + d - b - c$$

라고 할 때, 갑, 을의 최적 전략은 각각

$$\mathbf{x}_0 = \frac{1}{\Delta} \begin{bmatrix} d - c \\ a - b \end{bmatrix}, \mathbf{y}_0 = \frac{1}{\Delta} \begin{bmatrix} d - b \\ a - c \end{bmatrix}$$

이고, 게임의 값은 $(ad - bc)/\Delta$이다.

증명 주어진 게임이 강 결정이 아니므로 a, b, c, d 사이의 대소 관계는 다음 중 하나이다.

$$\begin{bmatrix} a > b \\ \lor \quad \land \\ c < d \end{bmatrix}, \begin{bmatrix} a < b \\ \land \quad \lor \\ c > d \end{bmatrix}.$$

따라서 $\Delta = a + d - b - c \neq 0$.
갑, 을의 최적 전략을 각각

$$\mathbf{x}_0 = (x_0, 1 - x_0)^\mathrm{T}, \mathbf{y}_0 = (y_0, 1 - y_0)^\mathrm{T}$$

라고 하면 강 결정 게임이 아니므로 $0 < x_0 < 1, 0 < y_0 < 1$이다.
$\mathbf{x}_0^\mathrm{T} A \mathbf{y}_0 = v$로 두면, 임의의 $\mathbf{x}, \mathbf{y} \in C_2$에 대하여

$$\mathbf{x}_0^\mathrm{T} A \mathbf{y} \geq v \geq \mathbf{x}^\mathrm{T} A \mathbf{y}_0.$$

위의 첫 번째 부등식으로부터 특히 $\mathbf{x}_0^\mathrm{T} A e_i \geq v$, 단, e_i는 I_2의 제 i열 이다. $A = [\mathbf{a}_1, \mathbf{a}_2]$라 하면 $\mathbf{x}_0^\mathrm{T} A e_i = \mathbf{x}_0^\mathrm{T} \mathbf{a}_i$이므로 $\mathbf{x}_0^\mathrm{T} \mathbf{a}_i \geq v, (i = 1, 2)$.

$$v = \mathbf{x}_0^\mathrm{T} A \mathbf{y}_0 = [\mathbf{x}_0^\mathrm{T} \mathbf{a}_1, \mathbf{x}_0^\mathrm{T} \mathbf{a}_2] \begin{bmatrix} y_0 \\ 1 - y_0 \end{bmatrix}$$

$$= y_0 \mathbf{x}_0^\mathrm{T} \mathbf{a}_1 + (1 - y_0) \mathbf{x}_0^\mathrm{T} \mathbf{a}_2 \geq y_0 v + (1 - y_0) v = v$$

로부터 $\mathbf{x}_0^\mathrm{T} \mathbf{a}_i = v, (i = 1, 2)$, 즉 $\mathbf{x}_0^\mathrm{T} A = [v, v]$를 얻는다.

같은 식으로 $A\mathbf{y}_0 = [v, v]^T$임을 알 수 있다.

그러므로

$$ax_0 + c(1 - x_0) = v, \ bx_0 + d(1 - x_0) = v,$$
$$ay_0 + b(1 - y_0) = v, \ cy_0 + d(1 - y_0) = v.$$

이 연립방정식으로부터

$$x_0 = \frac{d - c}{\Delta}, \ y_0 = \frac{d - b}{\Delta}$$

를 얻고, 따라서

$$\mathbf{x}_0 = \frac{1}{\Delta} \begin{bmatrix} d - c \\ a - b \end{bmatrix}, \mathbf{y}_0 = \frac{1}{\Delta} \begin{bmatrix} d - b \\ a - c \end{bmatrix}, v = \mathbf{x}_0^T A \mathbf{y}_0 = \frac{ad - bc}{\Delta}$$

를 얻는다. ∎

예제 **6.1.2.** 성과행렬이

$$A = \begin{bmatrix} 2 & -1 & 3 \\ 1 & 3 & 2 \end{bmatrix}$$

와 같은 게임에서 갑, 을의 최적 전략과 게임값을 구하라.

풀이 $A = [\mathbf{a}_1, \mathbf{a}_2, \mathbf{a}_3] = [a_{ij}]$라고 하면 $a_{i1} < a_{i3}, (i = 1, 2)$이므로 갑의 임의의 전략 $\mathbf{x} = (x_1, x_2)^T$에 대하여 $\mathbf{x}^T\mathbf{a}_1 < \mathbf{x}^T\mathbf{a}_3$이다.
을의 최적 전략을 $\mathbf{y}_0 = (\beta_1, \beta_2, \beta_3)^T$라고 하면

$$\mathbf{x}^T A \mathbf{y}_0 = [\mathbf{x}^T\mathbf{a}_1, \mathbf{x}^T\mathbf{a}_2, \mathbf{x}^T\mathbf{a}_3]\mathbf{y}_0 = \beta_1\mathbf{x}^T\mathbf{a}_1 + \beta_2\mathbf{x}^T\mathbf{a}_2 + \beta_3\mathbf{x}^T\mathbf{a}_3.$$

$\beta_3 > 0$이라고 하면 $\mathbf{y}_0' = (\beta_1 + \beta_3, \beta_2, 0)^T$로 둘 때,

$$\mathbf{x}^T A \mathbf{y}_0' = (\beta_1 + \beta_3) \mathbf{x}^T\mathbf{a}_1 + \beta_2\mathbf{x}^T\mathbf{a}_2 < \mathbf{x}^T A \mathbf{y}_0$$

이므로 $\beta_3 = 0$이어야 하고, 따라서 최적 전략과 게임의 값은

$$B = \begin{bmatrix} 2 & -1 \\ 1 & 3 \end{bmatrix}$$

을 성과행렬로 하는 게임의 최적 전략과 게임값으로부터 구할 수 있다. 정리 6.1.6에 의하여 이 게임의 최적 전략과 게임값은 각각 $(2/5, 3/5)^T, (4/5, 1/5)^T, 7/5$이다. 따라서 원래의 게임의 최적 전략과 게임값은 각각 $\mathbf{x}_0 = (2/5, 3/5)^T, \mathbf{y}_0 = (4/5, 1/5, 0)^T, 7/5$이다. ∎

그래프로 풀기

$2 \times n$게임에 대해서는 최적 전략과 게임값을 구하는 용이한 방법이 있다. 몇 가지 예를 통하여 이에 대해 알아보자.

예제 6.1.3. 성과행렬이

$$A = \begin{bmatrix} 1 & 12 & 4 & 0 \\ 3 & 0 & 1 & 9 \end{bmatrix}$$

와 같은 게임에서 갑, 을의 최적 전략과 게임값을 구하라.

풀이 먼저 갑의 기대성과에 대하여 생각해 보자.

갑의 전략 $\mathbf{x} = (x, 1-x)^T$와 을의 전략 $\mathbf{y}$에 대하여

$$\mathbf{x}^T A \mathbf{y} = (3 - 2x, 12x, 3x + 1, 9 - 9x)\mathbf{y}.$$

다음 그림은 4개의 직선

① $z = 3 - 2x$, ② $z = 12x$, ③ $z = 3x + 1$, ④ $z = 9 - 9x$

의 그래프이다.

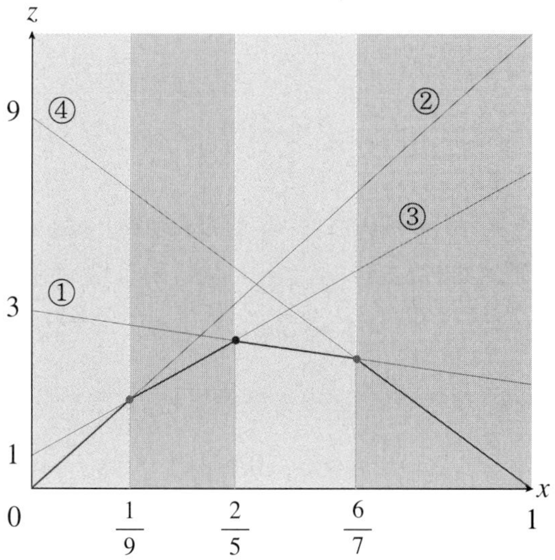

게임의 값은 $\max_x \min_y \mathbf{x}^T A \mathbf{y}$이고 고정된 x값에 대하여 $\min_y \mathbf{x}^T A \mathbf{y}$의 값은 다음과 같다.

x	$0 \leq x \leq \frac{1}{9}$	$\frac{1}{9} \leq x \leq \frac{2}{5}$	$\frac{2}{5} \leq x \leq \frac{6}{7}$	$\frac{6}{7} \leq x \leq 1$
$\min_y \mathbf{x}^T A \mathbf{y}$	$12x$	$3x + 1$	$3 - 2x$	$9 - 9x$

그래프에서 $x = \frac{2}{5}$일 때, $\max_{0 \leq x \leq 1} \min_y \mathbf{x}^T A \mathbf{y}$값이 얻어지고, 그 값은

$$\max_{0 \leq x \leq 1} \min_y \mathbf{x}^T A \mathbf{y} = \max_x \min_y \mathbf{x}^T A \mathbf{y} = \frac{11}{5}$$

임을 알 수 있다.

따라서 게임의 값은 $\frac{11}{5}$이며, 갑의 최적 전략은

$$\mathbf{x}_0 = (\tfrac{2}{5}, \tfrac{3}{5})^T$$

이다.

갑이 $\mathbf{x}_0$를 전략으로 선택한다면

$$\mathbf{x}_0^T A = (\tfrac{11}{5}, \tfrac{24}{5}, \tfrac{11}{5}, \tfrac{27}{5})$$

이므로 을의 최적 전략을 $\mathbf{y}_0 = (y_1, y_2, y_3, y_4)^T$라 할 때, $y_2 = 0, y_4 = 0$이어야 한다. 따라서 을의 최적 전략은 행렬 A에서 제2열, 제4열을 없앤 행렬

$$B = \begin{bmatrix} 1 & 4 \\ 3 & 1 \end{bmatrix}$$

를 성과행렬로 하는 게임의 최적 전략으로써 구할 수 있다. 정리 6.1.6에 의하여 이 축소된 게임에서 을의 최적 전략은

$$(\tfrac{-3}{-5}, \tfrac{-2}{-5})^T = (\tfrac{3}{5}, \tfrac{2}{5})^T$$

이므로 원래의 게임에서 을의 최적 전략은

$$\mathbf{y}_0 = (\tfrac{3}{5}, 0, \tfrac{2}{5}, 0)^T$$

이다. ■

성과행렬이 $n \times 2$ 행렬인 게임도 같은 방식으로 풀 수 있다.

예제 6.1.4. 성과행렬이

$$A = \begin{bmatrix} 2 & -1 \\ 1 & 1 \\ -1 & 2 \end{bmatrix}$$

와 같은 게임에서 갑, 을의 최적 전략과 게임값을 구하라.

풀이 을의 기대성과에 대하여 생각해 보자.

갑의 전략 $\mathbf{x}$와 을의 전략 $\mathbf{y} = (y, 1-y)^T$에 대하여
$$\mathbf{x}^T A \mathbf{y} = \mathbf{x}^T (3y - 1, 1, 2 - 3y)^T.$$
오른쪽 그림은 3개의 직선
$$① \ z = 3y - 1, \quad ② \ z = 1, \quad ③ \ z = 2 - 3y$$
의 그래프이다.

갑의 전략 $\mathbf{x} = (\alpha, \beta, \gamma)^T$에 대하여
$$\mathbf{x}^T A \mathbf{y} = \alpha(3y - 1) + \beta + \alpha(2 - 3y)$$
이므로 그래프에 의하여 구간

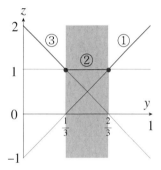

$$0 < y < \frac{1}{3}, \ \frac{1}{3} < y < \frac{2}{3}, \ \frac{2}{3} < y < 1$$

에서 갑의 최적 전략은 각각
$$(0, 0, 1)^T, (0, 1, 0)^T, (1, 0, 0)^T$$
이다.

$\min_{\mathbf{y}} \max_{\mathbf{x}} \mathbf{x}^T A \mathbf{y}$는 구간 $\frac{1}{3} \le y \le \frac{2}{3}$에서 얻어지며, 그 값은 1이다.

이 때, 을의 최적 전략은 $\mathbf{y}_0 = (y, 1-y)^T, (\frac{1}{3} \le y \le \frac{2}{3})$이며, 갑의 최적 전략은 $\mathbf{x}_0 = (0, 1, 0)^T$이다. ∎

주어진 게임에서 게임의 값과 갑의 최적 전략만을 구할 때는 다음 예제와 같이 간단히 구하는 방법이 있다.

예제 6.1.5. 성과행렬이
$$A = \begin{bmatrix} 3 & -1 & 4 \\ 6 & 7 & -2 \end{bmatrix}$$

와 같은 게임에서 갑의 최적 전략과 게임값을 구하라.

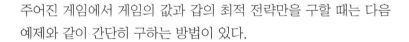

풀이 게임의 값을 v라 하면 갑의 전략 $(1/2, 1/2)^T$과 을의 임의의 최적 전략 $\mathbf{y}_0 = (y_1, y_2, y_3)^T$에 대하여

$$v \geq (1/2, 1/2) A \mathbf{y}_0 = \frac{9}{2} y_1 + 3 y_2 + y_3 \geq y_1 + y_2 + y_3 = 1 > 0$$

갑의 최적 전략을 $\mathbf{x}_0 = (\alpha, \beta)^T$라 하면 을의 임의의 전략 $\mathbf{y}$에 대하여 $\mathbf{x}_0^T A \mathbf{y} \geq v$이므로 특히 $\mathbf{x}_0^T A \mathbf{e}_j \geq v, (j = 1, 2, 3)$이고, 따라서

$$3\alpha + 6\beta \geq v, \ -\alpha + 7\beta \geq v, \ 4\alpha - 2\beta \geq v.$$

$\mathbf{e}_j$는 3차 단위행렬 I_3의 제 j열

각 부등식의 양변을 v로 나누면

$$3\frac{\alpha}{v} + 6\frac{\beta}{v} \geq 1, \ -\frac{\alpha}{v} + 7\frac{\beta}{v} \geq 1, \ 4\frac{\alpha}{v} - 2\frac{\beta}{v} \geq 1.$$

$\frac{\alpha}{v} = x, \frac{\beta}{v} = y$로 두면 $x + y = \frac{1}{v}$이고, x, y의 값을 알면 v의 값을 결정할 수 있다.

갑은 가능한 최대의 v를 취하기를 원하므로 문제는

$$3x + 6y \geq 1, \ -x + 7y \geq 1, \ 4x - 2y \geq 1, x \geq 0 , y \geq 0$$

의 조건하에서 $\frac{1}{v} = x + y$의 최소값을 구하는 문제로 변환되었다.

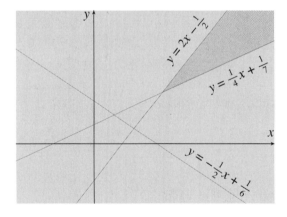

위의 조건을 만족하는 영역은 왼쪽 그림의 색칠한 부분과 같다.

직선 $-x + 7y = 1$과 $4x - 2y = 1$의 교점은 $(x, y) = (9/26 , 5/26)$이므로 $\frac{1}{v} = x + y$의 최소값은 $\frac{9}{26} + \frac{5}{26} = \frac{7}{13}$이고, 따라서 게임의 값은 $v = \frac{13}{7}$이다.

이 때,

$$\alpha = \frac{\alpha}{v} v = \frac{9}{26} \frac{13}{7} = \frac{9}{14},$$

$$\beta = \frac{\beta}{v} v = \frac{5}{26} \frac{13}{7} = \frac{5}{14}$$

이므로, 갑의 최적 전략은 $\mathbf{x}_0 = (\frac{9}{14}, \frac{5}{14})^T$이다. ■

투표에 의한 의사 결정

어느 회사의 구조 조정 방안으로 A, B, C, D 4개의 안이 제시되었다. 이에 대하여 7명의 인사로 구성된 이사회에서 투표로써 선호도를 조사하여 다음과 같은 결과를 얻었다.

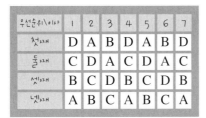

이 결과로써 하나의 안을 결정하려고 할 때, 전체 유권자의 의사를 보다 입체적으로 반영할 수 있는 방식을 채택하여야 할 것이다. 다음에 이에 대하여 알려진 몇 가지 방식을 소개한다.

❶ 복식비교법

가장 높은 선호도를 가진 1개의 안을 택하는 방법으로서 보르다의 방법과 승인방법이 있다.

● 보르다의 방법 : 각 유권자가 매긴 우선 순위에 따라 차례로 각 안에 4점, 3점, 2점, 1점을 부여한 다음, 각 안이 받은 점수의 합계 중 최고점을 받은 안을 택한다. 이를테면

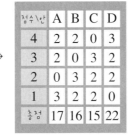

로부터 D를 안으로 택한다.

복식투표(Plurative voting)

보르다(Borda)

안이 m개일 때는 차례로 m점, $m-1$점, ⋯, 2점, 1점을 준다.

두 개의 표 중 오른쪽 표의 각 열은 그 안이 받은 득점 빈도수를 나타낸 것이다.*

투표가 끝난 다음 D가 제외되어야 할 사유가 발생했다면 두 번째 최고점을 얻은 A가 선출되어야 할 것 같지만 이 경우에는 D를 제외한 나머지 3개의 안에 대한 선호도를 관찰하여 C를 택한다.

우선순위\이사	1	2	3	4	5	6	7
첫째	⊠	A	B	⊠	A	B	⊠
둘째	C	⊠	A	C	⊠	A	C
셋째	B	C	⊠	B	C	⊠	B
넷째	A	B	C	A	B	C	A

→

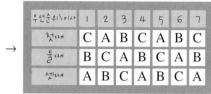

우선순위\이사	1	2	3	4	5	6	7
첫째	C	A	B	C	A	B	C
둘째	B	C	A	B	C	A	B
셋째	A	B	C	A	B	C	A

→

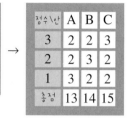

점수\안	A	B	C
3	2	2	3
2	2	3	2
1	3	2	2
총점	13	14	15

● 승인방법 : 보르다의 방법은 n개의 안에 대한 선호도 점수를 n점부터 시작하는 것이지만 n보다 작은 점수로써 시작할 수 있다. 이것을 승인방법이라고 한다. 이를테면 투표결과가 왼쪽 표와 같이 나왔다고 할 때, 4점부터 시작하는 보르다의 방법에 의하면 A, B, C, D는 각각 19, 19, 20, 12점을 받게 되어, C가 채택된다. 그러나 선호도에 대한 점수를 2점부터 시작할 경우 A, B, C, D의 점수는 각각 6, 7, 6, 2가 되고 이 경우 B가 채택된다.

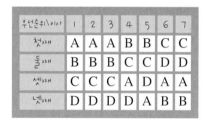

우선순위\이사	1	2	3	4	5	6	7
첫째	A	A	A	B	B	C	C
둘째	B	B	B	C	C	D	D
셋째	C	C	C	A	D	A	A
넷째	D	D	D	D	A	B	B

❷ 이진비교법

콘도르사(Condorcet) 두 개씩 비교하는 방법을 이진투표 방식이라고 하며, 콘도르사의 방법과 개정방법이 있다.

● 콘도르사의 방법 : 모든 두 개씩의 안을 비교하는 방법이다. 이를테면 투표결과가 다음과 같다고 하자.

우선순위\이사	1	2	3	4	5	6	7
첫째	A	A	A	B	B	B	C
둘째	B	B	B	C	C	A	A
셋째	C	C	C	A	A	C	B

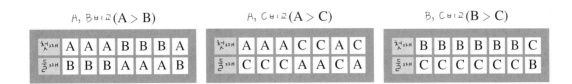

A, B 비교 (A > B)   A, C 비교 (A > C)   B, C 비교 (B > C)

여기서 A > B는 A가 B를 이긴 것을 나타낸다.
A > B > C이므로 A를 택한다.

이 투표 결과에 보르다의 방법을 적용하면 B가 채택된다.

● 개정방법 : 세 개의 안 중 하나를 택하는 방법으로 두 가지 안 중 하나를 택하고 채택된 안과 나머지 하나를 비교하여 최종결정하는 방법이다. 이를테면 위의 예에서 A > B , A > C이므로 A를 택한다.

미국 의회에서 법안을 개정하고자 할 때 먼저 의회 투표에서 개정안이 현행 법안을 이겨야 하고 다시 "현 상태를 해결할 수 있는 안으로 충분한가?"를 묻는 투표에서 이겨야 최종 결정된다.

❸ 기타 방법

● 결승전방법 : 보르다의 방법으로써 최고 점수를 얻은 2개의 안을 뽑고 이 2개만을 비교하여 하나를 택하는 방법.

● 배제방법 : 보르다의 방법으로써 최하 점수를 얻은 1개의 안을 배제하고 나머지 만을 비교하여 또 최하 점수를 얻은 1개의 안을 배제하는 과정을 반복하여 마지막 1명을 선출하는 방법.

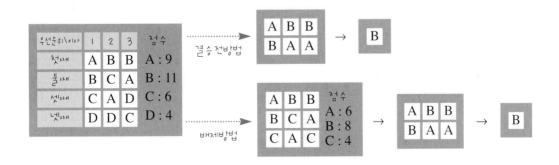

연습문제

1. 성과행렬이 다음과 같은 게임에 대하여 갑과 을의 최적 전략과 게임의 값을 구하라.

(1) $\begin{bmatrix} 8 & 0 & -2 \\ -6 & 4 & 1 \\ 4 & 3 & 2 \end{bmatrix}$
(2) $\begin{bmatrix} 2 & 1 & -4 & -3 \\ 0 & 0 & -1 & 1 \\ -1 & 3 & -2 & -5 \end{bmatrix}$

(3) $\begin{bmatrix} 4 & 0 \\ 1 & 3 \end{bmatrix}$
(4) $\begin{bmatrix} 2 & -1 \\ -2 & 1 \end{bmatrix}$

2. 성과행렬이 다음과 같은 게임에서 가능한 많은 행과 열을 제거하는 방법을 이용하여 갑과 을의 최적 전략과 게임의 값을 구하라.

(1) $\begin{bmatrix} -1 & 2 & 5 & 7 \\ 4 & 0 & 0 & -2 \\ 4 & 2 & 3 & 5 \end{bmatrix}$
(2) $\begin{bmatrix} 1 & -1 & 2 \\ 0 & 3 & -3 \\ 3 & 6 & 4 \end{bmatrix}$

(3) $\begin{bmatrix} 100 & 41 & 56 \\ 99 & 48 & 82 \\ 80 & 26 & 75 \end{bmatrix}$
(4) $\begin{bmatrix} -1 & 3 & -2 & -3 \\ 2 & 3 & 2 & 1 \\ -3 & 4 & -2 & -2 \\ 1 & 2 & 3 & -1 \end{bmatrix}$

3. 성과행렬이

$$\begin{array}{c} \\ X_1 \\ X_2 \end{array} \begin{array}{ccc} Y_1 & Y_2 & Y_3 \\ \begin{bmatrix} 0 & 1 & 2 \\ 2 & 1 & 0 \end{bmatrix} \end{array}$$

와 같은 게임에 대하여 다음 물음에 답하라.

(1) 갑은 동전을 던져서 앞면이 나오면 X_1을, 뒷면이 나오면 X_2를 조치로 취한다고 한다. 이 경우 갑의 전략 **p**를 구하고 을이 전략 $\mathbf{y} = [1, 0, 0]^T$를 택할 때, 기대성과를 구하라.

(2) 을은 주사위를 던져서 1의 눈이 나오면 Y_1, 2의 눈이 나오면 Y_2, 3, 4, 5 또는 6의 눈이 나오면 Y_3을 조치로 취한다고 한다. 이 경우 을의 전략 **q**를 구하고 갑이 전략 $\mathbf{x} = [1, 0]^T$를 택할 때, 기대성과를 구하라.

4. 갑, 을 두 벤처회사가 자동차 부속품을 동시에 개발하였다. 시장분석가들은 광고와 연간 매출액 변화에 대하여 다음과 같이 예측하였다.

> 갑, 을 모두 광고 : 갑은 5억 원 증가, 을은 5억 원 감소
>
> 을만 광고 : 갑은 3억 원 감소, 을은 3억 원 증가
>
> 갑만 광고 : 갑은 10억 원이 증가, 을은 10억 원 감소
>
> 모두 광고 안함 : 매출액 불변

(1) 각각 회사의 최적 전략과 게임의 값을 구하라.

(2) 을이 광고할 확률이 0.5라고 갑이 생각한다면, 갑의 최적 전략이 변하겠는가?

5. 갑, 을 두 TV 방송사는 항상 일요일 같은 시간대에 영화 또는 스포츠 경기의 중계를 계획하고 있다. 방영 프로와 시청률 사이의 관계는 다음과 같이 조사되었다고 한다.

> 갑, 을 모두 같은 종류의 프로 방영 : 갑 55%, 을 45%
>
> 갑만 스포츠 방영 : 갑 65%, 을 35%,
>
> 을만 스포츠 방영 : 갑 40%, 을 60%

각 방송사에 대한 최적 전략과 그 때의 기대 시청률을 구하라.

6. 성과행렬이

$$A = [\mathbf{a}_1, \mathbf{a}_2, \cdots, \mathbf{a}_n] = \begin{bmatrix} \mathbf{b}_1^{\mathrm{T}} \\ \mathbf{b}_2^{\mathrm{T}} \\ \vdots \\ \mathbf{b}_m^{\mathrm{T}} \end{bmatrix}$$

인 게임에서 갑, 을의 최적 전략이 각각 $\mathbf{x}_0 = (x_1, x_2, \cdots, x_m)^{\mathrm{T}}$, $\mathbf{y}_0 = (y_1, y_2, \cdots, y_m)^{\mathrm{T}}$이라 하고, 게임의 값이 v라고 할 때, 다음을 증명하라.

(1) $\mathbf{b}_i^{\mathrm{T}} \mathbf{y}_0 < v$이면, $x_i = 0$.   (2) $\mathbf{x}_0^{\mathrm{T}} \mathbf{a}_j > v$이면, $y_j = 0$.

7. 강 결정게임에서 성과행렬의 안장점과 게임의 안장점이 같음을 증명하라.

8. 3명의 후보자 A, B, C에 대한 4명의 투표자들의 선호도는 오른쪽 표와 같다고 한다. 복식비교법 중 승인방법으로 순위를 정할 때, A가 당선되기 위해서는 최고 점수를 몇 점으로 하여야 할까?

우선순\투표자	갑	을	병	정
1	A	A	B	C
2	B	B	C	B
3	C	C	A	A

9. 다음 표는 55명의 투표자를 대상으로 5명의 후보자 A, B, C, D, E에 대한 선호도를 조사한 결과이다.

우선순위\투표자수	18	12	10	9	4	2
1	D	C	B	E	A	A
2	E	A	C	B	C	B
3	A	E	A	A	E	E
4	B	B	E	C	B	C
5	C	D	D	D	D	D

다음 각각의 선거 방법에 대한 당선자를 결정하라.

(1) 보르다의 방법

(2) 콘도르사의 방법

(3) 결승전 방법

(4) 배제 방법

6.2 최적화 문제

1. 집합 {1, 2, 3, 4}의 부분집합 중 원소의 합이 4인 것을 모두 찾아라.

2. 좌표평면의 원점에서 거리 1 이하인 점 (x, y) 중에서 x + y의 값의 최
대값, 최소값을 각각 구하라.

우리는 4.3 수절도에서 통신망 또는 도로망의 건설에 빈번하게 응
용되는 최소 무게 생성수형도를 찾는 알고리즘을 다루었다. 이 절
에서는 이와 같이 실생활의 여러 가지 상황에서 나타나는 몇 가지
의 조합론적 최적화 문제를 푸는 방법과 최적의 알고리즘에 대하여
다룬다.

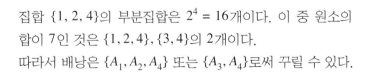

배낭 꾸리기 문제

물건 A_1, A_2, A_3, A_4의 무게가 각각 1kg, 2kg, 3kg, 4kg이라고
한다. 이들 중 몇 개를 골라 정확히 7kg이 되도록 배낭을 꾸
리는 방법이 있겠는가?

집합 {1, 2, 4}의 부분집합은 2^4 = 16개이다. 이 중 원소의
합이 7인 것은 {1, 2, 4}, {3, 4}의 2개이다.
따라서 배낭은 $\{A_1, A_2, A_4\}$ 또는 $\{A_3, A_4\}$로써 꾸릴 수 있다.

위의 문제는 다음과 같은 문제의 특수한 경우이다.

문제 [*배낭 꾸리기 문제*] 주어진 n-벡터 $\mathbf{a} = (a_1, a_2, \cdots, a_n)^T$와 실수 b에 대하여 등식

$$\mathbf{a}^T\mathbf{x} = b$$

를 만족하는 $(0, 1)$-벡터 $\mathbf{x} = (x_1, x_2, \cdots, x_n)^T$이 존재하는가?

각 성분이 0 또는 1인 벡터를 (0, 1)-벡터라고 한다.

이 문제를 풀기 위해서는 길이 n인 모든 $(0, 1)$-벡터 $\mathbf{x}$를 생성하여 $\mathbf{a}^T\mathbf{x}$를 계산하고 서로 비교하는 방법이 있다.

실제로 배낭을 꾸릴 때는 담을 수 있는 무게의 한계의 범위에서, 담은 물건의 가치가 최대가 되도록 한다.

물건 A_1, A_2, A_3의 무게가 각각 2kg, 3kg, 4kg이고, 가치가 각각 100, 300, 500이라고 할 때, 용량 5kg인 배낭을 다음과 같이 가장 가치 있게 꾸릴 수 있다.

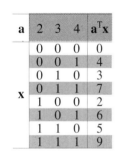

$\mathbf{a} = (2, 3, 4)^T$라 하고, 다음과 같이 $\mathbf{a}^T\mathbf{x} \le 5$인 $\mathbf{x}$를 모두 찾는다.

$$\mathbf{x}_1 = (1, 0, 0)^T, \mathbf{x}_2 = (0, 1, 0)^T, \mathbf{x}_3 = (0, 0, 1)^T, \mathbf{x}_4 = (1, 1, 0)^T.$$

$\mathbf{v} = (100, 300, 500)^T$라 하고, 그러한 $\mathbf{x}_1, \mathbf{x}_2, \mathbf{x}_3, \mathbf{x}_4$ 중 $\mathbf{v}^T\mathbf{x}_i$값이 최대인 $\mathbf{x}_i$를 찾는다.

$$\mathbf{v}^T\mathbf{x}_1 = 100, \mathbf{v}^T\mathbf{x}_2 = 300, \mathbf{v}^T\mathbf{x}_3 = 500, \mathbf{v}^T\mathbf{x}_4 = 400$$

이므로 최종적으로 찾은 벡터는 $\mathbf{x}_3$이다. 따라서 배낭에는 A_3 하나만 담으면 된다.

$n = 20$인 $\mathbf{x}$의 개수는 2^{20}(약 100만)이지만 컴퓨터를 이용하면 수 초 안에 원하는 답을 찾을 수 있다. 그러나 $n = 50$인 경우 $\mathbf{x}$의 개수는 약 1.13×10^{50}으로서 컴퓨터로 계산하더라도 약 36년이 걸린다.
일반적인 n의 값에 대하여 배낭 꾸리기 문제를 풀 수 있는 효과적인 알고리즘은 존재하지 않음이 알려져 있다.

일반적으로 다음과 같은 문제를 생각할 수 있다.

문제 주어진 n-벡터 $\mathbf{a} = (a_1, a_2, \cdots, a_n)^T$, $\mathbf{v} = (v_1, v_2, \cdots, v_n)^T$와 실수 b에 대하여 조건 $\mathbf{a}^T\mathbf{x} \le b$를 만족하면서 $\mathbf{v}^T\mathbf{x}$의 값이 최대가 되는 $(0, 1)$-벡터 $\mathbf{x} = (x_1, x_2, \cdots, x_n)^T$를 찾으라.

이 문제는 다음 알고리즘으로 풀 수 있다.

배낭 꾸리기 알고리즘

길이 n인 $(0, 1)$-벡터를 $\mathbf{x}_1, \mathbf{x}_2, \cdots, \mathbf{x}_m$이라 하자. 단 $m = 2^n$.
$i = 1$, $\mathbf{y}_0 = (0, 0, \cdots, 0)^T$으로 두고 다음 과정을 반복한다.

❶ $\mathbf{a}^T\mathbf{x}_i$를 계산한다.

❷ $\mathbf{a}^T\mathbf{x}_i > b$이면 $\mathbf{y}_i = \mathbf{y}_{i-1}$, $i_{new} = i_{old} + 1$로 두고 ❶로 간다.

❸ $\mathbf{a}^T\mathbf{x}_i \leq b$이면 $\mathbf{v}^T\mathbf{x}_i$를 계산한다.

❹ $\mathbf{v}^T\mathbf{x}_i > \mathbf{v}^T\mathbf{y}_{i-1}$이면 $\mathbf{y}_i = \mathbf{x}_i$, $i_{new} = i_{old} + 1$로 두고 ❶로 간다.

❺ $\mathbf{v}^T\mathbf{x}_i \leq \mathbf{v}^T\mathbf{y}_{i-1}$이면 $\mathbf{y}_i = \mathbf{y}_{i-1}$, $i_{new} = i_{old} + 1$로 두고 ❶로 간다.

❻ $i = n$이면 그친다. 이 때, $\mathbf{y}_n$이 구하는 답이다.

예제 **6.2.1.** 어떤 사막지대 지질탐사반이 사람과 탐사 장비 일체를 싣고도 30kg까지의 화물을 더 운반할 수 있는 경비행기로 가져갈 물건에 대한 계획을 짜고 있다. 필요한 5개의 물건 각각에 대한 무게와 효용도가 오른쪽 표와 같다고 할 때, 어떤 물건들을 가지고 가야 할까?

물건	무게(kg)	효용도
물	20	9
쌀	15	7
텐트	10	4
약품	5	6

풀이 $\mathbf{a} = (20, 15, 10, 5)^T$, $\mathbf{v} = (9, 7, 4, 6)^T$으로 두고 길이 4인 모든 $2^4 = 16$개의 $(0, 1)$-벡터를 구한 다음 위의 알고리즘을 적용하면 벡터 $\mathbf{y}_{16} = (0, 1, 1, 1)$을 얻는다. 그러므로 쌀, 텐트, 약품을 가져가야 한다. ∎

$\mathbf{a}$	20	15	10	5	$\mathbf{a}^T\mathbf{x}$		$\mathbf{y}$
$\mathbf{v}$	9	7	4	6		$\mathbf{v}^T\mathbf{x}$	
	0	0	0	0	0	0	$\mathbf{y}_1 = (0, 0, 0, 0)$
	0	0	0	1	5	6	$\mathbf{y}_2 = (0, 0, 0, 1)$
	0	0	1	0	10	4	$\mathbf{y}_3 = (0, 0, 0, 1)$
	0	0	1	1	15	10	$\mathbf{y}_4 = (0, 0, 1, 1)$
	0	1	0	0	15	7	$\mathbf{y}_5 = (0, 0, 1, 1)$
	0	1	0	1	20	13	$\mathbf{y}_6 = (0, 1, 0, 1)$
	0	1	1	0	25	10	$\mathbf{y}_7 = (0, 1, 0, 1)$
	0	1	1	1	30	17	$\mathbf{y}_8 = (0, 1, 1, 1)$
$\mathbf{x}$	1	0	0	0	20	9	$\mathbf{y}_9 = (0, 1, 1, 1)$
	1	0	0	1	25	15	$\mathbf{y}_{10} = (0, 1, 1, 1)$
	1	0	1	0	20	13	$\mathbf{y}_{11} = (0, 1, 1, 1)$
	1	0	1	1	35	x	$\mathbf{y}_{12} = (0, 1, 1, 1)$
	1	1	0	0	35	x	$\mathbf{y}_{13} = (0, 1, 1, 1)$
	1	1	0	1	40	x	$\mathbf{y}_{14} = (0, 1, 1, 1)$
	1	1	1	0	45	x	$\mathbf{y}_{15} = (0, 1, 1, 1)$
	1	1	1	1	50	x	$\mathbf{y}_{16} = (0, 1, 1, 1)$

최단 경로문제

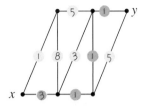

무게 그래프 또는 무게 유향그래프를 네트워크라고 한다. 네트워크에서 특정한 두 꼭지점 사이의 최단 경로를 구하는 문제는 매우 일반적인 조합론의 문제이다.

오른쪽 네트워크에서 지점 x에서 y로 가는 최단 경로는 적색으로 채색된 경로이고 그 거리는 $3 + 1 + 1 + 1 = 6$이다.

네트워크에서 꼭지점 x, y에 대하여 x, y를 잇는 변 $[x, y]$가 있을 때 $[x, y]$의 무게를 $w[x, y]$로 나타내고, 변이 없을 때 $w[x, y] = \infty$로 정의한다.

(x, y)-경로 W에 들어 있는 유향변의 무게의 합을 W의 무게라고 하며, (x, y)-경로의 무게의 최소값을 x, y 사이의 거리라 하고, $d(x, y)$로 나타낸다.

모든 변의 무게가 0 이상인 네트워크에서 최단 (x, y)-경로를 구하는 방법으로 다음에 소개하는 딕스트라(Dijkstra)의 알고리즘이 있다.

네트워크에서 최단 거리의 경로를 구하는 문제에서 변에 매긴 무게를 거리로 제한하지 않고 어떤 제품을 생산하는 각 공정에 해당하는 비용이나 시간으로 매긴다면 원하는 제품을 최소의 비용 또는 최단 시간 안에 만들기 위한 공정을 찾는 데 활용할 수 있다.

딕스트라의 알고리즘(최단 경로)

❶ $x_0 = x$, $V_0 = \{x_0\}$, $\delta(x, x) = 0$ 으로 둔다.

❷ $V_k = \{x_0, x_1, \cdots, x_k\}$가 찾아졌을 때,
$$\delta(x, z) + w[z, p] = \min\{ \delta(x, z) + w[z, p] \mid z \in V_k, p \notin V_k \}$$
를 만족하는 $z \in V_k$와 $p \notin V_k$를 찾고, 이 최소값을 $\delta(x, p)$로 둔다.

❸ $\delta(x, p) = \infty$이면 멈추고 「(x, y)-경로는 없다」를 출력한다.

❹ $\delta(x, p) < \infty$이고, $p \neq y$이면 $x_{k+1} = p$, $V_{k+1} = V_k \cup \{x_{k+1}\}$, $k_{new} = k_{old} + 1$로 두고 ❷로 간다.

❺ 최소값이 있고 $p = y$ 이면 멈춘다. 이 때, 최단 경로는
「y로 들어 오는 점 x_{i_1}, x_{i_1} 으로 들어 온 점 x_{i_2}, $\cdots$ 」
을 역추적하여 잡을 수 있다.

모든 $i = 1, 2, \cdots$ 에 대하여 $\delta(x, x_i) = d(x, x_i)$임을 알아보자.

명백히 $\delta(x, x_1) = d(x, x_1)$이다.

$\delta(x, x_i) = d(x, x_i), (i = 1, 2, \cdots, k)$라고 가정한다.

x-u_1-u_2- $\cdots$ -u_r-x_{k+1}을 하나의 최단 (x, x_{k+1})-경로라 하고,

$$t = \begin{cases} r, & (\{ u_1, u_2, \cdots, u_r \} \subset V_k일 \text{ 때}), \\ \min\{ i \mid u_i \not\in V_k \} - 1, & (\{ u_1, u_2, \cdots, u_r \} \not\subset V_k일 \text{ 때}) \end{cases}$$

로 두면,

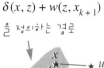

$\delta(x, z) + w(z, x_{k+1})$
을 정의하는 경로

$$\begin{aligned} \delta(x, x_{k+1}) &= \min\{ \delta(x, z) + w[z, p] \mid z \in V_k, p \not\in V_k \} \\ &\leq \delta(x, u_t) + w[u_t, u_{t+1}] \quad (u_t \in V_k, u_{t+1} \not\in V_k이므로) \\ &= d(x, u_t) + w[u_t, u_{t+1}] \quad (u_t \in V_k이므로 \ 가정에 \ 의하여) \\ &\leq d(x, x_{k+1}), \end{aligned}$$

단, 여기서 $t = 0$인 경우 $u_0 = x$이다.

한편, 일반적으로 $\delta(x, x_{k+1}) \geq d(x, x_{k+1})$이므로,

$\delta(x, x_{k+1}) = d(x, x_{k+1})$를 얻는다. 이것은 $y = x_{k+1}$일 때, 딕스트라
의 알고리즘에 의하여 구한 값 $\delta(x, x_{k+1})$은 최단 (x, y)-경로의 길
이라는 사실에 대한 증명이다.

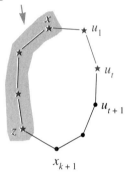

★는 V_k의 점

예제 **6.2.2.** 오른쪽 네트워크에서 최단 (x, y)-경로와 그
거리를 구하라.

풀이 딕스트라의 알고리즘의 단계를 따라 다음과 같이 구
한다.

각 중간 단계에서 꼭지점 위치에 붙은 수는 x에서 그 점까
지의 최단 거리를 나타낸다.

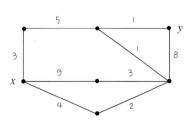

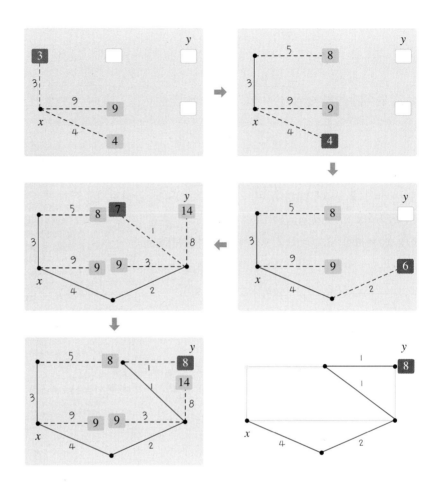

따라서 최단 (x, y)-경로는 마지막 그림의 경로이고 그 거리는 8이다. ∎

최적 배당문제

	Y_1	Y_2	Y_3
X_1	3	7	2
X_2	3	6	3
X_3	4	5	3

단위 : 억 원

3개의 건설회사 X_1, X_2, X_3에게 3개의 공사 Y_1, Y_2, Y_3를 각각 하나씩 맡기기 위하여 입찰을 시킨 바 왼쪽 표와 같은 결과가 나왔다. 경비를 최소화하기 위한 배당 방법을 알아보자.

$n \times n$ 행렬 $A = [a_{ij}]$ 가 주어졌을 때, $1, 2, \cdots, n$ 의 치환

$$\sigma = \begin{pmatrix} 1 & 2 & \cdots & n \\ \sigma(1) & \sigma(2) & \cdots & \sigma(n) \end{pmatrix}$$

를 A 의 배당이라 하고,

$$f_A(\sigma) = a_{1\sigma(1)} + a_{2\sigma(2)} + \cdots + a_{n\sigma(n)}$$

가 최소인 배당을 A 의 최적 배당이라고 하며, A 의 최적 배당 전체의 집합을 S_A 로 나타내기로 한다.

배당 σ 에 대하여

$$a_{ij}' = \begin{cases} a_{ij} & (j = \sigma(i) \text{일 때}), \\ 0 & (j \neq \sigma(i) \text{일 때}) \end{cases}$$

를 (i, j)-성분으로 하는 $n \times n$ 행렬을 A_σ 로 나타내기로 하면, 앞의 입찰 결과를 나타내는 행렬

$$A = \begin{bmatrix} 3 & 7 & 2 \\ 3 & 6 & 3 \\ 4 & 5 & 3 \end{bmatrix}$$

에 대하여 다음을 알 수 있다.

σ	$\sigma_1 = \begin{pmatrix} 1\,2\,3 \\ 1\,2\,3 \end{pmatrix}$	$\sigma_2 = \begin{pmatrix} 1\,2\,3 \\ 2\,3\,1 \end{pmatrix}$	$\sigma_3 = \begin{pmatrix} 1\,2\,3 \\ 3\,1\,2 \end{pmatrix}$	$\sigma_4 = \begin{pmatrix} 1\,2\,3 \\ 3\,2\,1 \end{pmatrix}$	$\sigma_5 = \begin{pmatrix} 1\,2\,3 \\ 2\,1\,3 \end{pmatrix}$	$\sigma_6 = \begin{pmatrix} 1\,2\,3 \\ 1\,3\,2 \end{pmatrix}$
A_σ	$\begin{bmatrix} 3 & 0 & 0 \\ 0 & 6 & 0 \\ 0 & 0 & 3 \end{bmatrix}$	$\begin{bmatrix} 0 & 7 & 0 \\ 0 & 0 & 3 \\ 4 & 0 & 0 \end{bmatrix}$	$\begin{bmatrix} 0 & 0 & 2 \\ 3 & 0 & 0 \\ 0 & 5 & 0 \end{bmatrix}$	$\begin{bmatrix} 0 & 0 & 2 \\ 0 & 6 & 0 \\ 4 & 0 & 0 \end{bmatrix}$	$\begin{bmatrix} 0 & 7 & 0 \\ 3 & 0 & 0 \\ 0 & 0 & 3 \end{bmatrix}$	$\begin{bmatrix} 3 & 0 & 0 \\ 0 & 0 & 3 \\ 0 & 5 & 0 \end{bmatrix}$
$f_A(\sigma)$	12	14	10	12	13	11

여기서 A 의 최적 배당은 σ_3 이고, 따라서

$$X_1 \to Y_3, X_2 \to Y_1, X_3 \to Y_2$$

가 최소 경비의 배당임을 알 수 있다.

A 의 제 1 행의 모든 성분에서 2를 뺀 행렬을 B 라 하면

σ	$\sigma_1 = \begin{pmatrix} 1\,2\,3 \\ 1\,2\,3 \end{pmatrix}$	$\sigma_2 = \begin{pmatrix} 1\,2\,3 \\ 2\,3\,1 \end{pmatrix}$	$\sigma_3 = \begin{pmatrix} 1\,2\,3 \\ 3\,1\,2 \end{pmatrix}$	$\sigma_4 = \begin{pmatrix} 1\,2\,3 \\ 3\,2\,1 \end{pmatrix}$	$\sigma_5 = \begin{pmatrix} 1\,2\,3 \\ 2\,1\,3 \end{pmatrix}$	$\sigma_6 = \begin{pmatrix} 1\,2\,3 \\ 1\,3\,2 \end{pmatrix}$
B_σ	$\begin{bmatrix} 1 & 0 & 0 \\ 0 & 6 & 0 \\ 0 & 0 & 3 \end{bmatrix}$	$\begin{bmatrix} 0 & 5 & 0 \\ 0 & 0 & 3 \\ 4 & 0 & 0 \end{bmatrix}$	$\begin{bmatrix} 0 & 0 & 0 \\ 3 & 0 & 0 \\ 0 & 5 & 0 \end{bmatrix}$	$\begin{bmatrix} 0 & 0 & 0 \\ 0 & 6 & 0 \\ 4 & 0 & 0 \end{bmatrix}$	$\begin{bmatrix} 0 & 5 & 0 \\ 3 & 0 & 0 \\ 0 & 0 & 3 \end{bmatrix}$	$\begin{bmatrix} 1 & 0 & 0 \\ 0 & 0 & 3 \\ 0 & 5 & 0 \end{bmatrix}$
$f_B(\sigma)$	$12 - 2$	$14 - 2$	$10 - 2$	$12 - 2$	$13 - 2$	$11 - 2$

이므로 B 의 최적 배당도 σ_3 이다.

이와 같이 생각하면 다음 정리가 성립함을 쉽게 알 수 있다.

지금부터 행렬의 행과 열을 통틀어서 줄이라고 부르기로 한다.

정리 6.2.1

$n \times n$ 행렬 A의 한 줄의 모든 성분에서 일정한 상수를 더하여 얻은 행렬을 B 라고 하면 $S_A = S_B$가 성립한다.

$$X = \begin{bmatrix} 0 & 0 & 1 & 0 \\ 1 & 1 & 0 & 1 \\ 0 & 0 & 1 & 0 \\ 0 & 0 & 1 & 0 \end{bmatrix}$$

왼쪽 $(0, 1)$-행렬의 모든 1은 2개의 줄(제 2행과 제 3열)에 의하여 덮힐 수 있지만 1개의 줄로써는 모든 1을 덮을 수 없다. 이와 같이 $(0, 1)$-행렬 A의 모든 1을 덮을 수 있는 최소의 줄의 수를 $l(A)$로 나타내기로 한다. 이를테면 위의 행렬 X에 대하여 $l(X) = 2$이다.

정리 6.2.2

$n \times n$ $(0, 1)$-행렬 A에 대하여 $r_n(A) > 0$일 필요충분조건은 $l(A) = n$일 것이다.

증명 정리4.6.4에 의하여 $r_n(A) > 0$일 필요충분조건은 A가 영화영블락을 갖지 않을 것이다. 따라서

$r_n(A) = ($행렬 A의 1이 있는 위치에 n개의 루크를 서로 잡을 수 없도록 놓는 방법 수$)$

  (i) $l(A) \le n - 1$.

  (ii) A가 영화영블락을 가진다.

가 동치임을 보이면 된다.

(i)을 가정하면 $p + q = l(A) \le n - 1$을 만족하는 p개의 행, q개의 열이 있어서 A의 모든 1은 이들 행과 열에 놓여 있다. 그러므로 이들 행 또는 열에 있지 아니한 성분들로 이루어진 행렬 K는 영블락이고 그 크기는 $(n - p) \times (n - q)$이다. $(n - p) + (n - q) \ge n + 1$이므로 K는 영화영블락이고, 따라서 (ii)가 성립한다.

역으로 (ii)를 가정할 때, 위의 논의를 거꾸로 따라가면 (i)이 성립함을 알 수 있다. ■

이제 $n \times n$행렬 A가 주어졌을 때, A의 최적 배당 S_A를 구하는 방안으로 항가리안 방법이라고 알려진 다음 알고리즘을 소개한다.

항가리안 방법

❶ 각 행의 최소 성분을 그 행의 모든 성분에서 뺀다.

❷ 각 열의 최소 성분을 그 열의 모든 성분에서 뺀다.

❸ 최소 개수의 줄로써 모든 0 성분을 덮는다.

　❸.1. 줄의 개수가 n이라면 S_A를 찾는 것이 가능하고 여기서 멈춘다.

　❸.2. 줄의 개수가 $n-1$ 이하이면 ❹로 간다.

❹ 줄에 의하여 덮이지 않은 최소 성분 c를 택하여, 줄에 의하여 덮이지 않은 모든 성분에서 c를 빼고, 두 개의 줄에 의하여 동시에 덮인 성분에는 c를 더한 다음 ❸으로 간다.

조작 ❹는 모든 안 덮인 행의 성분에서 c를 빼고 모든 덮인 열의 성분에 c를 더하는 것과 같으므로 ❹를 시행해도 0은 0으로 남는다.

각 성분이 음이 아닌 행렬로 시작, 항가리안 방법을 적용하면 ❶, ❷, ❹의 각 단계마다 0의 개수가 1개 이상 늘어난 음이 아닌 행렬이 생긴다. 따라서 이 알고리즘은 유한회의 단계 후에 멈춘다.

행렬 A로 시작하여 항가리안 방법을 적용한 후 알고리즘이 멈춘 행렬을 B라고 하면 정리6.2.1에 의하여 $S_A = S_B$가 성립한다.

한편 정리6.2.1에 의하여 행렬 B에는 각 행, 각 열에 하나씩 놓이는 n개의 0성분을 가지게 된다. 이 n개의 위치가 최적 배당이 된다.

최적 배당은 여러 개 있을 수 있다.

예제 6.2.2. 다음 행렬

$$A = [\,a_{ij}\,] = \begin{bmatrix} 9 & 7 & 7 & 8 \\ 4 & 8 & 5 & 6 \\ 9 & 8 & 7 & 9 \\ 4 & 10 & 9 & 11 \end{bmatrix}$$

의 최적 배당과 그 때의 경비를 구하라.

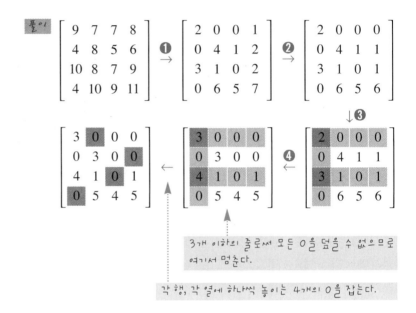

따라서 A의 최적 배당은 $\sigma = \begin{pmatrix} 1 & 2 & 3 & 4 \\ 2 & 4 & 3 & 1 \end{pmatrix}$이고, 그 때의 경비는

$$a_{12} + a_{24} + a_{33} + a_{41} = 7 + 6 + 7 + 4 = 24. \ \blacksquare$$

연습문제

1. 오른쪽 도로망에서 지점 x에서 지점 y에 이르는 최단 경로를 구하라.

2. 아래의 그래프는 x지점에서 y지점까지 가는 유료고속도로망을 나타낸 것이고, 각 변의 백색 네모 칸과 적색 원형 칸에 쓰인 수는 각각 그 변에 대응되는 도로의 거리와 그 도로를 통과하기 위한 요금이다. x지점에서 y지점까지의 경로 중 다음을 구하라.

(1) 최단 경로 (2) 최저 요금의 경로

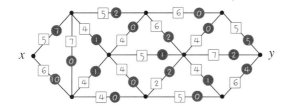

3. 다음에서 Y_j는 일, X_i는 사람을 나타낸다. Y_j를 수행하기 위하여 X_i를 고용하는데 소요되는 비용이 다음과 같다고 할 때, 최소 비용으로 각 사람에게 하나씩의 일을 배당하는 방안을 찾으라.

(1)
$$\begin{array}{c} \\ X_1 \\ X_2 \\ X_3 \end{array}\begin{array}{ccc} Y_1 & Y_2 & Y_3 \\ \left[\begin{array}{ccc} 8 & 3 & 2 \\ 10 & 9 & 3 \\ 2 & 1 & 1 \end{array}\right] \end{array}$$

(2)
$$\begin{array}{c} \\ X_1 \\ X_2 \\ X_3 \\ X_4 \end{array}\begin{array}{cccc} Y_1 & Y_2 & Y_3 & Y_4 \\ \left[\begin{array}{cccc} 17 & 5 & 8 & 11 \\ 3 & 9 & 2 & 10 \\ 4 & 2 & 8 & 6 \\ 7 & 6 & 4 & 5 \end{array}\right] \end{array}$$

4. 비용행렬이 정사각행렬이 아닌 경우는 모든 성분이 0인 행 또는 열을 기존의 비용행렬에 추가하여 정사각행렬로 만든 다음 항가리안 방법을 적용할 수 있다. 이 방법의 정당성을 설명하라.

5. 비용이 최대인 배당을 찾을 때는 비용행렬의 모든 성분에 −1을 곱한 뒤 항가리안 방법을 적용하면 원하는 최적 배당을 구할 수 있다. 이 방법의 정당성을 설명하라.

6. 어떤 회사에 근무하는 4명의 회사원 각각을 5개의 부서 중 1개 부서에 배치하려고 한다. 회사에서는 회사원 각각에 대하여 5개의 부서에 근무하는데 따른 잠재적 수행능력의 정도를 다음 표와 같이 1에서 10까지의 점수로 매겼다. 각 사원의 능력을 최대로 발휘하도록 하기 위하여 부서 배치를 어떻게 하여야 할까?

$$
\begin{array}{c}
\text{갑} \\
\text{을} \\
\text{병} \\
\text{정}
\end{array}
\begin{bmatrix}
7 & 4 & 7 & 3 & 10 \\
5 & 9 & 3 & 8 & 7 \\
3 & 5 & 6 & 2 & 9 \\
6 & 5 & 0 & 4 & 8
\end{bmatrix}
$$

1 문제해결과 발상의 전환

1.1 문제해결과 이산수학

1. 지름에 대한 원주각이 직각임을 이용.
3. 병의 부피는 병을 똑바로 세운 상태에서 물이 차 있는 곳까지의 부피와 병을 거꾸로 세운 상태에서 물이 없는 부분의 부피 합이다.
4. 시계의 앞면에 있는 수의 합은 78이고 두 직선이 만난다면 4개의 영역이 생기지만 78은 4로 나누어 떨어지지 않는다. 두 직선이 만나지 않는다면 세 개의 영역이 생기고 각 영역의 수의 합이 26이다.
7. 5개의 컵과 병 한 개의 무게가 같다.
8. 정육면체를 8등분하면 원래 표면적의 2배인 도형을 얻을 수 있다.
9. 공간에서 생각.
10. 시작: 6:47 119/143 p.m. 끝: 9:33 141/143 p.m.
11. 22, $\frac{1}{2}(n^2 + n + 2)$
12. 6729/13458 = 1/2, 5832/17496 = 1/3
4392/17568 =1/4, 2769/13845 = 1/5
2943/17658 = 1/6, 2394/16758 = 1/7
3187/25496 = 1/8, 6381/57429 = 1/9
13. 14 : 11
14. 8

1.2 문제해결의 실제

1. B의 키가 더 크다.
2. $n = 3k$, $3k + 1$, $3k + 2$(k는 임의의 정수)꼴로 나누어 생각. $n = 6, 7, 8$인 경우는 다음과 같다.

3. 6회
4. $n = 4k + 2$ (k는 임의의 자연수)

5. 기우성(奇偶性)을 이용해서 증명한다.

6. 2/1997

7. 기우성(奇偶性)을 이용해서 증명한다.

8, 9, 10. 모두 불가능.

11. 예제 1.2.8과 같이 증명.

12. $l + m + n - \gcd(l,m) - \gcd(m,n) - \gcd(n,l)$
$+ \gcd(l,m,n)$

13. 2000개의 동전을 4개의 그룹으로 나누어 생각.

14. 불가능.

15. 기껏해야 2명의 수학자가 같은 언어를 쓴다고 가정하고 모순을 유도.

16. 주어진 행렬을 아래와 같이 두 행렬의 합으로 생각.

$$
\begin{bmatrix}
1 & 2 & 3 & \cdots & 10 \\
1 & 2 & 3 & \cdots & 10 \\
1 & 2 & 3 & \cdots & 10 \\
\vdots & \vdots & \vdots & \ddots & \vdots \\
1 & 2 & 3 & \cdots & 10
\end{bmatrix}
+
\begin{bmatrix}
0 & 0 & 0 & \cdots & 0 \\
10 & 10 & 10 & \cdots & 10 \\
20 & 20 & 20 & \cdots & 20 \\
\vdots & \vdots & \vdots & \ddots & \vdots \\
90 & 90 & 90 & \cdots & 90
\end{bmatrix}
$$

두 행렬의 각 행, 각 열에 −가 5개씩 있는 것이 된다.

2 순열과 조합

2.1 순열

1. (1) $\left(\genfrac{}{}{0pt}{}{20-k}{3}\right)/\left(\genfrac{}{}{0pt}{}{20}{4}\right)$

(2) $\left(\genfrac{}{}{0pt}{}{k-1}{1}\right)\left(\genfrac{}{}{0pt}{}{20-k}{2}\right)/\left(\genfrac{}{}{0pt}{}{20}{4}\right)$

2. (1) 125　(2) 36　(3) 61

3. $3^n - 3 \times 2^{n-1}$

4. 9^n

5. 768

6. 1056

7. (1) $2^{n-(m+1)}/2^n = 2^{-(m+1)}$

(2) $\left(\genfrac{}{}{0pt}{}{m+i-1}{m}\right)2^{n-(m+1)}/2^n$

8. 1245

9. $\frac{1}{2}\{(1+\sqrt{2})^{n+1} + (1-\sqrt{2})^{n+1}\}$

10. 9

11. $\left(\genfrac{}{}{0pt}{}{n+1}{2m+1}\right)$

12. $(n-k+3)2^{n-k-2}$

2.2 조합

1. 6

2. 210

3. $9\left(\genfrac{}{}{0pt}{}{10}{2}\right) + \left(\genfrac{}{}{0pt}{}{9}{3}\right)$

4. (1) 131　(2) 120

5. (1) $\left(\genfrac{}{}{0pt}{}{15}{4}\right) \times \left(\genfrac{}{}{0pt}{}{10}{5}\right)$　(2) $\left(\genfrac{}{}{0pt}{}{14}{5}\right)\left(\genfrac{}{}{0pt}{}{8}{4}\right)$

6. $\left(\genfrac{}{}{0pt}{}{5}{4}\right)\left(\genfrac{}{}{0pt}{}{5}{3}\right) + \left(\genfrac{}{}{0pt}{}{5}{2}\right)$

7. $(8 \times 7 - 6 \times 5)/(8 \times 7)$

8. 5/7

9. (1) $\left(\genfrac{}{}{0pt}{}{25}{4}\right) - \left(\genfrac{}{}{0pt}{}{20}{4}\right)$　(2) $\left(\genfrac{}{}{0pt}{}{19}{3}\right)$

10. $\left(\genfrac{}{}{0pt}{}{12}{1}\right)\left(\genfrac{}{}{0pt}{}{11}{1}\right)\left(\genfrac{}{}{0pt}{}{8}{1}\right) + \left(\genfrac{}{}{0pt}{}{8}{1}\right)\left(\genfrac{}{}{0pt}{}{12}{1}\right)\left(\genfrac{}{}{0pt}{}{7}{1}\right)$

11. $3\left(\genfrac{}{}{0pt}{}{10}{4}\right)\left(\genfrac{}{}{0pt}{}{6}{3}\right)$

12. (1) $\left(\genfrac{}{}{0pt}{}{14}{4}\right)$　(2) $\left(\genfrac{}{}{0pt}{}{14}{4}\right)$

13. $\left(\genfrac{}{}{0pt}{}{28}{3}\right)$

14. 1470

15. $\sum_{k=0}^{7} \left(\genfrac{}{}{0pt}{}{7-k+3-1}{7-k}\right)\left(\genfrac{}{}{0pt}{}{20-k+4-1}{20-k}\right)$

16. $51\left(\genfrac{}{}{0pt}{}{52}{2}\right)$

17. 중복을 허락하는 경우: 833가지
중복을 허락하지 않는 경우: 784가지

18. $\left(\genfrac{}{}{0pt}{}{1996}{2}\right) - 3\left(\genfrac{}{}{0pt}{}{999}{2}\right) + 3$

19. 2^{n-1}

20. 피보나치 수열을 $\{f_n\}_{n=0}^{\infty}$ 이라고 할 때, 조건을 만족하는 부분집합의 개수는 f_{102}

2.3 이항계수와 그 확장

1. (1) 3125　(2) 1　(3) 0

2. 609

3. (1) 이항정리의 등식 $\sum\limits_{k=0}^{n} \binom{n}{k} x^k = (x+1)^n$ 을 x에

관하여 미분한 다음 양변에 $x = -1$을 대입.

(3) k에 대한 수학적 귀납법을 사용한다.

$k = 1$일 때, $\binom{n}{0} - \binom{n}{1} = -\binom{n-1}{1}$이 성립.

$k = 1$일 때 성립한다고 하면,

$\binom{n}{0} - \binom{n}{1} + \binom{n}{2} - \cdots + (-1)^{k-1}\binom{n}{k-1} + (-1)^k\binom{n}{k}$

$= (-1)^{k-1}\binom{n-1}{k-1} + (-1)^k\binom{n}{k}$

$= (-1)^k \{-\binom{n-1}{k-1} + \binom{n}{k}\} = (-1)^k\binom{n-1}{k}$

(4) 이항정리의 등식 $\sum\limits_{k=0}^{n} \binom{n}{k} x^{n-k} y^k = (x+y)^n$

에 $x = 3, y = -1$을 대입.

(5) $\sum\limits_{j=0}^{n} \sum\limits_{i=j}^{n} \binom{n}{i}\binom{i}{j} = \sum\limits_{j=0}^{n} \sum\limits_{i=j}^{n} \binom{n}{j}\binom{n-j}{i-j}$

$= \sum\limits_{j=0}^{n} \binom{n}{j} \sum\limits_{i=j}^{n} \binom{n-j}{i-j}$

$= \sum\limits_{j=0}^{n} \binom{n}{j} 2^{n-j}$

$= (1+2)^n = 3^n$

(6) $(m+n)$-집합 S를 2개의 서로소인 m-집합 A와 n-집합 B로 분할한다. S의 $(m+k)$-조합은 정확히, 각 $i = 0, 1, \cdots, m$에 대하여

$(A의\ (m-i)\text{-조합}) \cup (B의\ (k+i)\text{-조합})$

의 꼴로 나타난다. 따라서

$\sum\limits_{i=0}^{n} \binom{m}{m-i}\binom{m}{k+i} = \binom{m+n}{m+k}$.

4. (2) $(1-x)^n (1+x)^n = (1-x^2)^n$을 이용.

5. (1) $\binom{n+1}{2} + 2\binom{n+1}{3}$ (2) $a = 6, b = 6, c = 1$

(3) $6\binom{n+1}{4} + 6\binom{n+1}{3} + \binom{n+1}{2}$

6. (1) $n = 0$일 때 1, $n > 0$일 때 2^{n-1}

(2) $n = 0$일 때 2, $n > 0$일 때 $3 \times 2^{n-1}$

(3) $(n+2)2^{n-1}$ (4) 1

(5) $(n+1)2^n$ (6) $(2^{n+1}-1)/(n+1)$

7. -2^{49}

9. n은 홀수

11. (1) $n(n+1)2^{n-2}$ (2) $1/(n+1)$

14. $f(x)$는 영함수

15. (1) $\dfrac{1}{8}lmn(l+1)(m+1)(n+1)$

(2) $S = (l+m+n)!/(l!\ m!\ n!)$

2.4 이항계수와 계차수열

1. (1) $(n^3 - n^2 + 2n)/2$ (2) 1/8

2. 3990

3. $\dfrac{1}{12}(2n^6 + 6n^5 + 5n^4 - n^2)$

4. 981

5. 986

7. 원래 개수는 3121, 마지막에 남은 개수는 1020.

3 배열과 분배

3.1 비둘기집의 원리

1. (1) 1에서 100까지의 자연수를 합이 101이 되는 두 수의 쌍 {1, 100}, {2, 99}, $\cdots$, {50, 51}로 분할해서 생각.

(2) {50, 51, 52, $\cdots$, 100} (3) 예제 3.1.3 참고

2. 332명

3. (1) 13개의 정수를 12로 나눈 나머지를 비둘기로 생각.

(2) 5개의 정수를 3으로 나누었을 때, 나머지로써 0, 1, 2가 나타나는 경우에 따라 분류.

(3) 12로 나누어서 나머지가 같은 각각의 집합을 서로 소인 두 부분집합으로 분할한다. 예를 들면 12로 나누었을 때 나머지가 1인 집합 $A_1 = \{1, 13, 25, 37, 49, 61, 73, 85, 97\}$을 집합 $B_1 = \{1, 25, 49, 73, 97\}$과 $C_1 = \{13, 37, 61, 85\}$로 분할한다. B_1의 임의의 원소 b를 택하면 C_1 내에는 b와의 차가 12인 원소가 존재하고 마찬가지로 C_1의 임의의 원소 c를 택하면 B_1 내에는 c와의 차가 12인 원소가 존재한다.

(4) $3n$개의 수를 n으로 나누었을 때, 나머지가 같은 n개의 집합으로 분할해서 생각.

(5) 집합 $\{1, 2, \cdots, 2n\}$을 n개의 쌍 {1, 2}, {3, 4}, $\cdots$, {$2n-1, 2n$}으로 분할한다.

(6) 0에서 1 사이의 선분을 n등분하여 생각.

비둘기 : 1보다 작은 0과 1 사이의 $n + 1$개의 점.

비둘기집 : $[0, 1/n], [1/n, 2/n], \cdots,$
$[(n - 1)/n, 1)$.

(7) 주어진 수의 집합을 $\{4, 100\}, \{7, 97\}, \cdots,$ $\{49, 55\}, \{1\}, \{52\}$와 같이 분할해서 생각.

4. $(n^2 +1)$개의 서로 다른 정수로 이루어진 수열 a_1, $a_2, \cdots, a_{n^2+1}$이 길이 $n +1$인 증가하는 부분수열을 갖지 않는다고 가정하고, 각 $k = 1, 2, \cdots, n^2 + 1$에 대하여 a_k에서 시작하는 가장 긴 증가하는 부분수열의 길이 m_k를 비둘기로, $1, 2, \cdots, n$을 비둘기 집으로 생각한다.

5. 정수 m을 n으로 나누었을 때, 나머지는 $0, 1, \cdots,$ $n - 1$ 중의 하나이다. 나머지가 0이면 m/n은 유한소수이고 나머지가 0이 아니면 무한 개의 비둘기집에 유한 마리의 비둘기가 있으므로 순환소수가 된다.

6. $a_1, a_2, \cdots, a_{2000}$을 비둘기로, $0, 1, \cdots, 1998$을 비둘기집으로 생각한다.

7. $1155 = 11 \times 7 \times 5 \times 3$이고 비둘기집의 원리를 이용하여 1155의 각 소인수의 배수가 되는 두 수를 선택할 수 있다.

8. 52

9. 처음과 마지막 한 시간을 제외한 8시간을 연속된 2시간씩 네 개의 구간으로 나눌 때, 네 개의 구간을 비둘기집으로 36km를 36마리의 비둘기로 두고 생각한다.

10. 그룹의 모든 사람들이 1명 이상의 친구를 가진 경우와 친구가 없는 사람이 존재하는 경우로 나눈다.

첫 번째 경우 : 친구의 수를 n명이라고 하면 $1, 2,$ $\cdots, n$을 비둘기로, 친구의 수 $1, 2, \cdots, n - 1$을 비둘기집으로 생각한다.

두 번째 경우는 친구가 없는 한 사람을 제외한 나머지 사람들에 대해 첫 번째 경우를 이용한다.

11. 예제 3.1.2 참고

12. 한 자리씩 돌리는 횟수를 비둘기집으로, 사람을 비둘기로 생각한다.

13. (1) 정삼각형을 한 변의 길이가 1/4인 16개의 작은 정삼각형으로 나눈 다음 이 16개의 작은 정삼각형을 비둘기 집으로, 17개의 점을 비둘기로 생각한다.

(2) 정삼각형을 한 변의 길이가 1/4인 16개의 작은 정삼각형으로 나눈 다음 비둘기집의 원리를 적용한다.

14. 주어진 정사각형을 한 변의 길이가 1/2인 4개의 정사각형으로 나눈 다음 비둘기집의 원리를 적용한다.

15. (1) 오른쪽 그림과 같이 7개의 부분으로 나누어 비둘기집의 원리 적용.

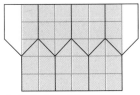

(2) 기우성과 비둘기 집의 원리를 이용.

(3) 5개의 내각을 비둘기집으로, $1°$에서 $540°$를 비둘기로 생각.

16. 3문제를 비둘기집으로, 과학자들을 비둘기로 생각.

3.2 포함배제의 원리

1. (1) $9^4 + 8 \times 9^3 - 8^4$ (2) $9 \times 10^3 - 8^4$

2. $3 \times 7! - 3 \times 5! + 3!$

3. 200

4. $\binom{n}{3} - n(n - 3)$

5. 97

6. 먼저 두 명의 수학자와 서로 아는 다른 수학자가 있다는 것을 포함배제의 원리를 이용하여 증명.

7. 2153390400

8. 44

9. 378000

10. (1) $(2n - 1)(2n - 3) \cdots 3 \cdot 1$

(2) $(2n - 1)(2n - 3) \cdots 3 \cdot 1$
$- \binom{n}{1}(2n - 3) \cdots 3 \cdot 1$
$+ \binom{n}{2}(2n - 5) \cdots 3 \cdot 1$
$- \cdots + (-1)^n \binom{n}{n}$

11. (1) $5! - 6 \times 4! + 12 \times 3! - 2^4$

(2) $\displaystyle\sum_{k=0}^{5} (-1)^k \binom{5}{k} 2^k \cdot (10-k)!$

12. $\frac{1}{2}\left(\binom{28}{3} - 14 \times 13\right)$

14. (1) 240　(2) 80　(3) 161

16. 217

14. $\frac{2}{n+1}\binom{2n}{n}$

15. 수학적 귀납법으로 증명.

4 그래프

3.3 분배와 분할

1. 350

2. 불가능

3. 각각의 인수가 1보다 큰 경우 : $S(n, k)$,
1이 하나의 인수인 경우 :
$$S(n, 1) + S(n, 2) + \cdots + S(n, k)$$

4. $\binom{8}{3}^4 - 4\binom{7}{2}^4 + \binom{4}{2}\binom{6}{1}^4 - 4$

5. $a_{2k-1,1} = k$, $a_{2k-1,2} = 175 + k$, $(1 \le k \le 59)$,
$a_{2k,1} = 59 + k$, $a_{2k,2} = 117 + k$, $(1 \le k \le 58)$
라 하고, $i \le j \le 8$인 i, j에 대하여
$a_{i,2j+1} = 117(2j+1) + 1 - i$, $a_{i,2j} = 117(2j-1) + i$,
$A_i = \{a_{i,1}, a_{i,2}, \cdots, a_{i,17}\}$, $(i = 1, 2, \cdots, 117)$이라 할
때, A_i의 원소의 합은 모두

$$\sum_{k=0}^{17} a_{i,k} = \frac{1}{17}(1 + 2 + \cdots + 1989) = 17 \times 995$$

로서 서로 같고 A_i들은 모두 서로소이다.

6. 집합 M의 어떤 순열의 각 원소에 대하여 인접한
원소가 같은 색임을 보인다.

7. 먼저 n개의 연속하는 홀수의 합은 n^k의 꼴을 가진
다는 것을 증명하고 다음에 연속하는 n개 홀수의
처음 수를 결정한다.

8. 자연수 n을 1과 2의 합으로 나타내는 방법 수와 2
이상의 자연수의 합으로 나타내는 방법 수 사이에
일대일 대응관계를 만든다.

9. 자연수 n을 서로 다른 자연수의 합으로 나타내는
방법 수와 홀수인 자연수의 합으로 나타내는 방법
수 사이에 일대일 대응관계를 만든다.

11. $n!$

12. $\frac{1}{n+1}\binom{2n}{n}$

13. $\frac{1}{n+1}\binom{2n}{n}$

4.1 기본개념

1. (1) 정리 4.1.2 참고
(2) 정리 4.1.2 참고
(3) 차수가 k, $k+1$인 꼭지점의 개수를 각각 p, q
라 하면 $p + q = v$, $kp + (k+1)q = 2e$

2. (1) $x_0 - x_1 - x_2 - \cdots - x_t$가 G 내에서 가장 긴 직선
경로라고 하면 꼭지점 x_t와 인접한 모든 꼭지
점은 이 직선경로 상에 있는 점들이다.
(2) 위의 (1)의 직선경로에서 x_i가 x_t에 인접하는
최소의 i를 택하면 $x_i - x_{i+1} - \cdots - x_t - x_i$가 구
하고자 하는 회로이다.

3. (1) 12　　(2) 11

4. 모임에 참석한 각 사람을 꼭지점으로, 악수를 변
으로 대응시켜 생각한다.

5. (1) 가능　　(2) 불가능

7. 9명의 사람을 꼭지점 $x_1, x_2, \cdots, x_9$로 친구를 변으
로 대응시켜 생각하자. 친구가 6명인 사람을 x_9,
친구가 4명인 사람을 x_6, x_7, x_8이라 하면 $d(x_9) = 6$,
$d(x_6) = d(x_7) = d(x_8) = 4$이다. x_6, x_7, x_8 중에는 x_9
와 친구 사이인 사람이 적어도 한 명은 있는데 그
사람을 x_8이라 하자. 또 $x_1, x_2, \cdots, x_5$ 중에는 x_8과
친구 사이인 사람이 적어도 1명은 존재하는데 그
사람을 x_5라 하면 x_5, x_8, x_9 세 명은 서로 친구 사이
인 3명이 된다.

8. 사람을 꼭지점으로 생각하고 아는 사람끼리는 청
색 변으로, 모르는 사람끼리는 적색 변으로 연결
했을 때, 한 꼭지점에서 다른 4개의 꼭지점을 연
결하는 적색 변이 있는 경우와 한 꼭지점에서 다
른 6개의 꼭지점을 연결하는 청색 변이 있는 경우
로 나누어서 생각한다.

9. (1) 차수가 7인 꼭지점과 다른 6개의 꼭지점을 연결하는 단순그래프는 존재하지 않는다.

　(2) (1)에 의하여 차수열이 $(5, 4, 3, 1, 1, 0)$인 단순그래프는 존재하지 않고 예제 4.1.4에 의하여 주어진 차수열을 가지는 단순그래프는 존재하지 않는다.

11. 차수열이 다른 그래프는 동형이 아니다.

12. 사람을 꼭지점으로, 장기 두는 것을 변으로 생각한다.

13. 사람을 꼭지점으로, 서로 모르는 두 사람 사이를 변으로 생각한다.

4.2 여러 가지 그래프

2. (1) G가 연결그래프이면 $e \geq v - 1$임을 v에 관한 수학적 귀납법으로 증명한다.

　　G의 한 꼭지점 x에 대하여 $G - x$가 연결그래프인 경우는 귀납법 가정을 사용하고, 연결그래프가 아니라면 $G - x$의 연결성분에 귀납법 가정을 사용한다.

　(2) G가 연결그래프가 아니라고 하면 G는 꼭지점과 변을 공유하지 않는 두 개의 부분그래프 H, L로 분할된다. H, L의 위수를 각각 $k, v - k$로 둘 수 있고, 일반성을 잃지 않고 $k \leq v - k$라고 할 수 있다.

　　$\delta_H \leq k - 1$, $\delta_L \leq v - k - 1$이며 $\delta_G = \min\{\delta_H, \delta_L\}$이므로 $\delta_G \leq k - 1$. 한편, $k \leq v/2$이므로 $\delta_G \leq k - 1 \leq v/2 - 1$. 이것은 가정에 모순이다.

　(3) $2\delta_G \geq v$이므로 임의의 두 꼭지점 x_1, x_2에 대하여 $d(x_1) + d(x_2) \geq 2\delta_G \geq v$. 따라서 G의 임의의 두 꼭지점은 서로 인접하거나 다른 한 꼭지점과 서로 인접한다. 그러므로 G는 연결그래프이다.

　(4) G가 연결그래프가 아니라고 하면 G는 꼭지점과 변을 공유하지 않는 두 개의 부분그래프 H_1, H_2로 분할된다.

　　H_1, H_2의 위수를 각각 $k, v - k$로 두자. G는 기껏 $\binom{k}{2} + \binom{v-k}{2}$개의 변을 가질 수 있고 이것은 $\binom{v-1}{2}$보다 작기 때문에 모순이다.

3. (1) 생성수형도에서 변을 한 번에 한 개씩 추가한다.

　(2) $G = (V, E)$가 연결그래프이므로 $\kappa' > 0$. $\kappa' \leq \delta_G$이므로 $\kappa' \geq \delta_G$만 증명하면 충분하다.
　　$\kappa' > \delta_G$라고 하면 $S \subset E$가 존재해서 $\kappa' = k < \delta_G$이고 $G - S$는 연결그래프가 아니다. $G - S$는 꼭지점과 변을 공유하지 않는 두 개의 부분그래프 $H_1 = (V_1, E_1)$, $H_2 = (V_2, E_2)$로 분해된다. S의 변들이 V_1 내에 있는 q개, V_2 내에 p개의 점들과 인접하다고 가정하고 모순을 이끌어 낸다.

　(3) 그래프 G가 이분그래프라고 가정하면 G의 꼭지점의 이분할을 (X, Y)라 하자.
　　$|X| = k, |Y| = v - k$라고 하면
　　$e \leq -k^2 + vk = -(k^2 - vk + v^2/4) + v^2/4$
　　가 성립하고, 따라서 $e \leq v^2/4$이 되어 모순이다.

　(4) 각 면의 차수는 3 이상이므로 주어진 평면그래프의 면의 차수의 합은 $6v - 12$ 이상이어야 하는데 면의 차수의 합은 변의 2배와 같다는 사실에 의하여 정확히 $6v - 12$이다. 따라서 이 그래프의 각 면의 경계는 삼각형이다.

4. 이분할 (X, Y)를 가지는 이분그래프 G에서 X의 꼭지점들의 차수의 합과 Y의 꼭지점들의 차수의 합은 같다.

5. 정리 4.2.6 이용.

6. G와 G^c 모두 평면그래프라고 가정하자. G의 꼭지점과 변의 개수를 각각 v, e, G^c의 꼭지점과 변의 개수를 각각 v', e'라고 하면 정리 4.2.6에 의하여 $e \leq 3v - 6, e' \leq 3v' - 6$. 또 가정에 의하여

$$55 = \binom{11}{2} \leq e + v' \leq 6v - 12 \leq 54$$

가 되어 모순이다.

7. 주어진 그래프가 차수 5 이하인 꼭지점을 1개 이하 가진다고 가정하면 $2e \geq 6(v - 1)$.

8. $2e \geq 5 \times 11 + 6 \times (v - 1) = 6v - 11$.
　　∴ $e \geq 3v - 11/2 > 3v - 6$.

9. (1) 모든 면의 차수가 k 이상임을 이용한다.

　(2) 모든 꼭지점의 차수가 3 이상이라고 하면

$$e + 2 \leq \frac{(v-2)k}{k-2} \leq (v-2)\frac{3}{2}.$$

$$\therefore \ \frac{3v}{2} + 2 \leq \frac{3(v-2)}{2}.$$

이것은 모순이다.

10. 6

11. 7

13. 10

4.3 수형도

1. (1) 다음과 같은 6개의 수형도가 존재한다.

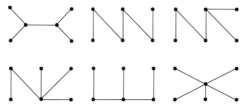

(2) 차수열이 (3, 2, 2, 1, 1, 1)인 2개의 수형도를
생각한다.

2. (1) 회로를 가지지 않는 연결그래프는 수형도로서
$e = v - 1$이므로 모순이다. 이제 2개 이상의 회
로를 가지는 연결그래프는 회로 상의 임의의
변 하나를 지우므로써 회로를 가지지 않는 연
결그래프를 만들 수 있다.

(2) $d_1 + d_2 + \cdots + d_n = 2(n-1)$임을 이용.

3. $(n-2)n^{n-3}$

4. 삼진수형도에서 생각.

5. 3

6. 10

7. 6

4.4 여러 가지 회로

1. (1) 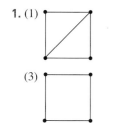   (2)

(3)   (4)

3. 가지지 않는다.

4. 보조정리 4.4.4 이용.

5. G 내에서 가장 긴 직선경로를 P라 하고 P의 길이

l이 $2\delta_G$보다 작다고 가정하면 G는 길이 $l + 1$인
회로를 가진다. 이 사실과 G가 연결이라는 사실
에 의하여 모순을 이끌어 낼 수 있다.

6. G의 폐포가 완전그래프임을 증명한다.

7. $\lfloor (n-1)/2 \rfloor$

8. 학생을 꼭지점으로, 자리가 인접함을 변으로 연결
한 그래프는 해밀턴 회로를 가지지 않는다는 것을
증명한다.

9. G_1, G_2를 그래프 G의 폐포라고 하자. G_1, G_2를 얻
기 위해 G에 추가되는 변을 각각 $e_1, e_2, \cdots, e_m, f_1,$
$f_2, \cdots, f_m$이라 하고 G_1의 변으로서 처음으로 G_2의
변이 아닌 것을 $e_{k+1} = [u, v]$라 하면 u, v는 G_2 내
에서 눈 맞는 쌍이면서 서로 인접하지 않기 때문
에 G_2가 G의 폐포라는 사실에 모순이다.

10. 예제 4.4.3 참조.

4.5 그래프 채색

1. (1) 4   (2) 2   (3) 4

2. 채색수: 3, 채색다항식 : $x(x-1)(x-2)^8$

3. (1) 정리 4.5.5와 G의 영그래프분해가

$G = G_1 + G_2 + \cdots + G_{\chi(G)}$라고 하면

$\alpha(G) = \max\{|G_i| : i = 1, \cdots, \chi(G)\}$임을 이용한
다.

(2) 정리 4.5.1을 이용한다.

(3) 홀수 길이의 회로 상에 있는 하나의 변을 뺀 그
래프는 이분그래프라는 사실을 이용한다.

(4) 그래프의 꼭지점에 채색된 2가지 색으로써 꼭
지점의 이분할을 구성한다.

4. 3

5. $K_{1,5}$

7. (1) $x(x-1)(x-2)^2$

(2) $x(x-1)(x-2)(x^2-x-1)$

(3) $x^2(x-1)^2(x-2)^2$

8. (1) $v - \delta_G \geq \alpha(G)$이므로

$$\chi(G)(v-k) \geq \chi(G)\alpha(G) \geq v.$$

9. 꼭지점에 색칠하는 순서에 따라 각 꼭지점을 $x_1,$
$x_2, \cdots, x_v$라고 하면 x_1에 색칠하는 방법 수는 k이
고 나머지 꼭지점 x_i가 $x_j, (j \geq i-1)$에 인접하지 않

는다면 $k-1$과 같고 아니라면 $k-1$보다 작다.

10. (1) 각 꼭지점의 차수가 짝수인 것과 원래 그래프의 꼭지점을 변으로, 변을 꼭지점으로 바꾼 그래프가 이분그래프라는 사실과 동치임을 증명한다.

4.6 그래프와 행렬

1. (1) 정리 4.6.3 이용.

2. 정리 4.6.2 이용.

3. 정리 4.6.3 이용.

7. 정리 4.6.8 참조.

8. $2^{1999}-1$

9. 체스판의 왼쪽부터 오른쪽으로, 위에서 아래로 행과 열에 1부터 8까지의 번호를 매기면 체스판 각각의 눈은 2개의 좌표를 갖고, 그 수들의 합이 짝수일 때는 흰 눈, 홀수일 때는 검은 눈이다. 말이 놓여져 있는 좌표의 총합이 $2(1+2+\cdots+8)$로 짝수이므로 좌표의 합이 홀수인 눈에 놓여져 있는 말의 개수는 짝수 개 이어야 한다.

5 점화식과 생성함수

5.1 알고리즘

1. (4) ① $\{c_1, c_2, c_3\}$과 $\{c_4, c_5, c_6\}$을 비교.
　①단계에서 저울이 평형을 이룬다면 $\{c_7, c_8, c_9\}$ 중에서 위조 동전이 있으므로 ②단계로 간다.
　② $\{c_1, c_2\}$와 $\{c_7, c_8\}$을 비교한다.
　②단계에서 평형을 이룬다면 c_9가 위조 동전이다.

2. 곱셈 $(a+d)(x+u)$, $(c+d)x$, $a(z-u)$, $(a+b)u$, $(c-a)(x+z)$, $(b-d)(y+u)$, $d(y-x)$를 생각한다.

4. 2^n개의 수를 크기순으로 비교하는데 필요한 횟수를 c_k라 하면 $c_k \le 2c_{k-1} + 2 \times 2^{n-1}$을 보이기 위해 문제 1의 3번 방법을 이용한다.

5.2 점화식

1. (1) $a_n = \dfrac{1}{2} + \dfrac{1}{2}3^n$

(2) $a_n = -3(-1)^n$
$\quad + \dfrac{10+\sqrt{5}}{5}\left(\dfrac{-1+\sqrt{5}}{2}\right)^n + \dfrac{10-\sqrt{5}}{5}\left(\dfrac{-1-\sqrt{5}}{2}\right)^n$

(3) $a_n = \left(1 + \dfrac{1}{8}n - \dfrac{1}{8}n^2\right)2^n$

(4) $a_n = \dfrac{5}{3}(-1)^n + \left(-\dfrac{1}{2} - \dfrac{5}{3}i\right)i^n + \left(-\dfrac{1}{2} + \dfrac{5}{3}i\right)i^n$

(5) $a_n = 5(-1)^n - \dfrac{124}{27}(-2)^n + \dfrac{1}{3}x^2 + \dfrac{7}{9}x + \dfrac{8}{27}$

(6) $a_n = 4 \times 2^n + \dfrac{4}{9}5^n - \dfrac{1}{2}3^{n+2} + \dfrac{1}{4}$

2. (1) $a_n = \left\{\dfrac{1}{3}2^n - \dfrac{1}{3}(-1)^n\right\}^{1/2}$, $(n \ge 0)$

(2) $a_n = \dfrac{1}{n}\left\{-\dfrac{2}{3}(-1)^n + \dfrac{1}{3}2^{n+1}\right\}$, $(n \ge 1)$

3. $a_n = a_{n-1} + n - 1 \quad \therefore a_n = \dfrac{1}{2}(n^2 - n)$, $(n \ge 1)$

4. (1) $a_n = \dfrac{1}{2}(3^n + 1)$

(2) $a_n = 2a_{n-1} + 2a_{n-2}$, $(n \ge 3)$

(3) $a_n = 3a_{n-1} - a_{n-3}$, $(n \ge 3)$

5. $a_{n,k} = a_{n-2,k-1} + a_{n-1,k}$

6. (1) $a_1 = 1$, $a_2 = 3$, $a_n = a_{n-1} + 2a_{n-2}$

(2) $a_1 = 1$, $a_2 = 4$, $a_3 = 2$,
$\quad a_n = a_{n-1} + 4a_{n-2} + 2a_{n-3}$

(3) $a_2 = a_3 = a_4 = 1$, $a_n = a_{n-2} + a_{n-3}$

(4) $a_0 = 1$, $a_2 = 3$, $a_n = 4a_{n-2} - a_{n-4}$,
$\quad (n \ge 4, n$은 짝수$)$

(5) $a_0 = 1$, $a_3 = 3$, $a_n = 4a_{n-3} + a_{n-5}$,
$\quad (n$은 3의 배수$)$

(6) $a_0 = 1$, $a_1 = 2$, $a_2 = 7$,
$\quad a_n = 3a_{n-1} + a_{n-2} - a_{n-3}$

(7) $a_0 = 1$, $a_1 = 1$, $a_2 = 5$, $a_3 = 11$,
$\quad a_n = a_{n-1} + 5a_{n-2} + a_{n-3} - a_{n-4}$

7. $a_n = 2n - \left\lfloor \sqrt{2n} + 1/2 \right\rfloor$

8. n이 짝수이면 $\dfrac{1}{8}n(n+2)(2n+1)$
n이 홀수이면 $\dfrac{1}{8}\{n(n+2)(2n+1) - 1\}$

9. $\dfrac{1}{24}(n^4 - 6n^3 + 23n^2 - 18n + 24)$

10. $a_{1995} = 1995^2$　　　　**12.** $a_{1997} = 1998/2^{1997}$

17. 2^{997}

5.3 생성함수

1. (1) n이 짝수이면 $a_n = 0$

n이 홀수이면 $a_n = 4^{(n-1)/2}$

(2) $a_n = \frac{1}{12}(-3 + 4 \times 3^n - (-3)^n)$

(3) $a_n = -4^n + n4^n$

(4) $a_n = \frac{8}{27}2^n + \frac{7}{27}n2^n - \frac{1}{24}n^2 2^n - \frac{8}{27}(-1)^n$

2. (1) $g(x) = (1 + x + x^2 + x^3 + x^4)$

$(1 + x + x^2 + \cdots + x^5)(1 + x + x^2 + \cdots + x^6)$

(2) $g(x) = (x + x^2 + x^3 + x^4 + x^5)(x + x^2 + x^3 + x^4)$

$(x + x^2 + \cdots + x^{10})$

(3) $g(x) = (1 + x + x^2 + x^3 + \cdots)^5$

3. (1) $g(x) = (1 + x + x^2 + x^3 + x^4)^6$

(2) $g(x) = (x^5 + x^6 + x^7 + \cdots)^4$

(3) $g(x) = (x^3 + x^4 + x^5 + x^6 + x^7)^5$

4. (1) $g(x) = (1 + x + x^2 + \cdots + x^9)^4$

(2) $g(x) = (x + x^2 + \cdots + x^9)(1 + x + x^2 + \cdots + x^9)^3$

5. (1) $g(x) = (1 + x + x^2 + \cdots)(1 + x^2 + x^4 + \cdots)$

$(1 + x^3 + x^6 + \cdots)(1 + x^4 + x^8 + \cdots)$

$(1 + x + x^5 + x^{10} + \cdots)$

(2) $g(x) = (x + x^2 + \cdots)(x^2 + x^4 + \cdots)$

$(x^3 + x^6 + \cdots)(x^4 + x^8 + \cdots)$

$(x^5 + x^{10} + \cdots)$

(3) $g(x) = (1 + x + x^2 + \cdots)(1 + x^2 + x^4 + \cdots)$

$(1 + x^3 + x^6 + \cdots)$

6. (1) $g(x) = (x^6 + x^3)(1 - x^2)(1 - x^4)(1 - x^6)$

(2) $g(x) = (1 + x + x^2 + x^3 + x^4)^{10}$

(3) $g(x) = (1 + x + x^2 + x^3 \cdots)^6$

(4) $g(x) = (1 - x)^{-3}(1 - 2x)^{-3}(1 + 3x^2)$

7. (1) $g(x) = (x^2 + x^4 + x^6 + \cdots)(x^3 + x^6 + x^9 + \cdots)$

$(x^4 + x^8 + x^{12} + \cdots)(x^5 + x^{10} + x^{15} + \cdots)$

(2) $g(x) = (x^2 + x^3 + x^4 + x^5)^4$

8. $g(x) = (1 + x + x^2 + x^3)(x^2 + x^4 + x^6 + \cdots)$

$(1 + x^3 + x^6 + x^9 + \cdots)$

9. n이 짝수이면 $a_n = \frac{1}{4}(n + 3)$

n이 홀수이면 $a_n = \frac{1}{4}(n + 1)$

11. $g(x) = (1 + x)(1 + x^2)(1 + x^3)\cdots(1 + x^k)\cdots$

12. (1) $a_n = \frac{1}{4}3^n$ (2) $a_n = \frac{1}{4}\{6^n + (-2)^n\}$

13. $g(x) = e^{2x}(e^x - 1)(e^x - x - 1)$

15. (1) $g(x) = (x + x^2/2! + x^3/3! + x^4/4! + \cdots)^4$

(2) $g(x) = (x + x^2/2! + x^3/3! + x^4/4! + \cdots)^2$

$(1 + x + x^2/2! + x^3/3! + x^4/4! + \cdots)^2$

16. $f(x) = a_0 + a_1 x + a_2 x^2 + a_3 x^3 + \cdots$ 이라 할 때

$(1 - x - x^2)f(x) = 1$이라는 사실 이용.

17. (1) $a_0 = 1, a_1 = 1, a_2 = 1, a_3 = 2$

(2) $a_n = a_{n-1} + a_{n-3}, (n \geq 3)$

6 게임이론과 최적화 문제

6.1 게임이론

1. (1) $x_0 = (0, 0, 1)^T, y_0 = (0, 0, 1)^T, 2$

(2) $x_0 = (0, 1, 0)^T, y_0 = (0, 0, 1, 0)^T, -1$

(3) $x_0 = (\frac{1}{3}, \frac{2}{3})^T, y_0 = (\frac{1}{2}, \frac{1}{2})^T, 2$

(4) $x_0 = (\frac{1}{2}, \frac{1}{2})^T, y_0 = (\frac{1}{3}, \frac{2}{3})^T, 2/3$

2. (1) $x_0 = (0, 0, 1)^T, y_0 = (0, 1, 0, 0)^T, 2$

(2) $x_0 = (0, 0, 1)^T, y_0 = (1, 0, 0)^T, 3$

(3) $x_0 = (0, 1, 0)^T, y_0 = (0, 1, 0)^T, 48$

(4) $x_0 = (0, 1, 0, 0)^T, y_0 = (0, 0, 0, 1)^T, 1$

3. (1) $p = (1/2, 1/2), E(p, y) = 1$

(2) $q = (1/6, 1/6, 2/3), E(x, q) = 5/6$

4. (1) $x_0 = (1, 0)^T, y_0 = (1, 0)^T, 5$

5. $x_0 = (1, 0)^T, y_0 = (1, 0)^T, 55\%, 45\%$

8. 1점

9. (1) A (2) A (3) C (4) B

6.2 최적화 문제

1. (1) $(X_1, Y_2), (X_2, Y_3), (X_3, Y_1)$

(2) $(X_1, Y_2), (X_2, Y_3), (X_3, Y_1), (X_4, Y_4)$

6. 갑 : 인사과, 을 : 경리과, 병 : 자재과, 정 : 총무과

I n d e x

참　　고　　문　　헌

1. 김진상, 민봉희, 서계홍, 전세열, *21세기 생명공학*, 도서출판 효일, 2000.

2. 김훈기, *유전자가 세상을 바꾼다*, 궁리, 2000.

3. 김우태, 박창진, 김명하 외, *정치학의 이해*, 형설출판사, 1998.

4. Howard Anton, Chris Rorres, *Elementary Linear Algebra-Applications Version*, John Willey and Sons, Inc., New York, 2000.

5. Kenneth P. Bogart, *Introductory Combinatorics*, 2nd edition, Harcourt Brace and Co., Florida, 1990.

6. J. A. Bondy, U. S. R. Murty, *Graph Theory with Applications*, American Elsevier Pub. Co. Inc., New York, 1977.

7. Richard A. Brualdi, *Introductory Combinatorics*, 3rd edition Prentice-Hall, Upper Saddle River, N.J., 1999.

8. Avinash Dixit, Susan Skeath, *Games of Strategy*, W. W. Nortan and Company, Inc., New York, 1999.

9. John P. D'angelo, Douglas B. West, *Mathematical Thinking, Problem- Solving and Proofs*, 2nd edition, Prentice Hall, Inc., Upper Saddle River, NJ., 1997.

10. H. E. Dudeney, *Amusements in Mathematics*, Dover, New York, 1970.

11. Arthur Engel, *Problem-Solving Strategies*, Springer-Verlag, New York, 1998.

12. A. Gardiner, *The Mathematical Olympiad Handbook*, An Introduction to Problem Solving, Oxford University Press Inc., New York, 1997.

13. Martin Gardner, *Mathematical Puzzles of Sam Loyd*, Dover, NewYork, 1959.

14. Martin Gardner, *More Mathematical Puzzles of Sam Loyd*, Dover, NewYork, 1960.

15. Tony Gardiner, *More Mathematical Challenges*, Cambridge University Press, Cambridge, 1997.

16. Bradley W. Jackson, Dmitri Thoro, *Applied Combinatorics with Problem Solving*, Addison-Wesley, Reading Mass., 1990.

17. Wang Jianhua, *The Theory of Games*, Oxford University Press, NewYork, 1988.

18. Boris A. Kordemsky, *The Moscow Puzzles, 359 Mathematical Recreations*, Dover, New York, 1992.

19. James D. Morrow, *Game Theory for Political Scientists,* Princeton University Press, New Jersey, 1994.

20. Peter C. Ordeshook, *Game theory and political theory*, Cambridge University Press, Cambridge, 1989.

21. Fred S. Roberts, *Applied Combinatorics*, Prentice-Hall, Englewood Cliffs, N.J., 1984.

22. Kenneth H. Rosen, *Discrete Mathematics and Its Applications*, 4th edition, McGraw-Hill, New York, 1999.

23. D. O. Shklarsky, N. N. Chentzov, I. M. Yaglom, *The USSR Olympiad Problem Book, Selected Problems and Theorems of Elementary Mathematics*, Dover, New York, 1993.

24. K. Thulasiraman, M. N. Swamy, *Graphs: Theory and Algorithms*, John Willey and Sons Inc., New York, 1992.

25. Alan Tucker, *Applied Combinatorics*, 3rd edition, Wiley and Sons, New York, 1995.

26. A. M. Yaglom, I. M. Yaglom, *Challenging Mathematical Problems with Elementary solutions*, Dover, New York, 1987.

ENV 이산수학

2006년 8월 21일 초판 1쇄 발행
2007년 9월 7일 초판 2쇄 발행

지은이_ 황석근, 이재돈, 김익표
펴낸이_ 이종춘
펴낸곳_ ⚙성안당 com
주소_ 경기도 파주시 교하읍 문발리 출판문화정보산업단지 536-3
전화_ 031)955-0511
팩스_ 031)955-0510
등록_ 1973. 2. 1 제13-12호
홈페이지_ www.cyber.co.kr

ISBN_ 978-89-315-7193-6

편집_ 백상현, 나정운, 백문삼, 박창석, 이자현, 이선재
영업_ 김유재, 변재업, 정창현, 차정욱, 최현욱
제작_ 구본철

검인
생략